电动汽车充换电设施运行与维护

徐海明 主编

中国电力出版社
CHINA ELECTRIC POWER PRESS

内 容 提 要

本书是根据国家及相关行业技术标准和建设规范，结合已投入使用的电动汽车充换电站的运营经验编写的。本书共分十三章：第一~三章介绍了电动汽车充换电技术基础知识、电动汽车动力电池、电动汽车电池管理系统。第四~八章介绍了电动汽车充换电站的构成与功能、电动汽车充换电站的交流配电系统、电动汽车充换电站的直流系统、电动汽车充换电站的监控系统、电动汽车充换电站的计量计费系统。第九~十一章介绍了电动汽车传导式整车直流充电设备及技术、电动汽车传导式整车交流充电设备及技术、电动汽车的充换电作业。第十二、十三章介绍了电动汽车充换电站充换电设施的运行与维护、电动汽车充换电站的安全管理及安全防护。

本书适用于从事电动汽车充换电站安装、运营、维护的工作者阅读，同时也可供相关专业技术人员和管理干部参考阅读。

图书在版编目（CIP）数据

电动汽车充换电设施运行与维护 / 徐海明主编 . —北京：中国电力出版社，2019.11
ISBN 978-7-5198-3941-3

Ⅰ.①电… Ⅱ.①徐… Ⅲ.①电动汽车－充电－基础设施建设－运营管理－中国
Ⅳ.① U469.72 ② TM910.6

中国版本图书馆 CIP 数据核字（2019）第 240824 号

出版发行：中国电力出版社
地　　址：北京市东城区北京站西街 19 号（邮政编码 100005）
网　　址：http://www.cepp.sgcc.com.cn
责任编辑：曹建萍
责任校对：黄　蓓　郝军燕
装帧设计：赵姗姗
责任印制：吴　迪

印　　刷：北京博图彩色印刷有限公司
版　　次：2020 年 4 月第一版
印　　次：2020 年 4 月北京第一次印刷
开　　本：787 毫米 ×1092 毫米　16 开本
印　　张：18
字　　数：370 千字
印　　数：0001—1500 册
定　　价：98.00 元

电动汽车充换电设施运行与维护

徐海明　**主编**

刘烨枫　孙　勇　王　羽　毛艳飞

周明月　张天滢　刘光涛　　　**参编**

前　言

电动汽车作为一种发展前景广阔的绿色交通工具，在未来会大规模普及，未来市场前景巨大。在全球能源危机和环境危机日益严重的背景下，我国政府积极推进新能源汽车的应用与发展。充换电站作为发展电动汽车必需的重要配套基础设施，具有重要的社会效益和经济效益。

"让充电像加油一样方便"的努力仍在继续。根据《电动汽车充电基础设施发展指南（2015—2020年）》的要求，截至2020年，全国新增集中式充换电站超过1.2万座，分散式充电桩超过480万个，以满足全国500万辆电动汽车的充电需求。届时，国家电网有限公司也将建设电动汽车公共充电桩12万个，力争接入各类充电桩300万个，建成覆盖京津冀鲁、长三角地区所有城市及其他地区主要城市的公共充电网络。

随着电动汽车的推广应用，电动汽车充换电站的技术标准和建设规范已相继出台，已建成的多个示范工程为充换电站的推广和运营积累了经验。然而，电动汽车充换电站是诸多高新技术的集合，如何保证电动汽车充换电站安全、正常运行，仍是当前亟待解决的问题。在此背景下，编者根据国家及相关行业技术标准和建设规范，结合已投入使用的电动汽车充换电站的运营经验，编写《电动汽车充换电设施运行与维护》一书，供从事电动汽车充换电站相关工作的人员参考使用。

本书共十三章，四大部分。第一~三章为基础知识部分，对电动汽车充换电技术基础知识、电动汽车动力电池、电动汽车电池管理系统进行了介绍。第四~八章为充换电站的系统构成及作用部分，介绍了充换电站的构成与功能，充换电站的交流配电系统、充换电站的直流系统、充换电站的监控系统、充换电站的计量计费系统。第九~十一章为充电装置及充电操作论述部分，介绍了电动汽车传导式整车直流充电设备及技术、电动汽车传导式整车交流充电设备及技术、电动汽车的充换电作业。第十二、十三章为充换电站的运行维护及安全部分，介绍了电动汽车充换电站充换电设施的运行与维护、充换电站的安全管理及安全防护。

本书编者力求在电动汽车充换电设施使用和维护方面涵盖新技术、新设备的应用知识和工作经验。编者希望本书能给我国从事电动汽车充换电设施使用和维护的工作者们带来一定的技术帮助，由于水平有限，书中难免有不妥之处，恳请广大读者予以批评指正。

本书的编写得到了湖北鄂电监理公司闫书俊、湖北襄阳供电公司刘军的指导和帮助，在此对其表示衷心感谢。

在编写本书过程中，编者参阅了国内外电动汽车充换电设施使用和维护方面的论文、专著和资料，并引用了部分内容，在此对相关作者和编者们表示感谢。

编者

2019年6月30日

目　录

第九章　电动汽车传导式整车直流充电设备及技术

第十章　电动汽车传导式整车交流充电设备及技术

第十一章　电动汽车的充换电作业

第十二章　电动汽车充换电站充换电设施的运行与维护

第十三章　电动汽车充换电站的安全管理及安全防护

第一章
电动汽车充换电技术基础知识

第一节 电动汽车的发展历史

一、世界第一台电动汽车的产生

汽车是工业文明的产物。一百多年前，电力和石油的发明与应用成为了工业文明的两大亮点。交通工具面对"电"和"油"的抉择，最先就选择了"轮子"与"电力"的结合。早在1873年，英国人罗伯特·戴维森制作了世界上最初的可供使用的电动汽车。这比德国人戴姆勒和本茨发明的汽油发动机汽车早了10年以上。

戴维森发明的电动汽车是一辆载货车，长4800mm，宽1800mm，使用的是铁、锌、汞合金与硫酸进行反应的一次电池。

1881年，法国人古斯塔夫·土维研制了世界上第一辆可以充放电的二次电池——铅酸电池作为动力来源的电动汽车。从一次电池发展到二次电池，这对于当时电动汽车来讲是一次重大的技术变革，由此，电动汽车需求量有了很大提高。在19世纪下半叶，电动汽车成为交通运输的重要产品，在人类交通史上写下了辉煌的一页。

在欧美，电动汽车最盛行时期是在19世纪末。1899年法国人考门·吉纳驾驶一辆44kW双电动机为动力的后轮驱动电动汽车，创造了时速106km的记录。

1900年，在美国制造的汽车中，电动汽车为15755辆，蒸汽机汽车为1684辆，而汽油机汽车只有936辆。进入20世纪以后，由于内燃机技术的不断提高，1908年美国福特汽车公司T型车问世，以流水线生产方式大规模批量制造汽车使汽油机汽车开始普及。蒸汽机汽车与电动汽车由于存在着技术及经济性能上的不足，前者在市场竞争中被无情淘汰，后者则呈萎缩状态。

二、我国电动汽车的发展

（一）发展电动汽车产业是我国的一项长远战略决策

汽车的能源消费占世界能源总消费的近1/4，随着世界经济的发展，汽车的保有量急剧增加，由此引发的能源与环境问题显得更加严重。20世纪80年代开始，环境污染问题、能源危机问题逐渐受到关注，电动汽车成为未来发展方向，世界各国加大了对电动汽车技术研发的投入。

目前，我国大城市的大气污染已不能忽视，汽车排放是主要污染源之一，我国已有16个城市被列入全球大气污染最严重的20个城市之中。我国现今人均汽车持有量是每1000人平均10辆汽车，但石油资源不足，每年已进口几千万吨石油，随着经济的发展，假如中国人均汽车持有量达到现在的全球水平——每1000人有110辆汽车，我国汽车持有量将呈10倍地增加，石油进口就会成为大问题。因此，在我国研究发展电动汽车不是一个临时的短期措施，而是意义重大且长远的战略考虑。

加快发展电动汽车是党中央、国务院作出的重大决策部署，对于推动能源生产与消费革命，落实供给侧结构性改革，发展战略性新兴产业，具有十分重大的意义，是打赢蓝天保卫战、让人民生活更美好的重要保障。

2009年，中华人民共和国科学技术部、中华人民共和国国家发展和改革委员会、中华人民共和国工业和信息化部、中华人民共和国财政部四部委联合开展了新一轮节能与新能源汽车示范推广试点工作，将电动汽车的发展列入七大战略性新兴产业中，积极组织开展电动汽车的自主创新。"九五"期间，电动汽车被列入国家重大科技产业工程。"十五""十一五"期间，国家从维护能源安全，改善大气环境，提高汽车工业竞争力，实现汽车工业跨越式发展的战略高度考虑，将电动汽车列入"国家高技术研究发展计划"（简称863计划）。我国政府加大了对电动汽车开发和产业化的投入，设立了"电动汽车重大科技专项"，组织企业、高等院校和科研机构联合攻关，以电动汽车产业化技术平台为工作重心，在电动汽车关键单元技术、系统集成技术及整车技术方面取得了重大突破，研究确立了促进电动汽车产业化推广的政策、法规和相关标准，从而为我国实现电动汽车产业化奠定基础。

近年来，国家电网有限公司全面贯彻党中央、国务院决策部署，主动承担央企责任，加强充换电设施配套电网建设，建成全球覆盖范围最广、接入充电桩数量最多的智慧车联网平台，创新建立了具有自主知识产权、技术领先的中国充换电标准体系，规范和引领我国充换电设施快速发展。截至2017年底，累计建成充换电站6000余座、充电桩5.6万台，建成"九纵九横两环"高速快充网络，有力推动了我国电动汽车产业发展。

在自主创新过程中，我国坚持了政府支持，以核心技术、关键部件和系统集成为重点的原则，确立了以纯电动汽车、混合动力汽车、燃料电池汽车为"三纵"，以整车控制系统、电机驱动系统、动力蓄电池/燃料电池为"三横"的研发布局。截至2020年，我国的纯电动汽车和插电式混合动力汽车将实现产业化目标，市场保有量将超过500万辆。

（二）电动汽车的发展纳入智能电网整体框架

以电动汽车为代表的新能源汽车受到国内外的极大关注，电动汽车已成为新一轮经济增长的突破口，是实现交通能源转型的重要途径。电动汽车的规模化应用，要求配电网能够满足电动汽车快速、有序充电的需求。同时，电动汽车储能潜力巨大，由于采用充放电技术，电动汽车可作为储能设备成为电网调节负荷峰谷差，平滑可再生能源发电功率波动的重要手段。另外，智能城市合理优化的充电网络为电动汽车提供可持续发展的动力，推动电动汽车大规模应用，从而大大减少城市大气污染物排放，改善空气质量。

国家电网有限公司提出建设坚强智能电网，这将与电动汽车行业的大发展起到相互促进的作用。通过智能电网可以灵活地解决电动汽车有序充电的问题，甚至可以在将来电网需要电的时候，由电动汽车向电网放电。未来电动汽车大规模发展起来，对电网的影响将是非常巨大的，如果电动汽车数量大增，不控制地无序充电，将给电网带来极重的负担。试想一下，如果有车族都集中在下班回家后的晚上进行充电，那么将给本来就属于用电晚高峰的时段造成"峰上加峰"的现象。但是通过建设智能电网，完全可以将这种无序的充电状态规范为有序的充电状态，化害为利，通过实时掌握电网的状况合理控制，尽可能地减小这种影响。

其实，对于智能电网来说，充换电站就相当于在智能用电这个环节建立了一个非常好的载体和平台，电动汽车上的电池未来可以作为智能电网的移动式储能单元，可以通过控制充电时间，来引导电动汽车在夜间充电，以达到"填谷"的作用。如果有了放电的功能，则完全可以在用电高峰时由电动汽车向电网放电，实现"调峰"的作用。

另外，电动汽车对智能电网还提出许多"特殊要求"，如要支持电动汽车与智能电网的灵活互动，无论汽车开到什么地方，在想充电的时候，电网都会与汽车进行通信，告诉汽车什么地方有方便的充电设施，根据车上的电池状态，告诉车辆以何种方式进行充电。由此看来，要把汽车无序充电的状态规范到有序当中来，强大的信息通信手段非常重要。

电动汽车充放电站建设作为智能电网发展中用电环节之一，使电动汽车在未来将与电网间进行能量的交换。电动汽车与电网互动的实现依赖于电动汽车用户（以下简称用户）的主动参与，而用户参与的动力在于节约用车成本，以获取最大的经济效益。因此，针对不同的互动内容，可能需要不同的市场激励方式，来吸引用户主动参与电网互动，同时又要符合电网和社会效益。采用峰谷分时电价的市场机制，从经济上激励用户在用车不受影响的前提下，选择电价较低的时段充电，达到实现电动汽车调节峰谷、平衡负荷曲线的作

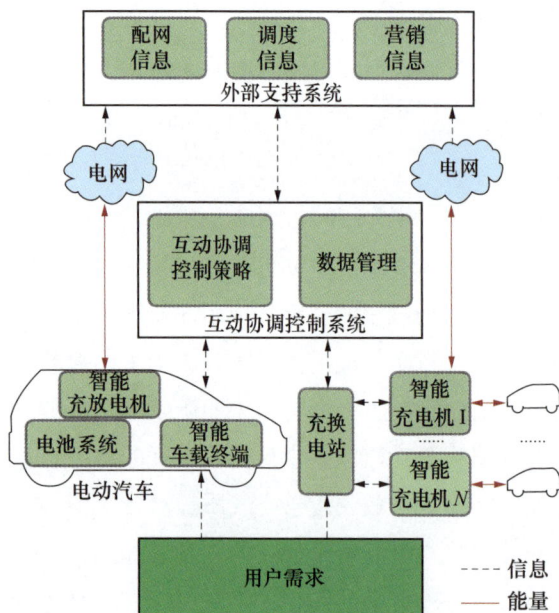

图1-1　电动汽车与电网互动示意图

用。另外，由于负荷侧辅助服务市场不可控因素较多，需要在加强需求侧管理的同时与配套政策相结合，根据用电可靠性等级，制定合理的电力市场辅助服务价格，激励用户为电网提供备用和调频服务的积极性。电动汽车与电网互动示意图如图1-1所示。

（三）国家电网有限公司车联网平台为用户提供畅行无忧的充电服务

近年来，随着绿色出行理念的普及和互联网技术的发展，电动汽车产业已由最初满足基本驾驶功能发展到追求信息化、智能化、网联化的新阶段。为更好推动电动汽车产业发展，国家电网有限公司多年来积极推进电动汽车充换电基础设施建设，建成"九纵九横两环"高速公路快充网络，开发智慧车联网平台，实现车—桩—路—网—人等关键要素的有效连接。

根据中国汽车工业协会数据显示，2018年，中国新能源汽车产销量分别达到127.0万辆和125.6万辆，同比增长59.9%和61.7%，连续四年居世界首位。电动汽车产业步入加速发展的"快车道"。在这一背景下，国家电网有限公司未来将继续加快公共充电网络建设，深化智慧车联网平台应用，引导电动汽车有序充电，创新电动汽车能源服务，构建互联互通、开放共享的智慧车联网生态圈。

1. 车联网的作用

继互联网、物联网之后，车联网成为未来智能城市的另一个重要标志。车联网是指车与车、车与路、车与人、车与传感设备等交互，实现车辆与公众网络通信的动态移动通信系统。它可以通过车与车、车与人、车与路互联互通实现信息共享，收集车辆、道路和环境的信息，并在信息网络平台上对多源采集的信息进行加工、计算、共享和安全发布，根据不同的功能需求对车辆进行有效引导与监管，以及提供专业的多媒体与移动互联网应用服务。

国家电网有限公司车联网平台是基于"物联网+充电服务""互联网+出行服务""大数据+增值服务"的O2O平台，为全国充电设施统一接入和运营管理提供支持。在国家电网有限公司快充网络基础上开放接入第三方充电桩，形成全国充电一张网，为用户提供畅行无忧的充电服务；通过研究探索分时租赁、共享出行等商业模式，参与、培育、引领电动汽车服务新业态；通过实时采集的电动汽车位置信息、充电数据、运行状态、用户行为等数据资源，深入挖掘数据价值，不断拓展增值服务。

2. 车联网平台具有的功能

车联网平台以构建开放、智能、互动、高效充换电服务网络为设计开发理念，应用大数据、云计算、物联网、移动互联网等新技术，实现资源监控、业务运营、充电服务、租赁服务和增值服务等5大功能，建立全国—省—地市—站—桩五级实时监控体系和线上线下资源协同配合的智能运维检修工作机制，故障后15min内派发检修工单、检修人员45min到场、2h内完成处理，充电网络可用率超过99%；建立覆盖国家电网有限公司经营区域内的统一"95598-7"车联网电话客服，电话接通率100%、一次办结率96.4%、客户满意率96.6%；研发"e充电"App，提供一键找桩、跨城际出行规划、便捷支付等服务，提供更加方便快捷、安全可靠的充电服务；研发"如e行"App，提供一键租车、无钥匙取车、自助还车服务，让用户省时省心绿色出行。

国家电网有限公司车联网平台可实现资源监控、业务运营、充电服务、租赁服务和增值服务5大功能，车联网平台的功能如表1-1所示。

表1-1　　　　　　　　　　　　　**车联网平台的功能**

序号	内容
1	资源监控：提供项目管理、充电设施和电动汽车终端接入、故障监测、运行监控、电话客服和运维检修等功能，保障设备可用率不低于99%
2	业务运营：提供客户管理、收费管理、充电卡管理、资金管理、清分结算和运营分析等功能，提升充电设施运营效率
3	充电服务：提供一键找桩、充电路径规划、充电告警、用户点评、社区互动等服务，有效解决用户找桩难、找桩慢、互动手段少和跨城际出行等问题
4	租赁服务：提供会员管理、资产管理、车辆监控、专车租赁、分时租赁等服务，针对定制车辆开展专车租赁服务，针对政府公务车改革、居民日常出行提供分时租赁服务
5	增值服务：为政府提供充电设施信息采集和信息发布、数据统计分析、设施规划、市场监管、财政补贴等支撑服务；为上下游企业提供代运营、代运维服务；为汽车企业提供充电信息服务和广告服务；为电动汽车用户提供保险、救援和生活娱乐服务

3. 车联网构建的现状与近期规划目标

构建智慧车联网生态圈实现车—桩—路—网—人有效连接。

随着"互联网+"时代的不断发展，电动汽车早已不单纯是一种简单的交通工具，人们渴望它变成与手机一样的智能终端，通过车—桩—路—网—人的有效连接，拥有更多附加功能，更好地服务生活。

智慧车联网在2015年11月上线时，主要任务是实现充电设施的统一接入管理，让用户充电无忧。经过多年的发展，智慧车联网已进入4.0时代。智慧车联网背后的理念，是人们在"互联网+"时代最为看重的"互联"与"共享"。车—桩—路—网—人的有效连接，让人们在智慧车联网平台上共享到了海量的信息与资源，也让电动汽车生态圈变得更加丰富。

三、电动汽车的技术发展趋势

（一）电动汽车关键技术的发展

电动汽车是集机、电、化各学科领域中的高新技术于一体，是汽车、电力拖动、功率电子、自动控制、化学电源、计算机、新能源、新材料等工程技术中最新成果的产物。在这些高新技术的集合中，发展电动汽车必须解决好4个方面的关键技术：电池技术、电动机驱动及其控制技术、电动汽车整车技术以及能量管理技术。

1. 电池技术

电池是电动汽车的动力源泉，也是一直制约电动汽车发展的关键因素。电动汽车用电池的主要性能指标是比能量、能量密度、比功率、循环寿命和成本等。要使电动汽车能与燃油汽车相竞争，关键就是要开发出比能量高、比功率大、使用寿命长的高效电池。

目前，电动汽车用电池经过了3代的发展，已取得了突破性的进展。第1代是铅酸电池，主要是阀控铅酸电池，由于其比能量较高、价格低和能高倍率放电，是唯一能大批量生产的电动汽车用电池。第2代是碱性电池，主要有镍镉、镍氢、钠硫和锌空气等多种电池，其比能量和比功率都比铅酸电池高，因此大大提高了电动汽车的动力性能和续驶里程，但其价格却高于铅酸电池。第3代是以燃料电池为主的电池。燃料电池直接将燃料的化学能转变为电能，能量转变效率高，比能量和比功率也高，并且可以控制反应过程，能量转化过程可以连续进行，因此是理想的汽车用电池，但还处于研制阶段，一些关键技术还有待突破。

2. 电力驱动及其控制技术

电动机与驱动系统是电动汽车的关键部件，要使电动汽车有良好的使用性能，驱动电动机应具有调速范围宽、转速高、启动转矩大、体积小、质量小、效率高且有动态制动强和能量回馈等特性。电动汽车用电动机主要有直流电动机、感应电动机、永磁无刷电动机和开关磁阻电动机4类。

随着电动机及驱动系统的发展，控制系统趋于智能化和数字化。变结构控制、模糊控制、神经网络、自适应控制、专家控制、遗传算法等非线性智能控制技术，都将各自或结合应用于电动汽车的电动机控制系统。

3. 电动汽车整车技术

电动汽车是高科技综合性产品，除电池、电动机外，车体本身也包含很多高新技术，有些节能措施比提高电池储能能力还易于实现。采用轻质材料如镁、铝、优质钢材及复合材料，优化结构，可使汽车自身质量减轻30%~50%，实现制动、下坡和怠速时的能量回收。采用高弹滞材料制成的高气压子午线轮胎，可使汽车的滚动阻力减少50%。汽车车身特别是汽车底部更加流线型化，可使汽车的空气阻力减少50%。

4．能量管理技术

电池是电动汽车的储能动力源。电动汽车要获得非常好的动力特性，必须具有比能量高、使用寿命长、比功率大的电池作为动力源。而要使电动汽车具有良好的工作性能，就必须对电池进行系统管理。

能量管理系统是电动汽车的智能核心。一辆设计优良的电动汽车，除了有良好的机械性能、电驱动性能、选择适当的能量源（即电池）外，还应该有一套协调各个功能部分工作的能量管理系统，它的作用是检测单个电池或电池组的荷电状态，并根据各种传感信息，包括力、加减速命令、行驶路况、电池工况、环境温度等，合理地调配和使用有限的车载能量。它还能够根据电池组的使用情况和充放电历史选择最佳充电方式，尽可能延长电池的寿命。

世界各大汽车制造商的研究机构都在进行电动汽车车载电池能量管理系统的研究与开发。电动汽车电池当前存有多少电能，还能行驶多少公里，是电动汽车行驶中必须知道的重要参数，也是电动汽车能量管理系统应该完成的重要功能。应用电动汽车车载能量管理系统，可以更加准确地设计电动汽车的电能储存系统，确定一个最佳的能量存储及管理结构，提高电动汽车本身的性能。

（二）电动汽车充电技术的发展趋势

电动汽车充电技术的总体发展呈充电快速化、充电通用化、充电智能化、充电集成化、环境友好化和电能转换高效化的趋势。

（1）电动汽车充电行为具有随机性和间歇性，会对电网造成诸多不利影响。在提供方便、安全的电动汽车充电服务基础上，通过现代化的技术手段和管理方法，对电动汽车充电基础设施进行统一监控，实现充电网的一体化、自动化、智能化和互动化的充电基础设施管理和控制。

（2）与新能源发电配合。新能源发电可利用的资源丰富，污染较少，甚至是零污染，可以在一定程度上缓解电力供应的紧张情况和环保压力。将充电基础设施与新能源发电集成接入电力系统，在一定程度上削弱新能源接入对电力系统造成的不利影响，降低充电设施带来的负荷增量，提高可再生能源的利用率。

（3）作为系统储能的组成部分。新能源发电因其随机性、波动性和不可控性，需要配置一定容量的储能设备，满足系统发电与用电之间的实时动态平衡。电动汽车在大量空闲时间内参与含分布式电源的微电网或配电运行，可作为储能单元参与系统削峰填谷，减少系统静态储能设备的配置。

（4）成为智能电网的重要组成部分。电动汽车是新能源汽车发展的重要方向，支持电动汽车发展的电网技术是智能电网的重要组成部分。充电基础设施建设、双向信息交换等都是电动汽车与智能电网的结合，也是推动智能电网发展的重要技术手段。

第二节　电动汽车的分类、构成和原理

电动汽车具有很多优点。①污染低，排放少。它本身不排放污染大气的有害气体。②节约石油资源。电力可以从多种一次能源获得，如煤炭、核能、水能、风能、太阳能等，可以缓解人们对石油资源的需求。③可调节负荷。电动汽车可以充分利用晚间用电低谷时段充电，减小负荷的峰谷差，正是由于这些优点，电动汽车的研究和应用成为汽车工业的一个热点。

一、电动汽车分类

电动汽车是至少以一种动力源为车载电源，全部或部分由电动机驱动，符合道路交通安全法规的汽车。目前电动汽车主要分为纯电动汽车、混合动力汽车以及燃料电池电动汽车。

（1）纯电动汽车。完全由电池提供动力的汽车。它以车载可充电电池作为储能动力源，用电动机来驱动车辆行驶。

（2）混合动力汽车。装有两种或两种以上动力源的汽车，目前主要以电力驱动，同时搭载汽油或柴油内燃机。

（3）燃料电池电动汽车。采用燃料电池作为动力源的电动汽车。

二、电动汽车的基本构成

电动汽车的基本构成包括电力驱动及控制系统、驱动力传动机械系统、完成既定任务的工作装置等。电力驱动及控制系统是电动汽车的核心，也是区别于内燃机汽车的最大不同点。电力驱动及控制系统由驱动电动机、电源和电动机的调速控制装置等组成。电动汽车的其他装置基本与内燃机汽车相同。

（1）电源。电源为电动汽车的驱动电动机提供电能，电动机将电源的电能转化为机械能，通过传动装置或直接驱动车轮和工作装置。目前，电动汽车上应用最广泛的是铅酸电池，由于比能量较低，充电速度较慢，寿命较短，逐渐被其他电池取代。目前正在发展的电池主要有钠硫电池、镍镉电池、锂电池、燃料电池、飞轮电池等，这些新型电池的应用，为电动汽车的发展开辟了广阔的前景。

（2）驱动电动机。驱动电动机的作用是将电源的电能转化为机械能，通过传动装置或直接驱动车轮及工作装置。

（3）电动机调速控制装置。电动机调速控制装置是为电动汽车的变速和方向变换等设置的，其作用是控制电动机的电压或电流，完成电动机的驱动转矩和旋转方向的控制。

（4）传动装置。电动汽车传动装置的作用是将电动机的驱动转矩传给汽车的驱动轴，当采用电动机驱动时，传动装置的多数部件常常可以忽略。

（5）行驶装置。行驶装置的作用是将电动机的驱动力矩通过车轮变成对地面的作用力，驱动车轮行走。它同其他汽车的构成是相同的，由车轮、轮胎和悬架等构成。

（6）转向装置。转向装置是为实现汽车的转弯而设置的，由转向机、方向盘、转向机构和转向轮等组成。作用在方向盘上的控制力，通过转向机和转向机构使转向轮偏转一定的角度，实现汽车的转向。多数电动汽车为前轮转向，工业中用的电动叉车常常采用后轮转向。电动汽车的转向装置有机械转向、液压转向和液压助力转向等类型。

（7）制动装置。电动汽车的制动装置同其他汽车一样，是为汽车减速或停车而设置的，通常由制动器及其操纵装置组成。在电动汽车上，一般还有电磁制动装置，它可以利用驱动电动机的控制电路实现电动机的发电运行，使减速制动时的能量转换成对蓄电池充电的电流，从而得到再生利用。

（8）工作装置。工作装置是工业用电动汽车为完成作业要求而专门设置的，如电动叉车的起升装置、门架、货叉等。货叉的起升和门架的倾斜通常由电动机驱动的液压系统完成。

三、电动汽车原理

（1）纯电动汽车原理。纯电动汽车主要由电池、逆变器、电动／发电机等部件组成。其动作原理是电池提供的直流电源经逆变装置逆变为三相交流电，向电动机提供电能，电动机将电源的电能转化为机械能，通过传动装置或直接驱动车轮和工作装置来驱动汽车行驶。汽车在制动或减速时，电机作为发电机来发出电能，向电池充电，从而回收能量，达到节约能源的目的。

（2）燃料电池电动汽车原理。燃料电池电动汽车主要由燃料箱、燃料电池发动机、电池和电动机等部件组成。燃料电池的效率随输出功率变化的特性使其比内燃机更适合于汽车的实际运行。

（3）混合动力电动汽车原理。

1）串联式混合动力电动汽车。串联式混合动力电动汽车主要由发动机、发电机、驱动电动机和电池组等部件组成。发电机仅仅用于发电，发电机所发出的电能供给电动机，电动机驱动汽车行驶。发电机发出的部分电能向电池充电，来延长混合动力电动汽车的行驶里程。另外电池还可以单独向电动机提供电能来驱动电动汽车，使混合动力电动汽车在零污染状态下行驶。

2）并联式混合动力电动汽车。并联式混合动力电动汽车主要由发动机、电动/发电机和电池组等部件组成。并联式驱动系统可以单独使用发动机或电动机作为动力源，也可以同时使用电动机和发动机作为动力源来驱动汽车。

3）混联式混合动力电动汽车。混联式混合动力电动汽车主要由发动机、电动/发电机、行星齿轮机构和电池组等部件组成。

第三节　电动汽车充换电技术基础

一、电动汽车充换电设备分类

充电设备是指与电动汽车或动力电池相连接，并为其提供电能的设备，一般包括非车载充电机、车载充电机、交流充电桩等。非车载充电机是指安装在电动汽车车体外，将交流电能变换为直流电能，采用传导方式为电动汽车动力电池充电的专用装置。车载充电机与非车载充电机相类似，区别在于车载充电机固定安装于电动汽车上运行。交流充电桩则是指采用传导方式向具有车载充电装置的电动汽车提供交流电源的专用供电装置。电动汽车充电设备的分类如表1-2所示。

表1-2　　　　　　　　　　电动汽车充电设备的分类

序号	内容
1	根据输入特性分类可以分为连接交流电网（电源）、连接直流电网（电源）
2	根据输出特性分类可以分为交流充电设备、直流充电设备、交流/直流充电设备
3	根据使用环境条件分类可以分为室内使用、室外使用
4	根据输出类别可以分为交流式、直流式
5	根据安装方式可以分为固定式、移动式、便携式
6	根据电击防护要求可以分为Ⅰ类设备、Ⅱ类设备
7	根据充电模式可以分为充电模式1、充电模式2、充电模式3、充电模式4

二、电动汽车充电方式

电动汽车充电方式包括传导式充电方式和无线充电方式两类。

1. 电动汽车传导式充电方式

电动汽车传导式充电方式又称为接触充电方式。供电设备固定接入交流电网或直流电网，并通过充电线连接装置与电动车连接。

2. 电动汽车无线充电方式

电动汽车无线充电方式称为非接触充电方式。该方式源于无线电力传输技术，供电设备和电动车辆之间不需要借助导线连接，利用电磁波感应原理或者其他相关的交流感应技术，在发送和接收端用相应的设备发送和接收产生感应的交流信号来进行充电。电动汽车无线充电方式大致分为电磁感应方式充电、磁共振方式充电和微波方式充电3种。

三、电动汽车传导式充电模式

常见的电动汽车传导式充电模式有整车充电模式和电池更换模式。

整车充电模式又可以分为交流充电和直流充电。交流充电是指采用交流电源为电动汽车提供电能的方式。直流充电是指采用直流电源为电动汽车提供电能的方式。采用该方式的充电设备有专用的直流充电机。

对于电动汽车来说，不同的运行模式对电池的充电时间有不同的要求。而充电时间的不同，则需要不同的充电方式来满足。并且不同电池都有其最佳的充电电压、电流和充电时间。因此，电动汽车的充电技术是维持电动汽车运行的一项必备手段，对电动汽车的使用寿命影响重大。目前，国内给电动汽车整车充电模式一般采用3种模式，即快速充电（直流充电）模式、常规充电（交流充电）模式、更换电池充电模式。

1. 快速充电（直流充电）模式

快速充电（直流充电）模式是电动汽车特殊紧急情况下使用的一种充电作业方式。

快速充电能在0.5～2h内使电动汽车的电池充电达到或接近完全充电状态。电动汽车的快速充电器可设置在住宅、公寓、公司的停车场、公共设施及购物中心等多种场所，可满足广泛的需求。

快速充电模式可以快速补充电动汽车电池的电能。但根据电动汽车电池种类及工作原理的不同，其采用的充电模式也不同。对个别种类的电池，采用快速充电模式对电池进行补充充电，将会影响电池的寿命。快速充电（直流充电）充电电流大，其范围在80～250A，当电动汽车群采用快速充电模式对电池进行补充充电时，将会对供电网络及系统的稳定产生影响。

2. 常规充电（交流充电）模式

常规充电（交流充电）模式可在充换电站使用交流充电桩对电动汽车充电，也可以使用交流适配器电源对电动汽车充电。常规充电（交流充电）是电动汽车常用的一种充电作业方式。

充电机对电池采用常规模式充电时，一般需要5～8h。常规充电主要在晚间进行，晚上用电处于波谷，价格便宜，有效避开了用电高峰期。电动汽车在白天运营完毕后，晚间在充换电站内整车充电。这样既节省了充电成本，又不影响白天的运营。

常规晚间充电一般能满足电动汽车运行的要求，但如果白天运行时间过长，就要对电动汽车进行补充充电，这属于常规充电的辅助手段。补充充电采用直插直充的快速充电方式，由于二次电池的无记忆特性，对电池的寿命无明显影响，也不会影响电动汽车正常运行。常规充电的充电电流小，其范围在16～32A，对供电网络及系统的稳定影响小。

3. 更换电池充电模式

更换电池充电模式，是将电池从电动汽车上卸下，然后安装上已充满电的电池，车辆可随即离开继续运营。在充换电站对卸下已放完电的电池通过充电架平台与充电机进行连接，并与单箱或整组的电池管理单元通信，自动完成电池的充电过程。

更换电池充电模式下的更换电池组时间很短（几分钟），解决了充电时间长、续驶里程短等难题，更换电池充电模式不需要专门停车场所及配套设施，避免了快速充电对电网的冲击和影响，可对电池进行有效检查和维护，还可探索电池租赁等灵活多样的运营模式。但若要采取更换电池充电模式进行运营，则必须对电池组进行标准化设计，以加强其各电动汽车电池组的互换性。同时对充换电站的布局、电池的流通管理等都提出了较高要求。

四、电动汽车传导式整车充电

电动汽车传导式整车充电可以分为传导式交流整车充电和传导式直流整车充电。传导式交流整车充电是指采用交流电源为电动汽车提供电能的方式。传导式直流整车充电是指采用直流电源为电动汽车提供电能的方式。采用该方式的充电设备有专用的直流充电机。

GB/T 18487.1《电动汽车传导充电系统　第1部分：通用要求》中规定，电动汽车传导式整车四种充电方式如表1-3所示。

表1-3　　　　　　　　　　电动汽车传导式整车四种充电方式

模式	充电方式	主要特点
模式一	交流充电（使用家用或类似用途插头、插座充电）	将电动汽车连接到交流电网（电源）时，在电源侧使用符合GB 2099.1《家用或类似用途插头插座　第1部分：通用要求》和GB 1002《家用或类似用途插头插座型式、基本参数和尺寸》要求的插头插座，在电源侧使用相线、中性线和接地保护的导体，该模式在我国禁用
模式二	交流充电（使用交流适配器充电）	将电动汽车连接到交流电网（电源）时，在电源侧使用符合GB 2099.1和GB 1002要求的插头插座，在电源侧使用相线、中性线和接地保护的导体，并且在充电连接时使用缆上控制和保护装置（IC-CPD）
模式三	交流充电（使用交流充电桩充电）	将电动汽车连接到交流电网（电源）时，使用专用供电设备，将电动汽车与交流电网连接，并且在专用供电设备上安装控制导引装置
模式四	直流充电（使用直流充电桩充电）	将电动汽车连接到交流电网或直流电网时，使用控制导引装置的直流供电设备

五、电动汽车充电连接方式

电动汽车充电连接方式规定了使用电缆和连接器将电动汽车接入电网（电源）的方法。电动汽车充电连接方式共有三种。

（1）连接方式A是将电动汽车和交流电网连接时，使用和电动汽车永久连接在一起的充电电缆和供电插头，电缆组件是车辆的一部分。电动汽车充电连接方式A示意图如图1-2所示。

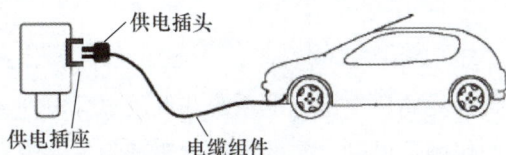

供电插头

供电插座　　电缆组件

图1-2　电动汽车充电连接方式A示意图

（2）连接方式B是将电动汽车和交流电网连接时，使用带有车辆插头和供电插头的独立的活动电缆组件，可拆卸电缆组件不属于车辆、充电设备任何一方。电动汽车充电连接方式B示意图如图1-3所示。

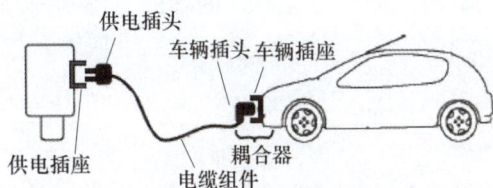

供电插头

车辆插头 车辆插座

供电插座　　耦合器　电缆组件

图1-3　电动汽车充电连接方式B示意图

（3）连接方式C是将电动汽车和交流电网连接时，使用和供电设备永久连接在一起的充电电缆和车辆插头，电缆组件是充电设备的一部分。电动汽车充电连接方式C示意图如图1-4所示。

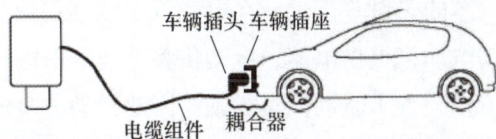

车辆插头 车辆插座

电缆组件　　耦合器

图1-4　电动汽车充电连接方式C 示意图

第二章
电动汽车动力电池

电动汽车的电池系统分为高压电源电池系统和低压电源电池系统。

高压电源电池系统的作用：电动汽车的高压电源即为电动汽车动力电池，为了使电动汽车有更好的驾驶性能和更远的续驶里程，纯电动汽车的高压电源是众多单体电池串联而成的动力电池包，其功能是储存能量和释放能量。

低压电源电池系统的作用：低压电源是由车载12V铅酸电池和DC/DC变换器并联提供的。DC/DC变换器将动力电池的高压电转化为13.8V输出，是电动汽车的辅助电源，其功能主要是为车身电气提供电能。另一电动汽车的辅助电源则由高压电源通过DC/DC变换器来给车载12V铅酸电池充电。

第一节　电动汽车动力电池的作用、应用现状及分类

一、电动汽车动力电池的作用

动力电池作为电动汽车的关键零部件，在电动汽车的使用中具有举足轻重的地位。动力电池为电动汽车的驱动电动机提供电能，电动机将电池的电能转化为机械能，通过传动装置或直接驱动车轮和工作装置来驱动汽车行驶。因此，动力电池性能的好坏、质量的优劣、容量的大小将直接影响电动汽车的使用性能。

二、电动汽车动力电池的基本要求

电动汽车以电力驱动，具有行驶无排放或低排放，噪声低，结构简单，运行费用低，能量转化效率比内燃机汽车高很多，安全性也优于内燃机汽车等优点。但电动汽车目前还存在价格较高、续驶里程较短、动力性能较差等问题，而这些问题都是和电源技术密切相

关的，电动汽车实用化的难点仍然在于电源技术，特别是电池（化学电源）技术。目前，制约电动汽车发展的关键因素是动力电池不理想，而开发电动汽车的竞争，最重要的就在于开发车载动力电池的竞争。

电动汽车对电池的基本要求可以归纳为以下几点：

1. 高能量密度，比能量高

能量密度是指在一定的空间或质量物质中储存能量的大小。动力电池能量密度越大，储存同样多的能量时自身体积越小。比能量越高，电动汽车的续驶里程就越长，为了提高电动汽车的续驶里程，要求电动汽车动力电池的能量密度要大。

2. 高功率密度，比功率高

比功率是指电池的单位质量或单位体积的功率称为电池的比功率，它的单位是瓦/千克（W/kg）或瓦/升（W/L）。如果一个电池的比功率较大，则表明在单位时间内，单位质量或单位体积中给出的能量较多，即表示此电池能用较大的电流放电。因此，要求动力电池有足够的电流输出能力，从而满足电动汽车的加速行驶和具有一定的负载能力。

3. 充放电效率高，较长的循环寿命

充电时，电动汽车动力电池需要外部对内部进行电能的补充，将电能转化为化学能储存起来；放电时，动力电池将自身的化学能转化为电能输送给用电设备。为了使能量得到有效利用，需要较高的充放电效率。

动力电池需要不停地充放电，这就要求其具有较长的循环寿命。

4. 较好的充放电性能

动力电池应能够稳定工作，理想的动力电池应不随剩余电量的变化而发生输出电压或输出电流的变化。

5. 价格较低，使用寿命长

从电动汽车的成本构成看，电池驱动系统占据了其成本的30%~50%，降低动力电池的成本就意味着电动汽车成本随之降低。同时，较长时间的使用寿命就意味着较低的用车成本。

6. 安全性好，使用维护方便

动力电池一般安装在车底或车侧面，在工作中其安全性对驾驶人和乘客的生命有着重要的意义。另外，车在运行中的颠簸、道路环境的恶化等也对动力电池的安全有较高的要求。

三、动力电池及其性能指标

1. 电池

（1）电池。能将所获得的电能以化学能储存并可以将化学能转变成电能的一种电化学

装置，它可以重复充电和放电。

（2）动力电池。为电动汽车动力系统提供能量的电池。

（3）辅助电池。为电动汽车辅助系统供电的电池。

（4）单体电池。构成电池的最小单元，一般由正极、负极和电解质等组成。

（5）电池模块。一组相连的单体电池的组合。

（6）电池组（包）。由一个或多个电池模块组成的单一机械总成。

（7）电池辅助装置。电池正常工作所需的托架、冷却系统、温控系统等部件。

（8）电池系统。所有的电池组（包）和电池管理系统的组合。

2. 电压

（1）工作电压。电池在一定负载条件下实际的放电电压，如铅酸电池的工作电压为1.8~2V，镍氢电池的工作电压为1.1~1.5V，锂电池的工作电压为2.75~3.6V。

（2）额定电压。电池工作时公认的标准电压，如镍镉电池额定电压为1.2V，铅酸电池的额定电压为2V，锰酸锂电池额定电压为3.7V，磷酸锂电池额定电压为3.2V。

（3）放电终止电压。放电终止时的电压值，通常与负载、使用要求有关。

（4）充电电压。外电路直流电压对电池充电的电压。一般情况下，充电电压要大于开路电压，如镍镉电池的充电电压为1.45~1.5V，锂电池的充电电压为4.1~4.2V，铅酸电池的充电电压为2.25~2.7V。

3. 放电

（1）放电。将电池里储存的化学能以电能的方式释放出来的过程。

（2）放电深度。表示电池放电状态的参数，等于实际放电容量与额定容量的百分比。

（3）深度放电。表示电池放电50%或更大的容量被释放的程度。

（4）自放电。自放电率与存储性能对所有化学电源来讲，即使在与外界电路无任何接触的条件下开路放置，其容量也会自然衰减，这种现象称为自放电。电池自放电的大小用自放电率衡量，通常以单位时间内容量减少的百分比表示：自放电率=（储存前电池容量−储存后电池容量）/储存前电池容量×100%。

（5）放电率。放电率和放电深度放电率是指放电时的速率，常用"时率"和"倍率"表示。时率是指以放电时间表示的放电速率，即以一定的放电电流放完额定容量所需的时间。倍率是指电池在规定时间内放出额定容量所输出的电流值，数值上等于额定容量的倍数。

（6）充放电循环寿命。充放电循环寿命是衡量电池性能的一个重要参数。经受一次充电和放电，称为一次循环（或一个周期）。在一定的充放电制度下，电池容量降至某一规定值之前，电池能耐受的充放电次数，称为二次电池的充放电循环寿命。充放电循环寿命越长，电池的性能越好。

4. 充电

（1）充电。从外部电源供给电池直流电，将电能以化学能的方式储存起来的过程。

（2）充电电压。充电电压是指电池在充电时，外电源加在电池两端的电压。一般地，充电电压要大于开路电压，如镍镉电池的充电电压为1.45~1.5V，锂电池的充电电压为4.1~4.2V，铅酸电池的充电电压为2.25~2.7V。

（3）充电能量。通过充电器输入电池的电能，单位为Wh，这里指电池充电能量。

5. 容量

（1）容量。容量是指在充电以后，在一定放电条件下所能释放出的电量，其单位为Ah，容量与放电电流大小有关，与充放电终止电压有关。

（2）理论容量。根据参加电化学反应的活性物质电化学当量数计算得到的电量。

（3）额定容量。是指设计与制造电池时，按照国家或相关部门颁布的标准，保证电池在一定的放电条件下能够放出的最低限度的电量。

（4）实际容量。是指电池在一定的放电条件下实际放出的电量，它等于放电电流与放电时间的乘积。

6. 电阻

（1）绝缘电阻。电池端子和电池箱或车体之间的电阻。

（2）内阻。电池组电解质、正负极群、隔板等电阻的组合。

7. 效率

（1）充电效率。库伦效率与能量效率的总称。

1）库伦效率（放电效率）：放电时电池中释放的电能除以恢复到初始容量所需的电量的百分比。

2）能量效率：放电能量与充电能量之比。

（2）电池能量。电池的能量是指在一定放电制度下，所给出的电能，其单位为Wh。电池的能量分为理论能量和实际能量，理论能量可用理论容量和电动势的乘积表示，而电池的实际能量为一定放电条件下的实际容量与平均工作电压的乘积。

（3）电池比能量。电池的比能量是单位体积或单位质量的电池所给出的能量，分别成为体积比能量和质量比能量，单位为Wh/L和Wh/kg。

（4）电池功率。电池的功率是指电池在一定的放电制度下，单位时间内所给出能量的大小，单位为瓦（W）。电池的功率分为理论功率和实际功率，理论功率为在一定放电条件下的放电电流和电动势的乘积，而电池的实际功率为在一定放电条件下的放电电流和平均工作电压的乘积。

（5）比功率。电池的比功率是指单位体积或单位质量的电池输出的功率，分别为体积比功率或质量比功率。比功率是电池重要的性能技术指标，电池的比功率大，表示它承受大电流放电的能力强。

（6）比能量。电池的比能量有两种：一种叫质量比能量，其单位为瓦时/千克（Wh/kg）；另一种叫体积比能量，其单位为瓦时/升（Wh/L）。比能量的物理意义是电池为单位质量或单位体积时所具有的有效电能量，它是比较电池性能优劣的重要指标。必须指出，单体电池和电池组的比能量是不一样的。由于电池组合时总要有连接条、外部容器和内包装层等，故电池组的比能量总是小于单体电池的比能量。

8．现象

（1）自放电。电池内部自发的或不期望的化学反应造成可用容量自动减少的现象。

（2）析气。电池在充电过程中产生气体的现象。

（3）热失控。电池在充、放电过程中，电流及温度发生一种积累的互相增强的作用而导致电池损坏的现象。

（4）漏液。电解液泄漏到电池外部的现象。

（5）记忆效应。电池经过长期浅充、放电循环后，进行深放电时，表现出明显的容量损失和电压下降，经数次全充、放电循环后，电池特性即可恢复的现象。

（6）荷电状态。荷电状态是指剩余电量与额定容量或实际容量的比例。这一参数是在电动汽车使用中十分关键却不易获取的数据。

四、电动汽车动力电池的分类

动力电池是电动汽车发展的首要关键，汽车动力电池难在"低成本""高容量"及"高安全"等三个要求上，要想在较大范围内应用电动汽车，就要采用先进的电池。经过10多年的筛选，当前研究开发的电动汽车动力电池主要包括铅酸电池、镍金属电池、锂电池、高温钠电池、锌空气电池、超级电容、飞轮电池以及具有更好发展远景的燃料电池和太阳能电池等。

1．铅酸电池

铅酸电池正负电极分别为二氧化铅和铅，电解液为硫酸。铅酸电池又可以分为注水式铅酸电池和阀控式铅酸电池两类。前者价廉，但需要经常维护，补充电解液；后者通过安全控制阀自动调节密封电池体内在充电或工作异常时产生的多余气体，免维护。适用于电动汽车使用的铅酸电池还有水平铅酸电池、双极密封铅酸电池、卷式电极铅酸电池等。

2．镍金属电池

适用于电动汽车使用的镍金属电池主要有镍镉电池和镍氢电池两种。镍镉电池是以烧结式的多孔性镍基板作为骨架，在骨架的孔隙中填充氢氧化亚镍作为正极板，填充氢氧化镍作为负极板。但由于其含有重金属镉，在使用中不注意回收的话，就会形成环境污染，目前，许多发达国家都已限制发展和使用镍镉电池。而镍氢电池则是一种绿色镍金属电池，它的正负极分别为镍氢氧化物和储氢合金材料，不存在重金属污染问题，且其在工作过程中不会出现电解液增减现象，电池可以实现密封设计。镍氢电池在比能量、比功率及循环寿命等方面都比镍镉电池好，使用镍氢电池的电动汽车一次充电后的续驶里程曾经达到过600km。氢镍电池就其工作原理和特点是适合电动汽车使用的，它已被列为近期和中期电动汽车首选动力电池，但其还存在价格太高，均匀性较差（特别是在高速率、深放电下电池之间的容量和电压差较大），自放电率较高，性能水平和现实要求还有差距等问题，这些问题都影响着镍氢电池在电动汽车上的广泛使用。

3. 锂电池

锂电池的单位质量储能是铅酸电池的3倍，锂聚合物电池的4倍，而且锂资源较丰富，价格也不很贵，是很有希望被人们广泛利用的电池。锂电池中，锂离子在正负极材料晶格中可以自由扩散，当电池充电时，锂离子从正极中脱出，嵌入到负极中，反之为放电状态，即在电池充放电循环过程中，借助于电解液，锂离子在电池的两极间往复运动以传递电能。锂电池的电极为锂的金属氧化物和储锂碳材料。

4. 高温钠电池

高温钠电池主要包括钠氯化镍电池和钠硫电池两种。钠氯化镍电池是1978年发明的，其正极是固态$NiCl_2$，负极为液态Na，电解质为固态β-Al_2O_2陶瓷，充、放电时钠离子通过陶瓷电解质在正负电极之间漂移。钠氯化镍电池是一种新型高能电池，它具有比能量高（超过100Wh/kg），无自放电效应，耐过充电、过放电，可快速充电，安全可靠等优点，但是其工作温度高（250～350℃），而且内阻与工作温度、电流和充电状态有关，因此需要有加热和冷却管理系统。而钠硫电池也是近期普遍看好的电动汽车电池，它已被美国先进电池联盟（USABC）列为中期发展的电动汽车电池，钠硫电池具有高的比能量，但它的峰值功率较低，而且这种电池的工作温度近似300℃，熔融的钠和硫有潜在的毒性，腐蚀也限制了电池的可靠性和寿命。

5. 锌空气电池

锌空气电池是一种机械更换、离车充电的高能电池，正极为Zinc，负极为Carbon（吸收空气中的氧气），电解液为KOH。锌空气电池具有比能量高（200Wh/kg）、免维护、耐恶劣工作环境、清洁安全可靠等优点，但是其具有比功率较小（90W/kg），不能存储再生制动的能量，寿命较短，不能输出大电流及难以充电等缺点。一般为了弥补它的不足，使用锌空气电池的电动汽车还会装有其他电池（如镍镉电池）以帮助启动和加速。

6. 超级电容

超级电容是为了满足混合电动汽车能量和功率实时变化要求而提出的一种能量存储装置，它是一种电化学电容，兼具电池和传统物理电容的优点。超级电容往往和其他电池联合应用作为电动汽车的动力电源，可以满足电动汽车对功率的要求而不降低电池的性能，超级电容的使用，将减少汽车对电池大电流放电的要求，达到减少电池体积和延长电池寿命的目的。根据电极材料的不同，超级电容可分为碳类超级电容和金属氧化物超级电容两类。

7. 飞轮电池

飞轮电池是20世纪90年代才提出的新概念电池，它突破了化学电池的局限，用物理方法实现储能。飞轮电池是一种以动能方式存储能量的机械电池，它由电动/发电机、功率转换、电子控制、飞轮、磁浮轴承和真空壳体等部分组成，具有高效率、长寿命和环境适应性好等优点。飞轮电池中的电机在充电时，该电机以电动机形式运转，在外电源的驱动下，电机带动飞轮高速旋转（可达到200000r/min），即用电给飞轮电池"充电"增加了飞轮的转速从而增大其动能；放电时，电机则以发电机状态运转，在飞轮的带动下对外输出电能，完成机械能（动能）到电能的转换。要开发适合电动汽车的实用性飞轮电池，就必须进一步提高它的安全性和降低成本。

8. 燃料电池

燃料电池是一种将储存在燃料和氧化剂中的化学能通过电极反应直接转化为电能的发电装置，它的基本化学原理是水电解反应的逆过程，即氢氧反应产生电、水和热。它不需要燃烧、无转动部件、无噪声、运行寿命长、可靠性高、维护性能好，实际效率能达到普通内燃机的2~3倍，加之其最终产物又是水，真正达到清洁、可再生、无排放的要求，是21世纪的首选能源。

9. 太阳能电池

太阳能电池是一种把光能转换为电能的装置，太阳能已广泛用于照明、家用电器、发电、交通信号、地质、航天等领域。目前，部分机构也已研制出了使用太阳能电池的电动汽车样车，但是由于太阳能电池还存在光电转换效率不高、价格太高、电池系统配置较复杂等问题，近期内只能作为电动汽车的补充电源，还不能大规模的生产应用，但太阳能作为最清洁的、取之不尽用之不竭的能源，对它的研究和应用必将会取得长足的进步。

五、电动汽车动力电池的应用现状

1. 铅酸电池

由于铅酸电池的供电成本大体和柴油机供电相等，同时应用历史最长、技术最成熟、安全性最好、成本最低、市场化程度高，因此铅酸电池仍然是低端电动汽车市场的主要动力电池。但由于质量大、寿命短、比能量低、和充电时间长等缺点，限制了铅酸电池在电动汽车上的使用。随着锂电池等技术的不断成熟，铅酸电池必将被取代。在某种程度上，铅酸电池时代可以称为电动汽车动力电池的起步和过渡阶段。

2. 镍氢电池

镍氢电池安全性能较好，比能量大于铅酸电池、小于锂电池。目前镍氢电池技术较成熟，购置和使用成本较低。镍氢动力电池刚刚进入成熟期，是目前混合动力汽车所用电池体系中唯一被实际验证并被商业化、规模化的电池体系，全球已经批量生产的混合动力汽车全部采用镍氢动力电池体系。但是，镍氢电池也具有难以克服的缺点，镍氢电池的记忆效应和充电发热等方面的问题直接影响到该电池的使用。除此以外，镍氢电池自放电率高、比能量较小，只能用在混合动力电动汽车上，这些缺点的存在使镍氢电池只能是过渡产品。在发展电动汽车上，镍氢电池技术最成熟，未来几年内仍将是电动汽车动力电池的主流，之后镍氢电池将和锂电池、燃料电池三分天下。随着技术的发展，将逐渐被锂电池及燃料电池所取代。

3. 锂电池

到了2000年前后，人们研制成功了锂电池。锂电池具有体积小、质量轻、存储的电能大、工作电压高、比能量大、循环寿命长、自放电率低、无记忆效应、无污染、安全性好等优点，被称为性能最为优越的可充电电池，号称"终极电池"，受到市场的广泛青睐。从发展周期看，目前电动汽车锂电池市场正走出导入期，开始跨入快速成长期。锂电池技术进步较快，它最有可能成为铅酸电池的竞争对手，率先成为高端电动汽车市场的主要动力电池。锂电池尽管在短期内难于取代镍氢电池，然而，不容忽视的是锂电池未来将取代镍氢电池成为电动汽车主流动力电池。从发展趋势来看，电动汽车无疑是未来汽车发展的方向，而锂电池则是电动汽车的最佳选择。因锂电池的良好特性和技术上的优势，已占据电动汽车动力电池的市场主导地位。

4. 燃料电池

从环境效应和长远利益考虑，燃料电池汽车是未来电动汽车的发展方向。燃料电池虽然是理想的清洁能源，但是目前它的性价比太低，要达到可以进入市场的性价比，可说是任重而道远，其必须从基础材料和基本理论上有重大突破，才可能进入汽车市场。目前由于燃料电池技术尚未成熟，安全供给氢气仍是一个技术难题，其市场前景既决定于技术的突破程度、成本，政府行为和产业政策对燃料电池市场的影响更具有决定性作用。

第二节　铅酸电池

铅酸电池已有100多年的历史，广泛用作内燃机汽车的启动动力源，它也是成熟的电动汽车电池。铅酸电池具有电动势高且稳定、容量大、转换效率高、供电方便且可靠、造价低等优点。比功率也基本上能满足电动汽车的动力性要求。但它有两大缺点：一是比能量低，所占的质量和体积太大，且一次充电行驶里程较短；二是使用寿命短，使用成本过高。

一、铅酸蓄电池的工作原理

（1）放电过程。当电池与外电路接通时，在电池电动势的作用下，电路中便产生电流，放电电流由电池的正极板经外电路流向负极板。在电池内部，电解液内的硫酸分子电离，产生氢正离子和硫酸根负离子，在电场力的作用下，氢离子移向正极，硫酸根离子移向负极，形成离子流。

电池在放电过程中，正、负极板上都形成了硫酸铅，由于硫酸铅导电性能差，增加极板之间的电阻，影响电池容量。电解液中的硫酸逐渐减少，水分增加，因而使电解液的相对密度降低。

（2）充电过程。铅酸电池充电时，在电池内部，充电电流由正极流向负极。在电流的作用下，正负极上的硫酸铅及电解液中的水被分解。

在充电过程中，在正极板上的硫酸铅被硫酸根氧化失去电子生成二氧化铅。在负极板上的硫酸铅被氧离子还原成为铅。在化学反应中，吸收了两个水分子中的水，而析出了两个水分子的硫酸。因此充电时电解液的相对密度增大，电池的内阻减小，电动势增大。

二、铅酸电池的主要电气特性

（1）电动势、端电压及内电阻。电池的电动势，在正负极板的有效物质固定后，主要由电解液的比重决定。

电池在没有带负荷的情况下，其端电压就是电池的电动势。当电池带上负荷时，便有电流通过。由于电池存在内电阻，电流流过内电阻将产生电压降，因此，电池的端电压为：

充电时：$$u=E+IR_c \qquad (2-1)$$

放电时：$$u=E-IR_c \qquad (2-2)$$

式中 R_c——电池的内电阻，Ω；

I ——充电或放电电流，A；

E ——电池内的电动势，V。

铅酸电池的内电阻是电解液、正极板、隔离物及连接物等部分电阻的总和。

电池的内电阻不是一个固定值，在充、放电时，电池的内电阻将发生变化。充电时，由于极板上的硫酸铅还原为二氧化铅，同时电解液中硫酸浓度增加。因二氧化铅及硫酸的导电性能分别比硫酸铅及水的导电性能好，所以，充电时电池的内电阻逐渐减小。相反，在放电时，电池的内电阻将逐渐增大。

电解液的温度对内电阻也有影响，温度升高时，电解液黏度下降，分子和离子的活动增强，内电阻减小；反之温度降低时，内电阻增大。

电池的内电阻可用下式求得：

充电时：
$$R_c = (U_c - E) / I_c \qquad (2-3)$$

放电时：
$$R_f = (E - U_f) / I_f \qquad (2-4)$$

式中　R_c、R_f——充、放电时电池的内电阻，Ω；

$\quad\quad U_c$、U_f——充、放电时电池的端电压，V；

$\quad\quad I_c$、I_f　——充、放电时的电流，A；

$\quad\quad E$　　　——电池的电动势，V。

（2）电动汽车用铅酸电池的容量。充足电的电池，放电到规定放电终止电压时，其所放电的总容量即为该电池的容量。电池经恒定电流值放电时，客观存在的容量可用下式求得：

$$C = I_f t_f \qquad (2-5)$$

式中　C——电池的放电容量，Ah；

$\quad\quad I_f$——放电电流值，A；

$\quad\quad t_f$——放电时间，h。

若放电电流不是恒定值，其容量等于各段放电电流值与该放电时间的乘积之和。一般以电解液温度为20℃±5℃时，3h放电率的容量作为电动汽车用铅酸电池的额定容量。电池容量的大小受放电率、电解液的相对密度及温度等变化的影响。

1）放电率对电池容量的影响。电池在不同的放电率放电时，其容量是不同的。一般情况下，铅酸电池的放电容量与其额定容量有如下关系：

$$C_3 = K C_m \qquad (2-6)$$

式中　C_3——3h放电率的额定容量，Ah；

$\quad\quad C_m$——非正常放电率的容量，Ah；

$\quad\quad K$——容量增大系数。

K值的大小由I_m/I_3比值与放电时间决定，其中I_m为非正常放电率放电电流，I_3为3h放电率放电电流。

2）电解液相对密度及温度对电池容量的影响。电解液的相对密度大，则电池的容量大，反之容量小。但如果相对密度过大，电流易集中，极板腐蚀和隔离物损坏也就快，因而电池的寿命将缩短。因此，电解液的相对密度必须适当。

电池的容量随着电解液温度上升而增加，因为电解液温度升高时，离子运动速度加快，电化反应也加快，所以电池容量增大。

电池的额定容量是以电解液温度为20℃作为依据的，当温度在10～40℃范围内变动时，电池容量可按下式计算：

$$C_t = C_{20} [1 + 0.008 (t - 20)] \qquad (2-7)$$

式中　　C_t——温度为t时的实际放电容量，Ah；

　　　　C_{20}——温度为20℃时的额定容量，Ah；

　　　　t　——放电过程中电解液的平均温度，℃。

在实际操作中，电解液的温度一般应控制在20℃左右，不要超过40℃，否则会使正极板弯曲，自放电加剧，造成电池不可挽救的损坏。

第三节　锂离子蓄电池

锂离子蓄电池，简称锂电池，是20世纪90年代发展起来的高容量可充电电池。它一般采用含有锂元素的材料作为电极，主要依靠锂离子在正极和负极之间移动来工作。具有比能量大、使用寿命长、自放电率小、工作温度范围为20~60℃，循环性能优越，可快速充放电，充电效率高达100%，无记忆效应和环境污染等特点，是现代高性能电池的代表。目前市场上最热门的电动车用的绝大部分是锂电池。常见的锂电池包括了磷酸铁锂电池、钴酸锂电池、锰酸锂电池、三元锂电池。

一、锂电池的分类

1. 根据电解质分类

锂电池根据电解质的不同可分为液态锂电池和聚合物锂电池两大类型。这两种类型的锂电池所用的正、负极板材料是相同的，工作原理也基本一致。主要区别是它们所采用的电解质不同。液态锂电池采用的是液体电解质，聚合物锂电池则采用的是聚合物电解质。

2. 根据外壳形式分类

根据外壳形式，锂电池可以分为圆柱形电芯、方形电芯以及软包装系列三类。

（1）外壳形式为圆柱形电芯的锂电池。

1）外壳形式为圆柱形电芯的锂电池如图2-1所示。圆柱形电芯，一般为"18650"封装，特斯拉MODEL S85车型应用的是"18650"型封装的钴酸锂电池，所谓"18650"是指直径为18mm、长度为65mm的圆柱形电池。

2）外壳形式为圆柱形电芯的锂电池的优点：工艺成熟度高，生产效率高，过程控制严格，壳体结构成熟，工艺制造成本低。

图2-1　外壳形式为圆柱形电芯的锂电池

3）外壳形式为圆柱形电芯的锂电池的缺点：集流体上

电流密度分布不均匀，造成内部各部分反应程度不一致；电芯内部产生的热量很难得到快速释放，累积会造成安全隐患。

（2）外壳形式为方形电芯的锂电池。

1）外壳形式为方形电芯的锂电池如图2-2所示，也称为硬包装锂电池，一般包括电池上下盖、正极、隔膜、负极、有机电解液以及钢或铝电池壳。

2）外壳形式为方形电芯的锂电池的优点：对电芯的保护作用高，可以通过减少单体电池的厚度保证内部热量的快速传导，电芯的安全性能有较大的改善。

3）外壳形式为方形电芯的锂电池的缺点：壳体在电芯总重中所占的比重较大，导致单体电池的能量密度较低，内部结构复杂，自动化工艺成熟度相对较低。

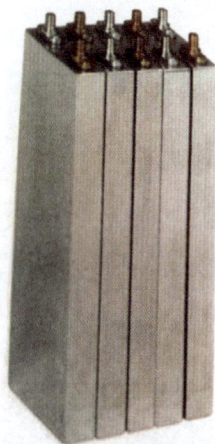

图2-2　外壳形式为方形电芯的锂电池

（3）软包装结构的锂电池。

1）软包装结构的锂电池如图2-3所示，结构和硬包装类似，包括正极、隔膜、负极、有机电解液以及铝塑复合膜电池壳。

2）软包装结构的锂电池的优点：外部结构对电芯的影响小，电芯性能优良，封装采用的材料质量小，电池的能量密度高。

3）软包装结构的锂电池的缺点：大容量电池制造工艺难度增加，可靠性相对较差；所采用的铝塑复合封装膜机的机械强度低，铝塑复合膜的寿命制约了电池使用寿命。

图2-3　软包装结构的锂电池

二、锂电池的结构及性能

（1）锂电池主要包括正负极、电解质、隔膜以及外壳，锂电池结构示意图如图2-4所示。

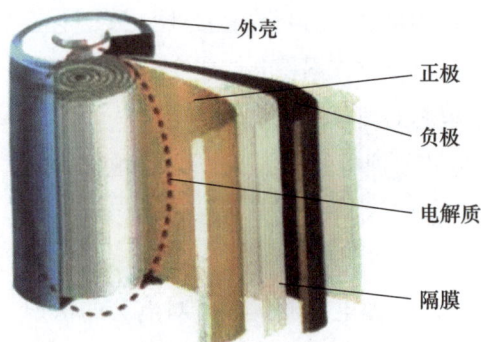

图2-4 锂电池结构示意图

1）正极采用能吸藏锂离子的碳极。

2）负极材料选择电位尽可能接近锂电位的可嵌入锂化合物，如各种碳材料，包括天然石墨、合成石墨、碳纤维等和金属氧化物。

3）电解质采用乙烯碳酸酯、丙烯碳酸酯和低黏度二乙基碳酸酯等烷基碳酸酯搭配的混合溶剂体系。

4）隔膜采用聚烯微多孔膜，如PE、PP或它们的复合膜，尤其是PP/PE/PP三层隔膜，不仅熔点较低，而且具有较高的抗穿刺强度，起到了热保险作用。

5）外壳采用钢或铝材料，盖体组件具有防爆断电功能。

（2）锂电池的工作原理示意图如图2-5所示。从图中可以看出，当对电池进行充电时，电池的正极上有锂离子生成，生成的锂离子经过电解液运动到负极。而作为负极的碳呈层状结构，它有很多微孔，到达负极的锂离子就嵌入到碳层的微孔中，嵌入的锂离子越多，充电容量越高。因此，锂电池的充电过程，仅仅是锂离子从一个电极（脱嵌）进入另一个电极（嵌入）的过程。

在锂电池的充放电过程中，锂离子从正极中脱嵌，在碳负极中嵌入，放电时则过程与

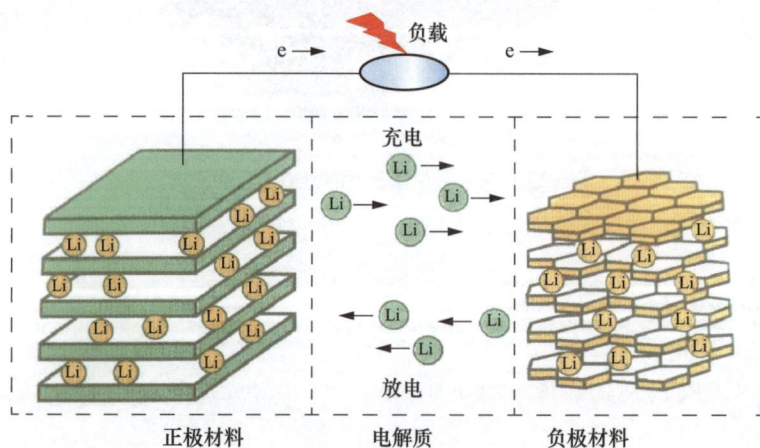

图2-5 锂电池的工作原理示意图

之相反。随着充放电的进行，锂离子在电池的正、负极之间晃来晃去，因此人们又形象地把它称为摇椅电池。

用锂离子在碳中的嵌入和脱嵌反应取代金属锂电极上的沉积和溶解反应后，就可避免电极表面上形成锂枝晶的问题，从而进一步提高了锂电池的使用性能和安全性。

三、锂电池的特点

锂电池与传统电池相比，具有如下特点：

（1）工作电压高。由于正极活性物质不同，通常锂电池的电压为3.6V，最高可达4.2V。单体电池工作电压高达3.7V，是镍镉电池、镍氢电池的3倍，铅酸电池的近2倍。组成相同电压的动力电池组时，锂电池使用的串联数目会大大少于铅酸电池和镍氢电池数量。

（2）质量轻，比能量大（达到150Wh/kg）。比能量是镍氢电池的2倍，铅酸电池的4倍，质量是相同能量铅酸电池的1/4～1/3。

（3）工作温度范围大。锂电池具有良好的高低温性能，允许工作温度范围大，低温性能好。锂电池可在−20～45℃工作。

（4）寿命长。锂电池充、放电过程是锂离子在正、负极上脱嵌、嵌入，不会出现在负极锂上生成锂枝晶现象，因此其充、放电循环寿命，可达600~2000次以上。以容量保持70%计算，锂电池组100%充、放电循环次数可以达到600次以上，使用年限可达3～5年，约为铅酸电池循环寿命的2～3倍。

（5）自放电率低。锂电池自放电率低，每月不到5%，远低于碱性镍镉电池和镍氢电池，约为它们的1/5～1/3。

（6）无记忆效应，每次充电前不用像镍镉、镍氢电池一样放电，可随时随地进行补充充电。而且锂电池深度充放电对电池寿命影响不大。

（7）工作电压随放电深度变化大。当电池放电到额定容量的80%时，锂电池电压变化约为40%，而镍镉电池电压变化只有20%。

（8）特别适合用于动力电池。除电压高之外，锂电池组的电池管理系统能够对每一个单体电池进行高精度监测和低功耗智能管理，具有完善的过充电、过放电、温度、过电流、短路保护、锁定自恢复以及均衡功能，大大地延长了电池的使用寿命。

（9）无污染。锰酸锂和磷酸亚铁锂电池中不存在有毒物质，因此被称为"绿色电池"，受国家重点扶持。

四、锂电池充、放电特性

（1）充电特性。根据碳负极的材料结构不同，单体锂电池的充电电压必须严格保持在4.1V或4.2V，否则会导致金属锂析出，若充电电压超过4.5V，可能造成锂电池永久性损坏，甚至烧毁。

（2）放电特性。环境温度对锂电池的放电容量有较大影响。典型的锂电池在−20～55℃的放电特性曲线如图2-6所示。从图中可以看出，−20℃时的容量为25℃时容量的65%左右，55℃时的容量与25℃时的容量相近。

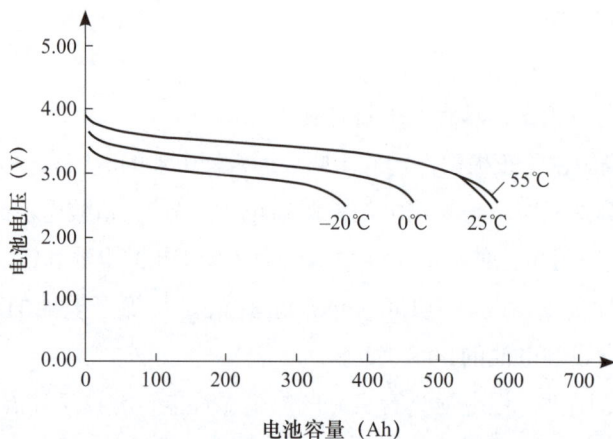

图2-6 锂电池在−20～55℃的放电特性

五、锂电池的应用

（1）锂电池使用注意事项。

1）因为锂电池内部阻抗大，约比同规格的镍镉电池、金属氧化物–镍电池大10倍，大电流放电特性不理想，使用时应对其放电电流加以控制。

2）锂电池充电方式为定电流、定电压充电，在锂电池充电时应予以注意。

3）锂电池对过充电和过放电耐受性差。充电时的充电电压不得超过4.2V。否则，过电压会导致正极析出金属锂而引发事故。放电时放电电压不得低于2.5V，否则，电解质被分解，电池内部压力上升，会导致爆炸或使负极材料流出，造成内部短路而失效。

（2）锂电池的充电。

1）新电池的充电。在使用锂电池时应注意：电池放置一段时间后则进入休眠状态，此时容量低于正常值，使用时间亦随之缩短。但锂电池很容易激活，只要经过3～5次正常的充、放电循环就可激活电池，恢复正常容量。由于锂电池本身的特性，决定了它几乎没有记忆效应。因此新锂电池在激活过程中，是不需要特别的方法和设备的。不仅理论上是如此，从实践来看，从一开始就采用标准方法充电，使新锂电池"自然激活"是最好的充电方式。

锂电池和镍电池的充、放电特性有非常大的区别，过充电和过放电会对锂电池，特别是液体锂电池造成巨大的伤害。因而充电最好按照标准时间和标准方法充电，特别是不要进行超过12h的超长充电。在锂电池充满后继续充电，将使电池处在危险的边缘，因此锂电池充电时间不要太长，要按正常的用法充电。

2）正常使用何时开始充电。锂电池同样也不适合过放电，过放电对锂电池同样也很不利。锂电池充、放电循环的实验表明：当锂电池放电深度达到其额定容量的10%时即开始充电，其循环寿命可达1000次以上。当锂电池放电深度达到其额定容量的100%时即开始充电，其循环寿命只能达到200次以上。可见，10%放电深度时的循环寿命要比100%放电深度时的循环寿命长很多。

（3）为了防止锂电池过充电和过放电问题，可采取两种措施。

1）在电池内装设安全机构。可设置正温度系数元件，当电池内部温度升高时，元件的阻值随之上升，温度上升到一定程度时，会自动将阴极引线与阴极之间的电路切断。或选择适当材料的隔板，当电池内部温度上升到一定程度后，隔板上的微孔会自动熔解，使电池停止反应。也可设置安全阀，当电池内部压力升高到一定数值时，安全阀将自动打开。

2）设置锂电池组保护电路。这种保护电路可检测过充电和过放电情况，及时切断充电、放电回路，停止充电、放电。此外，电池组内、充电器及用电设备应装有保险丝，以加强过充电、过放电的保护。

六、磷酸铁锂电池

磷酸铁锂电池是指用磷酸铁锂作为正极材料的锂电池。锂电池的正极材料有很多种，主要有钴酸锂、锰酸锂、镍酸锂、三元材料、磷酸铁锂等。其中钴酸锂是目前绝大多数锂电池使用的正极材料，而其他正极材料由于多种原因，目前在市场上还没有大量生产。锂电池的性能主要取决于正负极材料，磷酸铁锂近几年才作为锂电池材料。国内开发出大容量磷酸铁锂电池是在2005年7月，其安全性能与循环寿命是其他材料所无法相比的，这些也正是动力电池最重要的技术指标。从材料的原理上讲，磷酸铁锂也是一种嵌入/脱嵌过程，这一原理与钴酸锂、锰酸锂完全相同。

（1）磷酸铁锂电池具有可靠的安全特性。磷酸铁锂电池作为锂电池的二代产品，在安全性和使用性能上得到重大突破。磷酸铁锂电池采用高热稳定性材料和缜密工艺设计，电池安全性和可靠性大为增强。与锂电池不当使用中可能出现的爆炸现象相比，磷酸铁锂电池即使扔在火中也不会发生爆炸。高温稳定性可达400~500℃，保证了电池内在的高安全性，不会因过充电、温度过高、短路、撞击而产生爆炸或燃烧。因其经过严格的安全测试，即使在最恶劣的交通事故中也不会发生爆炸。磷酸铁锂电池本身物理性能稳定，再配合电池组内置的过电压、欠电压、过电流、过充电等保护功能，不爆炸、不起火。单节电池过充电压30V不燃烧，穿刺不爆炸。同时，磷酸铁锂完全解决了钴酸锂和锰酸锂的安全隐患问题，钴酸锂和锰酸锂在强烈碰撞下会产生爆炸，对消费者的生命安全构成威胁，而磷酸铁锂已经过严格的安全测试，即使在最恶劣的交通事故中也不会产生爆炸。因此，磷酸铁锂电池是目前全球唯一绝对安全的锂电池。

（2）寿命长、成本低。作为动力电池，使用寿命（循环性能）与总体使用成本密切相关，和普通锂电池500次左右的循环使用寿命相比，磷酸铁锂电池循环寿命达到2000次以上，标准充电使用可达到2000次。可以使用五年左右，是铅酸电池的8倍，镍氢电池的3倍，是钴酸锂电池的4倍左右。再加上其生产制造成本低于普通锂离子蓄电池，无疑能大大降低电动车的使用和维护成本。

（3）高温性能好，热峰值可达350~500℃；工作范围宽广，为-20~75℃；容量较大，相比普通电池（铅酸电池等）有更大的容量；无记忆效应，电池可随充随用。

（4）大容量，磷酸铁锂电池的续行里程是同等质量铅酸电池的3～4倍。

（5）镍氢、镍镉电池存在较强的记忆效应，普通锂电池也有一定的记忆效应问题，需要尽量"满充满放"，否则会给电动车日常使用带来不便，而磷酸铁锂电池无此现象，自放电小，无记忆效应，电池无论处于什么状态，可随充随用，无须先放完再充电。

（6）体积小、质量轻，同等规格容量的磷酸铁锂电池的体积是铅酸电池体积的2/3，质量是铅酸电池的1/3。

（7）绿色环保，磷酸铁锂电池不含任何重金属与稀有金属，无毒、无污染，符合规定，绝对为绿色环保电池。铅酸电池中存在着大量的铅，在其废弃后若处理不当，将对环境造成二次污染，而磷酸铁锂材料无论在生产及使用中，均无污染。因此，该电池被列入了"十五"期间的"国家高科技发展计划"（简称863计划），成为国家重点支持和鼓励发展的项目。因此，选择磷酸铁锂作为电动汽车电池将是一种具有长远战略意义的明智选择。

（8）磷酸铁锂电池的缺点：低温性能差，正极材料振实密度小，等容量的磷酸铁锂电池的体积要大于钴酸锂等电池，即能量密度低，因此在微型电池方面不具有优势。而用作动力蓄电池时，磷酸铁锂电池和其他电池一样，需要面对电池一致性问题。

总体而言，磷酸铁锂作为锂电池的新一代材料，正以其安全性绝对可靠、循环寿命超长、充、放电平台稳定等优点受到全球动力电池专家的大力推崇，被誉为新一代电动汽车绿色动力的核心产品。

七、三元锂电池

（1）三元是指锂电池里面的正极材料名称。正极材料是以镍盐、钴盐、锰盐为原料，综合了钴酸锂、镍酸锂和锰酸锂三类材料的优点，同时存在三元协同效应，里面镍钴锰的比例可以根据实际需要调整。

（2）三元锂电池负极材料。三元锂电池采用天然石墨作为负极材料，天然石墨导电性好，结晶度好，具有良好的层状结构，适合锂离子的嵌入和脱出，更能提高电池性能。

（3）三元锂电池的电解质。三元锂电池的电解质主要采用六氟磷酸锂的电解液。

（4）三元锂电池参数。

1）标称电压：3.7V。

2）工作电压：3.6～4.3V。

3）工作温度：0～55℃。

（5）三元锂电池的优点包括以下内容：

1）电压平台高。电压平台是电池能量密度的重要指标，决定着电池的基本效能和成本，因此对电池材料的选用，有重要的意义。由于电压平台越高，比容量越大，相比于同样体积、质量，甚至同样安时的电池，电压平台比较高的三元材料锂电池续航里程更远。三元材料的电压平台明显比磷酸铁锂高，可以达到4.2V，放电平台可以达到3.6V或者3.7V。

2）能量密度高。

3）振实密度高。

（6）三元锂电池的缺点包括以下内容：

1）安全性差。

2）耐高温性差。

3）寿命差。

4）元素有毒（三元锂电池大功率充、放电后温度急剧升高，高温后释放氧气极容易燃烧）。

八、钴酸锂电池

钴酸锂电池正极为钴酸锂聚合物，负极材料为石墨。钴酸锂电池具有结构稳定、容量比高、综合性能突出、电化学性能优越、加工性能优异、振实密度大、能量密度高等优点。

钴酸锂电池标称电压为3.7V，充电时终止电压为4.2V。钴酸锂电池放电时，电压在3.6V以后会迅速下降，最小放电终止电压为2.75V左右。

钴酸锂电池也有缺点：首先，由钴酸锂电池组成的电池包，连同双电机和电控系统，至少占整车售价的60%~70%，成本较高；其次，安全性、热稳定性差，遇到高温或者撞击会释放氧气及大量热。基于以上缺点，钴酸锂电池主要用于中小型号电芯，广泛应用于笔记本电脑、手机、MP3/4等小型电子设备中。电动汽车中特斯拉、北汽EV200等车型均采用了该类型动力电池。

九、锰酸锂电池

锰酸锂电池是指正极使用锰酸锂材料的电池，相比钴酸锂等传统正极材料，锰酸锂具有资源丰富、成本低、无污染、安全性能好等优点。锰酸锂正极采用尖晶石型锰酸锂和层状结构锰酸锂，负极为石墨。

锰酸锂电池标称电压为3.7V。锰酸锂电池充电时曲线较为平缓，充电截止电压在4.2V左右；放电时当电压低于3.6V时会迅速下降，放电截止电压为2V。

锰酸锂电池材料本身并不太稳定，容易分解产生气体，因此多用于和其他材料混合使用，以降低电芯成本，但其循环寿命衰减较快，容易发生鼓胀，高温性能较差，寿命相对短，主要用于大中型号电芯。

第四节　燃料电池

燃料电池的燃料是氢和氧，生成物是清洁的水，它本身工作不产生一氧化碳和二氧化碳，也没有硫和微粒排出。因此，氢燃料电池汽车是真正意义上的零排放、零污染的车，是解决当今交通能源和环境问题的最佳方案之一，代表着汽车未来的发展方向。

燃料电池也不需要像其他电池那样进行长时间的充电，它只需要像给汽车加油一样补充燃料即可达到与燃油车一样的行驶里程，这是因为燃料电池电动汽车的行驶里程仅与燃料箱中的燃料有关，而与燃料电池的尺寸无关。

一、燃料电池的基本工作原理

燃料电池是一种化学电池，它利用物质发生化学反应时释出的能量，直接将其变换为电能。从这一点看，它和其他化学电池如锰干电池、铅蓄电池等是类似的。但是，它工作时需要连续向其供给活物质（能起反应的物质）——燃料和氧化剂，这又和其他普通化学电池不大一样。由于它是把燃料通过化学反应释放出的能量转变为电能输出，所以才被称为燃料电池。具体来说，燃料电池是一种将储存在燃料和氧化剂中的化学能，通过催化剂的作用，使氢与氧发生化学反应，等温、高效、无污染地转化为电能的发电装置，其反应过程不涉及燃烧，能量转化率可高达80%，实际使用效率是普通内燃机的2倍以上。其燃料除氢气、石油外，还可使用天然气、甲醇、煤以及其他非石油基燃料，由于汽油中含有大量氢，世界各公司正在寻找合适的催化剂，将汽油中的氢分解出来，供燃料电池使用。

燃料电池的组成与一般电池相同。其单体电池是由正负两个电极以及电解质组成。即燃料氧化反应的阳极（氢电极）A、氧气还原反应的阴极（氧电极）C和电解质E。其工作原理示意图如图2-7所示。图中，阳极A为燃料和电解质提供了一个接触面，在催化剂作用下发生氧化反应并输出电子到外电路。另一方面，阴极C为氧气和电解质提供了一个接触面，在催化剂作用下发生还原反应，并从外电路接收电子。在阳极A和阴极C之间，电解质E用于传递燃料反应的离子，而且还用于传递电子。

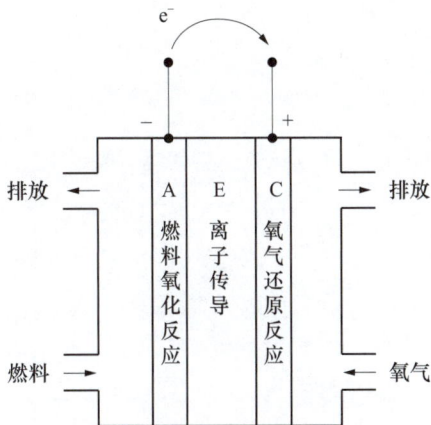

图2-7 燃料电池工作原理示意图

工作时向负极供给燃料（氢），向正极供给氧化剂（空气中起作用的成分为氧气）。氢在负极分解成氢离子和电子。氢离子进入电解质中，而电子则沿外部电路移向正极。用电的负载就接在外部电路中。在正极上，空气中的氧同电解液中的氢离子吸收抵达正极上的电子形成水。这正是水的电解反应的逆过程。利用这个原理，燃料电池便可在工作时源源不断地向外部输电。

根据电解质的类型不同，燃料电池可分磷酸型、碱性型、熔融碳酸盐型和固体氧化物型等。除了使用氢气作燃料外，一氧化碳和甲醇也被某些电池作为燃料，但是，这些燃料电池的反应生成物为二氧化碳而非纯净的水。

二、酸燃料电池

1. 酸燃料电池的性能

酸燃料电池的电解质含有磷酸物质。磷酸物质在225℃以下工作稳定，在150℃以上导电性能良好，能有效地排除生成物水和多余的热量。其中磷酸燃料电池是一种达到实用程度的电池。磷酸燃料电池工作条件：工作温度为150～210℃；工作环境气压为标准大气压或稍高的大气压；功率密度为0.2～0.25W/cm²；预计寿命超过40×10^3h。磷酸燃料电池的主要缺点是使用了昂贵的金属催化剂。

2. 酸燃料电池的工作原理

酸燃料电池的特点：导电离子为氢离子，使用铂或铂合金作电极反应催化剂。其工作原理示意图如图2-8所示。

酸燃料电池的工作原理可由如下电化学反应式表示：

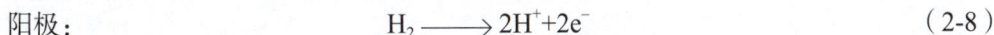

阳极：$\qquad\qquad H_2 \longrightarrow 2H^+ + 2e^-$ （2-8）

阴极：$\qquad\qquad O_2 + 4H^+ + 4e^- \longrightarrow 2H_2O$ （2-9）

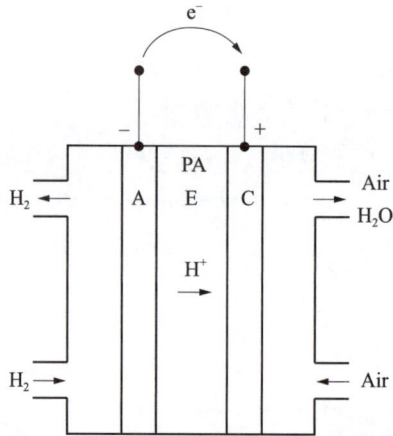

图2-8 酸燃料电池的工作原理示意图

三、碱燃料电池

1. 碱燃料电池的性能

碱燃料电池工作条件：工作温度为60~100℃；工作环境为标准大气压；功率密度为0.2~0.3W/cm²；预计寿命超过10×10^3h。

与磷酸燃料电池相比，碱燃料电池的造价仅为其1/5，原因是碱燃料电池采用了低成本的电极反应催化剂。例如，碱燃料电池的阳极采用镍作催化剂，阴极采用锂镍氧化物作催化剂。

较低的工作温度，使碱燃料电池更适合于电动汽车的使用。但是若要使碱燃料电池得到广泛使用，还要面临两大挑战：首先，碱燃料电池的工作温度低于100℃，电池在使用中需要解决降温及水的排出问题；其次，在空气进入电池进行反应之前，必须要先排除二氧化碳，原因是即使有很少的二氧化碳杂质，也会与电解质中的氢氧化钾反应生成碳酸盐并沉积在多孔状电极附近，影响碱燃料电池的使用性能。

2. 碱燃料电池的工作原理

碱燃料电池的特点：由于氢氧化钾中的氢氧根离子高导电性使其成为碱燃料电池电解质的首要选择。其工作原理示意图如图2-9所示。

碱燃料电池的工作原理可由如下电化学反应式表示：

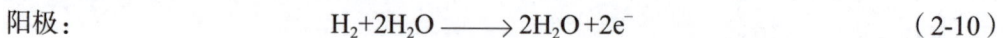

阳极：
$$H_2 + 2H_2O \longrightarrow 2H_2O + 2e^- \tag{2-10}$$

阴极：
$$O_2 + 2H_2O + 4e^- \longrightarrow 4OH^- \tag{2-11}$$

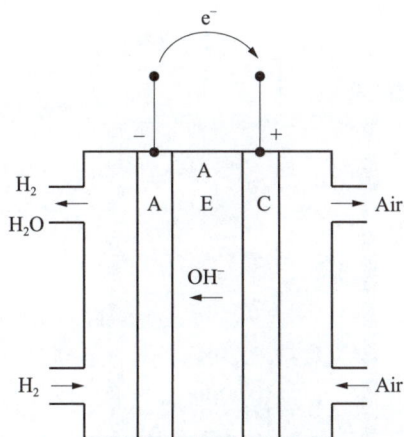

图2-9 碱燃料电池的工作原理示意图

四、质子交换膜型燃料电池

1. 质子交换膜型燃料电池的性能

质子交换膜型燃料电池工作条件：工作温度为50～100℃；工作环境气压为标准大气压或稍高的大气压；功率密度为0.35～0.6W/cm^2；预计寿命超过40×10^{3}h。

与其他燃料电池相比，质子交换膜型燃料电池用于电动汽车具有明显的优点：

（1）在燃料电池中，质子交换膜型燃料电池的功率密度最高。对于燃料电池来说，功率密度越高其体积就越小。

（2）质子交换膜型燃料电池的工作温度低、启动迅速，更适用于电动汽车的使用。

（3）质子交换膜型燃料电池采用了固态电解质，不会出现电解液的变形、移动和蒸发。

（4）质子交换膜型燃料电池中唯一的液体是水，水不存在对燃料电池的腐蚀问题。

（5）质子交换膜型燃料电池对进入电池的二氧化碳不敏感，不会对电池的性能产生影响。

基于以上优点，目前只有质子交换膜型燃料电池最适合电动汽车使用，我国研制成功的"中国氢动力首号车"使用的就是质子交换膜型燃料电池。

2. 质子交换膜型燃料电池的工作原理

质子交换膜型燃料电池又称固态聚合燃料电池，使用固态聚合隔膜作电解质，隔膜夹在两片多孔电极即阳极和阴之间，使用铂作电极反应催化剂，其工作原理示意图如图2-10所示。

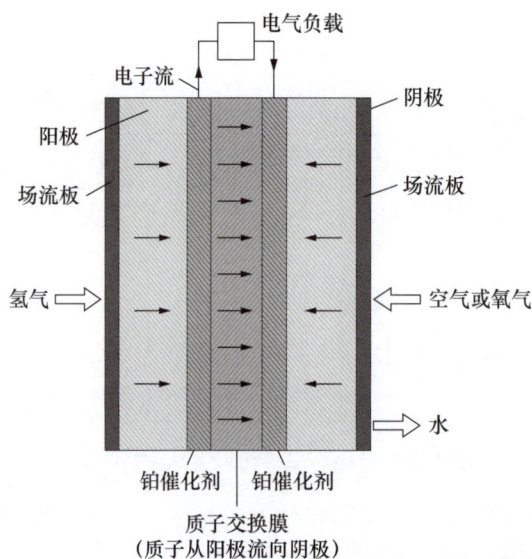

图2-10 质子交换膜型燃料电池工作原理示意图

第五节　电动汽车的动力电池系统

　　动力电池系统通常是指给电动汽车的驱动提供能量的一种能量储存装置，由一个或多个电池包以及电池管理（控制）系统组成。作为电动汽车的动力来源，或作为其动力来源之一，动力电池系统通常由电芯、电池管理系统、冷却系统、线束、外壳、结构件等相关组件构成。

一、新能源汽车电池包的技术要求

　　（1）新能源汽车电池包内部应利于电池模块的排布与安装。电池包形状应与电池模块布置形状相适应。当冷却系统工作时，冷却风扇提供的冷却气流应能均匀地流过每个电池模块周围，箱内不能形成气流的"死区"和涡流，保证电池模块工作过程中温度均匀、性能一致，防止个别电池模块早期损坏。

　　（2）新能源汽车电池包除了必须与外界进行直接接口的地方外，电池箱必须是密封的，除必需的通风孔外均不能与大气相通。密封的要求是不能泄漏，主要是为解决电池冷却气流的流动问题，避免因冷却气流的流动性差造成电池模块工作温度的不一致，从而导致性能的一致性进一步恶化，同时避免外界粉尘的进入。

（3）新能源汽车电池包的外壳材料可以选择高强度、耐腐蚀的塑料或金属壳体，选择金属壳体则内、外部必须进行耐腐蚀的绝缘处理。

（4）新能源汽车电池包的设计要求如表2-1所示。

表2-1　　　　　　　　　　　　　新能源汽车电池包的设计要求

序号	设计要求
1	满足整车安装要求，包括尺寸、安装接口等
2	电池箱体与电池模块之间的绝缘，电池箱体与整车之间绝缘
3	防水、防尘满足IP54或以上要求
4	各种接口（通信、电气、维护、机械）等完全正确
5	模块在电池箱体内的固定，电池包在整车上的固定满足振动、侧翻、碰撞等要求
6	温度场设计合理，要求电池箱体内部电池温差不超过5℃
7	禁止有害或危险性气体在蓄电池包内累积，更不能进入乘客舱
8	部分汽车（纯电动汽车）要求电池包可被快速更换

二、比亚迪e6电动汽车的动力电池系统

1. 比亚迪e6电动汽车的动力电池组成

比亚迪e6电动汽车采用磷酸铁锂电池（简称铁电池），它位于汽车底部，由90个单体电池组成，总电压为307V，电池容量达到220Ah，可以使续驶里程达到300km。比亚迪e6电动汽车的动力电池的电池包示意图如图2-11所示。比亚迪e6电动汽车的铁电池外形实物图如图2-12所示。

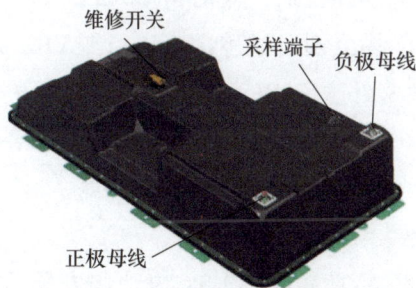

图2-11　比亚迪e6电动汽车的动力
电池的电池包示意图

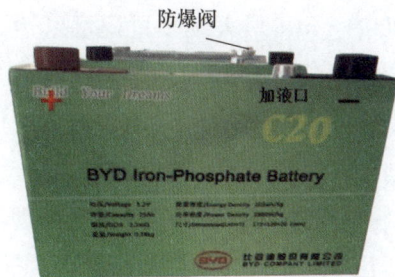

图2-12　比亚迪e6电动汽车的铁电池
外形实物图

2. 比亚迪e6电动汽车的铁电池特性

（1）比亚迪e6电动汽车的铁电池经过独特的低温设计，在低温上仍然有很好的性能发挥，即使在-30℃低温下，电池仍可保持90%以上的容量输出。

（2）比亚迪e6电动汽车的铁电池具有极高的能量转换效率（充电—放电一个循环的效率）。

（3）比亚迪e6电动汽车的铁电池采用低阻抗设计，因此即使在大电流情况下，电池本身的发热也非常小，200Ah的电池以200A的电流充、放电，温升也仅在5℃左右，这与其高能量效率是一致的。

（4）比亚迪e6电动汽车的铁电池具有超长的使用寿命，一般手机电池在500次左右，但比亚迪e6电动汽车的铁电池寿命至少4000次以上。

（5）在比亚迪独特的电池技术和经过充分验证的低温策略下，比亚迪电动车电池产品在低温下的寿命不会受到影响。

（6）比亚迪e6电动汽车的铁电池没有记忆效应，任何时候充电或者任何时候放电都是允许的，不需要一定放完电后再开始充电。

（7）比亚迪e6电动汽车的铁电池采用高安全性的磷酸铁锂材料，经过比亚迪精细的电化学设计、电极设计、电芯及成组结构设计、全自动生产线及严格的品质控制等全方位的安全设计及防护措施，同时通过一系列严格的实验表明，比亚迪e6电动汽车的铁电池即使在极端的情况下也不会发生爆炸。

（8）电池碰撞后，壳体变形，若变形严重，电池短路，瞬间释放能量，内部将产生气体，气体达到一定量时电池防爆阀启动，气体从防爆阀处泄漏排出，电池不会发生爆炸。

三、特斯拉纯电动汽车的动力电池系统

特斯拉Roadster动力性能优异，整车各项参数：电池系统可用能量为53kWh；0～100km/h加速时间为3.9s；最高时速可以达到200km/h；最大输出功率为215kW；最大转矩为400N·m；最大续驶里程可以达到390km，甚至创造过单次充电行驶501km的世界、量产电动车续驶里程记录；电池—里程的转换率可达135Wh/km（EPA公路循环）。

特斯拉Roadster出色的动力性能不仅得益于碳纤维材料在车身上的应用，更离不开所搭载的动力电池系统的卓越表现。

1. 特斯拉Model S85的电池组外观与安装位置

特斯拉Model S85电池组实物图如图2-13所示。特斯拉Model S85电池组安装位置如图2-14所示。特斯拉Model S85的电池组由超过7000节"18650"锂电池组成，总质量达900kg，电池组安放前后轴之间的底盘，其质量高达900kg，因此造成底盘重心较低，非常利于车辆的高速稳定性。由于电池组几乎占据车辆底盘的全部，但电池组并没有作为承受力的主体，且有加强筋和受力框架保护，大大降低碰撞时的爆炸危险。

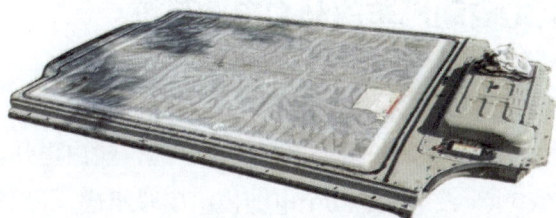

图2-13　特斯拉Model S85电池组实物图

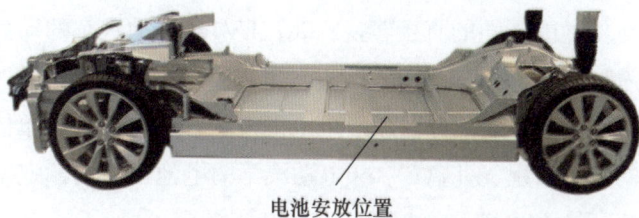

电池安放位置

图2-14　特斯拉Model S85电池组安装位置

2. 电池包总成

电池包的最大外形要满足整车安装空间的要求，设计时注意考虑电池包的安装与维护。电池包的安装位置要考虑冲击、振动、侧翻等情况，箱体应能承受一定程度的冲击力（可以参照电池模块的冲击性能测试要求进行设计）。车型不同，留给电池包的空间不一样，电池包的设计必须与整车设计相结合。

电池包采用三元"18650"电芯，由模组串联组成，电池包内设有BMS、电池热管理系统，可有效保护电池包安全。

3. 模组设计

电池组板的结构与组成：特斯拉Model S85电池组板由16组电池组串联而成，并且每组电池组444节锂电池，按每74节并联形成。因此特斯拉Model S85电池组板约有7104节"18650"锂电池。其模组设计实物图如图2-15所示。

图2-15　特斯拉Model S85电池组板设计实物图

四、北汽EV160电动汽车的动力电池系统

1. 北汽EV160电动汽车的动力电池组成

北汽EV160电动汽车的动力电池采用磷酸铁锂电池，输出电压为320V左右，容量为80Ah，额定能量为25.6kWh。该电池由10个电池模组串联组成，每个模组由10个电池模块串联而成，一般电池模块由单体电池组成。

（1）单体电池是构成动力电池模块的最小单元，一般由正极、负极、电解质及外壳等构成，可实现电能与化学能之间的直接转换。北汽EV160电动汽车的动力电池采用的磷酸铁锂电池单体电压为3.2V。

（2）电池模块，多个单体电池并联成一个电池模块，电池模块是单体电池在物理结构和电路上连接起来的最小分组，北汽EV160电动汽车的电池模块的额定电压与单体电池的额定电压相等，电芯容量为80Ah。

（3）电池模组，电池模块串联组成电池模组，电池模组指多个电池模块或单体电池串联组成的一个组合体模组。

（4）对于北汽EV160电动汽车，10个电池模组串联成了一个动力电池包，因此电池包的电压为32V×10=320V。容量和单体电池的容量相同。北汽EV160电动汽车的动力电池包组成的实物图如图2-16所示。

图2-16　北汽EV160电动汽车的动力电池包组成的实物图

2. 北汽EV160电动汽车的动力电池安装位置

动力电池箱主要起到保护动力电池的作用，因此要求箱体要坚固、防水。箱体可以分为上箱体和下箱体。上箱体一般不会受到冲击，并且为了减轻质量而采用玻璃钢材质。下箱体在整车的下部，为防止遇到路面磕碰等情况而损坏动力电池，因此采用铸铁或铸铝材料。为了实现上下箱体之间的密封，由定位装置进行定位，并通过硅酮胶进行密封。

第三章

电动汽车电池管理系统

第一节　电动汽车电池管理系统的作用与功能

一、电池管理系统的作用

电池系统是电动汽车的关键部件，它对电动汽车的续驶里程、加速能力和最大爬坡度等性能都会产生直接的影响。由于电池结构的特殊性，所以电池在加热、过充电、过放电、振动、挤压等滥用条件下可能导致电池寿命缩短以致损坏，甚至会发生着火、爆炸等事件，从而对电动汽车的可靠性、安全性及使用性能造成严重影响。因此，为确保电池的性能良好，延长电池的使用寿命，电动汽车设置了专门的电池管理系统（battery management system，BMS）。

BMS是电动汽车必备的重要部件，与电池系统、整车控制系统共同构成电动汽车的三大核心技术。BMS作为电池保护和管理的核心部件，不仅能保证电池安全可靠的使用，而且能充分发挥电池的能力和延长使用寿命，是电池和车辆管理系统以及驾驶者沟通的桥梁。电动汽车由BMS对电池进行合理有效地管理和控制，适时监测动力电池的状况，保障正常的运行。因此，BMS对于电动汽车性能起着关键的作用。

BMS一般由传感器、中央处理器和动力总成单元、通信单元及执行单元等组成。BMS的基本作用是防止过充电，避免深度放电，控制温度，平衡电池组件电压和温度，预测电池的剩余电量和还能行驶的里程及电池的故障诊断。电动汽车BMS的外形实物图如图3-1所示。

图3-1　电动汽车BMS的外形实物图

BMS的主要作用及相应的传感器输入控制如表3-1所示。

表3-1　　　　　　　　BMS的主要作用及相应的传感器输入控制

作用	传感器输入的信号	执行器件
防止过充电	电池电压、电流和温度	充电机
避免深度放电	电池电压、电流和温度	电动机功率转换器
温度控制	电池的温度	空调机
电池组件电压和温度平衡	电池电压和温度	平衡装置
预测电池的剩余电量和还能行驶的里程	电池电压、电流和温度	显示装置
电池故障（电池短路或者漏电）诊断	电池电压、电流和温度	非在线分析装置

二、电动汽车BMS的功能

1. 电动汽车BMS应具备的功能

（1）基本功能：电池状态检测功能、电池状态分析功能、电池安全保护功能、能量控制管理功能及电池信息管理功能。

（2）主要功能：电压检测，电流检测，温度采集，绝缘检测，剩余电量估算，提供电池的电池荷电状态和电池的健康状态信息，充电管理，放电管理，获取并执行相关系统给予的信息和命令，为电池提供最佳的充电流程，并设定合适的充、放电比例，电池均衡控制管理，电池信息显示，系统内外信息交互，电池历史信息存储。

（3）电路保护功能：

1）过电压和欠电压保护。

2）过电流和短路保护。

3）过高温和过低温保护。

4）为电池提供多重保护以提高保护和管理系统的可靠性（硬件执行的保护具有高可靠性）。

5）软件执行的保护具有更高的灵活性。

6）为用户提供第三重保护。

2. 电动汽车BMS的基本功能

电动汽车BMS的基本功能框图如图3-2所示。

（1）电池状态监测功能。

1）对电压、电流、温度和绝缘进行监测。在电池充、放电过程中，实时采集电动汽车电池组（应该为动力电池组）中的每块电池的端电压和温度，充、放电电流及电池包总电压，防止电池发生过充电或过放电现象。温度监测除了需要监测电池自身温度外，还需要监测环境温度、电池箱的温度等,这将对电池的剩余容量的评估、安全保护等方面具有非常重要的意义。

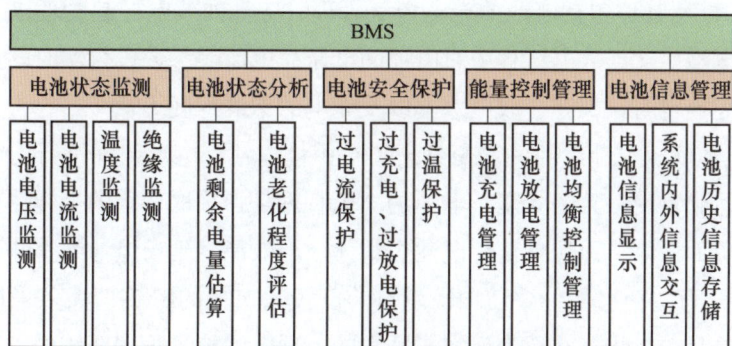

图3-2 电动汽车BMS的基本功能框图

2)对电池使用状况进行监测。挑选出有问题的电池,保持整组电池运行的可靠性和高效性,使剩余电量估计模型的实现成为可能。除此以外,还要建立每块电池的使用历史档案,为进一步优化和开发新型电池、充电器、电动机等提供资料,为离线分析系统故障提供依据。

(2)电池状态分析功能。

1)电池状态分析包括电池的剩余电量估算及电池老化程度评估两部分。保证电池的剩余电量维持在合理的范围内,防止由于过充电或过放电对电池的损伤,从而估算出剩余行驶距离,以便于驾驶人进行充电,这就是BMS剩余电量估算模块的功能。

2)电池的老化程度评估是相对于出厂时来讲,电池所能装载的最大容量相对于出厂时的最大容量的比值,反映了电池的老化程度。电池的老化程度受动力电池使用过程中的工作温度、放电电流的大小等因素的影响,需要在使用过程中不断进行评估和更新,确保驾驶人获得更为准确的信息。

(3)电池的安全保护功能。电池的安全保护无疑是电动汽车BMS首要的功能,"过电流保护""过充电、过放电保护"和"过温保护"是最为常见的电池安全保护的内容。

1)过电流保护,有时也被称为电流保护,指在充、放电过程中,如果工作电流超过了安全值,则应该采取相应的安全保护措施,在仪表上也会有相应的警告标识。

2)过充电、过放电保护。过充电保护是指电池的荷电状态为100%时,为了防止继续充电造成的电池损坏而采取切断电池的充电回路的保护措施。过放电保护是指电池的荷电状态为10%时,为了防止继续放电造成的电池损坏而采取切断电池的放电回路的保护措施。实际操作中,过充电、过放电保护有一种简单的实现方式,即设定充、放电的截止保护电压,检测到的电池电压高于或者低于所设定的门限电压值时,及时切断电流回路以保护电池。

3)过温保护指当温度超过一定的限定值时,对动力电池采取的保护性措施,是为了保证电池在极端情况下不自燃。

（4）能量控制管理功能。

1）电池的控制管理包括电池的充电控制管理、电池的放电控制管理以及电池的均衡控制管理。在电池的充、放电过程中对电池的电压、电流等参数进行实时的优化控制，优化的目标包括充放电时长、充、放电效率以及充电的饱满程度等。

2）单体电池间、电池组间的均衡管理：在单体电池、电池组间进行均衡，使电池组中各个电池都达到均衡一致的状态。电池的均衡管理是指采取一定的措施尽可能地降低电池不一致性的负面影响，以达到优化电池组整体放电效能，延长电池组整体寿命的效果。电池均衡一般分为主动均衡、被动均衡。目前已投入市场的BMS，大多采用的是被动均衡。均衡技术是目前世界正在致力研究与开发的一项电池能量管理系统的关键技术。

（5）电池信息管理功能。电池运行过程中会产生大量的数据，这些数据有些需要在仪表显示，因此需要信息管理系统，包括电池的信息显示、系统内外信息的交互以及电池历史信息存储。

BMS在硬件上可以分为主控模块和从控模块两大块，其主要由数据采集单元（采集模块）、中央处理单元（主控模块）、显示单元、均衡单元检测模块（电流传感器、电压传感器、温度传感器、漏电检测）、控制部件（熔断装置、继电器）等组成。中央处理单元由高压控制回路、主控板等组成，数据采集单元由温度采集模块、电压采集模块等组成。一般采用CAN总线技术实现相互间的信息通信。

第二节　电动汽车电池管理系统的工作原理

一、电动汽车BMS的工作原理

电动汽车电池集成系统是一个开放的动力系统，它通过汽车级CAN总线进行通信，和车辆管理系统、充电机、电机控制器协同工作，以满足汽车以人为本的安全驾驶理念。因此汽车级BMS必须做到：满足TS16949和汽车电子的要求，实现高速数据采集和高可靠性及汽车级CAN总线通信，有高抗电磁干扰的能力及在线诊断功能。

BMS的简单框图如图3-3所示。BMS与电动汽车的动力电池紧密结合在一起，通过传感器对电池的电压、电流、温度进行实时检测，同时还进行漏电检测、热管理、电池均衡管理、报警提醒，计算剩余容量、放电功率，报告电池劣化程度和剩余容量，还根据电池的电压、电流及温度，用算法控制最大输出功率以获得最大行驶里程，以及用算法控制充电机进行最佳电流的充电，通过CAN总线接口与车载总控制器、电机控制器、能量控制系统、车载显示系统等进行实时通信。

BMS可实时在线检测电池组电压和单体电池电压的参数，通过软件分析单体电池状况，有效预测电池的供电性能，及时发现性能劣化的故障电池，掌握电池组的运行状况，为电池组精细维护提供测量依据。保证了电池安全无故障运行，降低了维护人员的劳动强度，提高了工作效率和测试的安全性、可靠性。

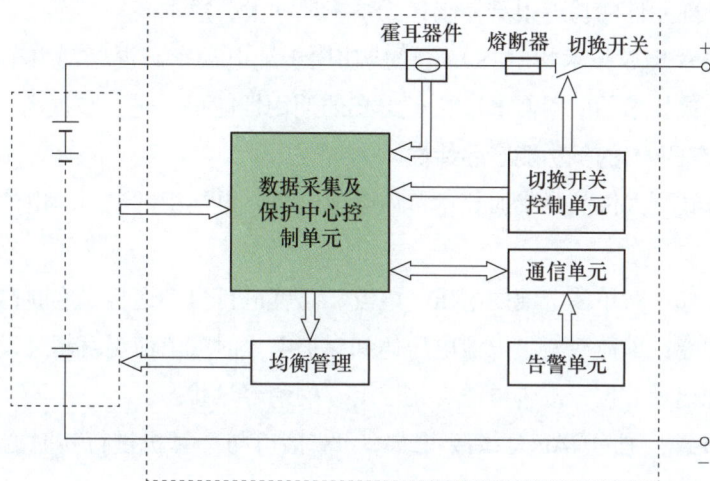

图3-3 BMS的简单框图

二、实现电动汽车BMS高性能的措施

BMS在电动汽车使用中所处位置关键，使用条件复杂。因此，其工作性能应安全可靠，应在复杂的使用条件下仍可靠工作。所以，在设计、制作高性能的电动汽车BMS中采取了以下措施。

1. 电动汽车BMS的层次化、模块化设计

电动汽车BMS是由成百上千个电芯单元集成，考虑到汽车的空间、质量的分配和安全的要求，这些电芯单元被划分成标准的电池模块，分布在汽车底盘不同的位置，由动力总成和中央处理单元统一管理。每个标准电池模块也是有多个电芯通过并联和串联组成，由模块的电控单元进行管理，通过CAN总线把电池模块的信息汇报给中央处理器和动力总成单元，中央处理器和动力总成单元把这些信息经过处理以后，把最终的有关集成系统的信息，如剩余电量、健康状况以及电池的能力相关信息等通过CAN总线汇报给车辆管理系统。

由于电动汽车中电池的分布环境非常复杂，处于高压大功率的工作状态，对电磁兼容性和抗电磁干扰的要求非常高，这就为BMS的设计带来了更大的挑战。

BMS的管理对象是电动汽车电池系统，因此BMS对应于电池系统的层次化、模块化

的设计，是实现电动汽车BMS高性能的可靠措施。

2．芯片集成技术在BMS中的应用

汽车BMS的可靠性要求极高，特别是高压监控部分及电池均衡部分，由于集成的解决方案少，很多方案采用分立元件搭配而成，导致①元件匹配度不好，信号采集的精度下降；②外部节点增多，难以做到自动化测试，提高了测试成本，降低测试覆盖率；③系统可靠性低；④外部元件的功耗很难控制；⑤系统尺寸大，成本高。

目前采用芯片集成技术的BMS方案已成功用于纯电动车和混合动力车电池模块电控单元中。芯片集成技术的应用使电动汽车BMS的使用性能得到进一步提高。

3．电动汽车BMS的多功能产品特性

（1）显示方式：大液晶屏实时显示单体电池电压，电池组的电压、电流、温度、剩余容量。

（2）巡检方式：对单体电池的电压、电流、温度进行自动巡检，实时监测。

（3）报警功能：单体或整组电池电压达到保护电压时或电池温度超过设定值时，声音报警提示并自动记录数据，报告电池劣化程度、剩余容量状态。

（4）通信方式：通过CAN总线接口或RS-485接口与计算机进行实时通信，实现计算机在线监测电池运行状态。

（5）数据传输：数据可以通过标准的USB接口和RS-232接口转存或直接上传到计算机，解决大容量数据存储问题。

（6）系统管理：漏电检测、热管理、电池均衡管理、报警提醒，计算剩余容量、放电功率，还根据电池的电压、电流及温度，用算法控制最大输出功率以获得最大行驶里程，以及用算法控制充电机进行最佳电流的充电，通过CAN总线接口与车载总控制器、电机控制器、能量控制系统、车载显示系统等进行实时通信。

（7）稳定性：采用先进的微处理器技术，保证了产品的可靠性和稳定性及良好的抗干扰能力。

三、电动汽车BMS的运行模式

按照电动汽车电池的使用，一般可将BMS分为车载运行模式、整组充电运行模式及单箱充电运行模式。

1．车载运行模式

车载运行模式的BMS结构示意图如图3-4所示。BMS在车载运行模式下的作用如下：

（1）控制作用：电池管理主机通过高速CAN1总线将电池的剩余容量、电压、电流和温度等参考量实时告知整车控制器以及电机控制器等设备，以便采用更加合理的控制策略，既能有效完成运营任务，又能延长电池的使用寿命。

（2）显示作用：电池管理主机通过高速CAN2总线将电池的详细信息告知车载监控系统，完成电池的状态数据显示和故障报警等功能，为电池的维护和更换提供依据。

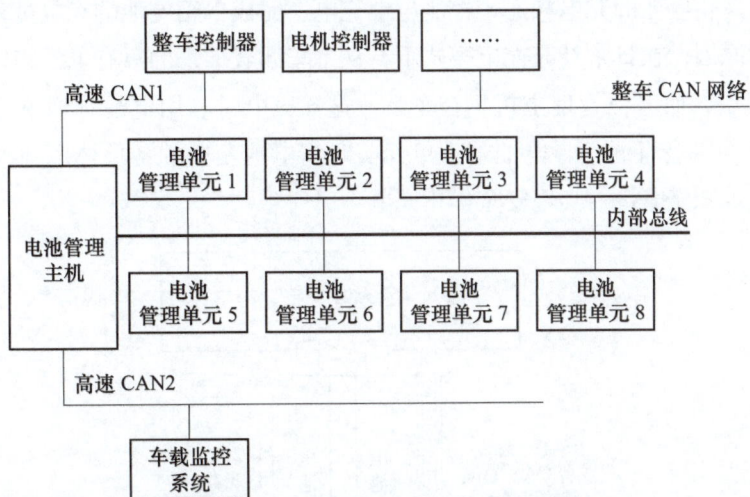

图3-4 车载运行模式的BMS结构示意图

2. 整组充电运行模式

整组充电运行模式的BMS结构示意图如图3-5所示。BMS在整组充电运行模式下的作用是实时了解整组电池的充电状态，控制电池充电，完成电动汽车整组电池的充电过程。

整组充电运行模式下，电池不卸载到地面，充电机的充电线直接插在电动汽车的充电插座上进行充电。此时的车载高速CAN总线或RS-485网络加入充电机节点，其余不变。充电机通过车载高速CAN总线或RS-485网络了解电池的实时状态，调整充电策略，实现安全充电。

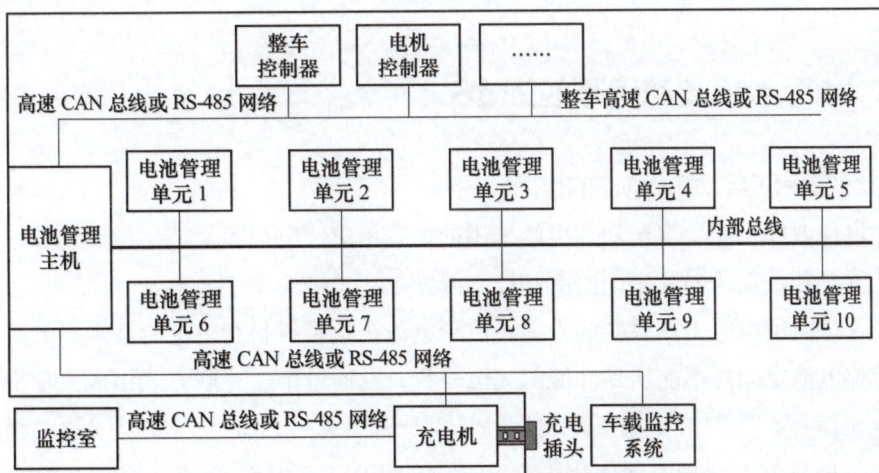

图3-5 整组充电运行模式的BMS结构示意图

3. 单箱充电运行模式

单箱充电运行模式的BMS结构示意图如图3-6所示。BMS在单箱充电运行模式下的作用是实时了解单箱电池的充电状态，控制电池充电，完成单箱电池的充电过程。

由于某种原因，在日常补充充电模式下，从整车卸载下来的只有电池箱以及电池箱内的电池测控模块，而电池管理主机仍在车上，这样充电时利用电池管理单元的高速CAN总线或RS-485网络进行通信，电池管理单元实时将电池箱内的各单体电池的电压、温度和故障等信息告知充电机，实现安全优化充电。

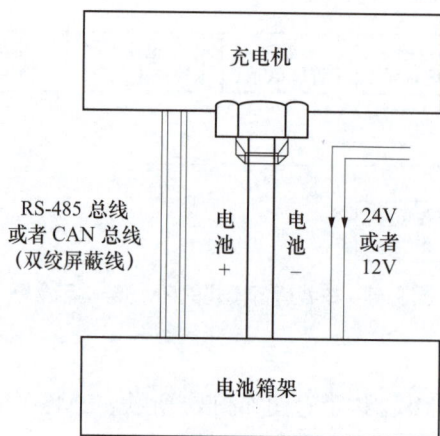

图3-6 单箱充电运行模式的BMS结构示意图

第三节　电动汽车电池管理系统的商业应用

一、比亚迪e6电动汽车的BMS

1. 比亚迪e6电动汽车BMS的作用

（1）电池温度控制。汽车动力电池采用的大容量单体电池容易产生过热现象，从而影响电池的安全和性能，因此必须监测和控制温度。

（2）保持电池组电压和温度的平衡。由于电池正负极材料和电池制造水平的差异，电池组各单体电池之间尚不能达到性能的完全一致，在通过串、并联方式组成大功率、大容量动力电池组后，苛刻的使用条件也容易诱发局部偏差，从而引发安全问题。因此，为确保电池性能良好，延长电池使用寿命，必须使用BMS对电池组进行合理有效地管理和控制。

（3）防止电池过充电、过放电。串联的电池组充电、放电时，部分电池可能先于其他电池充满、放完。继续充电、放电就会造成过充电、过放电，电池的内部副反应将导致电池容量下降、热失控或者内部短路等问题。电池老化、低温等情况均会导致部分电池的电流超过其承受能力，降低了电池的寿命。

（4）防止电池短路或者漏电。

（5）预测电池的荷电（存电）状态和剩余行驶里程。

2. 比亚迪e6电动汽车BMS的结构

比亚迪e6电动汽车BMS的结构示意图如图3-7所示。

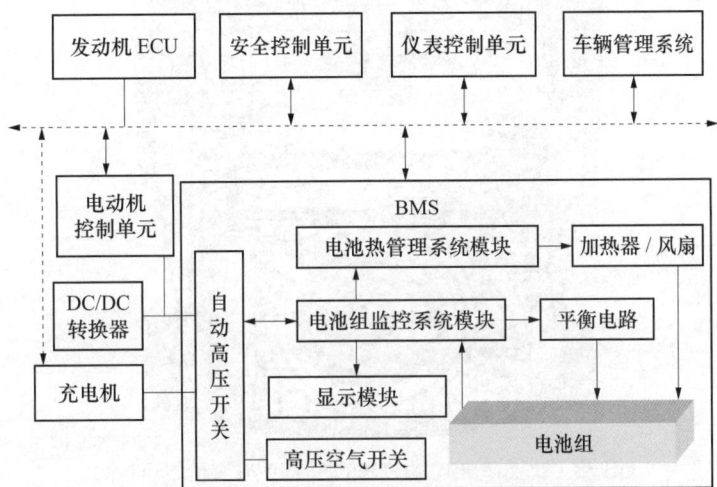

图3-7 比亚迪e6电动汽车BMS结构示意图

3. 比亚迪e6电动汽车BMS的工作原理

BMS动态监测动力电池组的工作状态，实时采集每块电池的端电压和温度，充、放电电流及电池包总电压，估算出各电池的荷电状态、安全状态和电化学状态。然后通过控制其他器件，防止电池产生过充电或过放电现象，同时能够及时发现电池状况，找出故障电池所在箱号的内位号，挑选出有问题的电池，保持整组电池运行的可靠性和高效性。此外，BMS还需要设定面向用户端的显示，将估算的剩余电量换算成可行驶里程，同时还需要有自动报警和故障诊断功能，方便驾驶人操作和处理。BMS的主要输入信号和执行部件如表3-2所示。

表3-2　　　　　　　　BMS的主要输入信号和执行部件

RMS的主要任务	输入的信号	执行部件
防止过充电	电池、电源、温度	充电机
避免过放电	电池电压、电流、温度	电动机功率转换器
温度控制	电池温度	冷热空调（风扇等）
电池组件电压和温度的平衡	电池电压和温度	平衡装置
预测电池的剩余电量和剩余行驶里程	电池电压、电源、温度	显示装置

4. 比亚迪e6电动汽车的BMS的安装位置

比亚迪e6电动汽车的BMS安装位置示意图如图3-8所示，比亚迪e6电动汽车的BMS置于发动机室上部，同时还有动力配电箱与其配合，通过配电箱对电池包体中巨大的能量进行控制，它相当于一个大型的电闸，通过继电器的吸合来控制电流通断，将电流进行分流。关键零部件为继电器，为了控制如此大的电流通过整车，需要几个继电器并联工作。

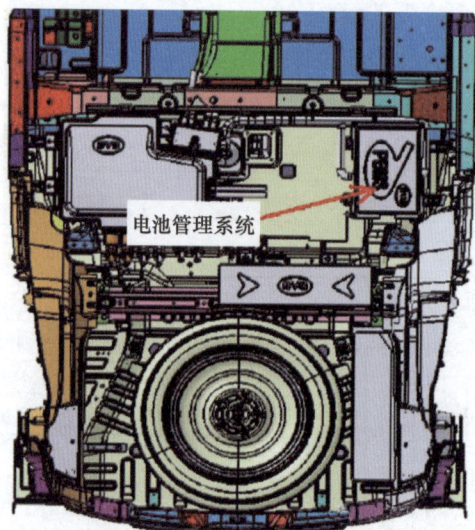

图3-8　比亚迪e6电动汽车的BMS的安装位置示意图

二、北汽EV160电动汽车的BMS

北汽EV160电动汽车的BMS是电池保护和管理的核心部件，在动力电池系统中，它的作用就相当于人的大脑。它不仅要保证电池安全可靠的使用，而且要充分发挥电池的能力和延长使用寿命。作为电池和整车控制接触器以及驾驶人沟通的桥梁，通过控制接触器控制动力电池组的充、放电，并向车载通信装置上报动力电池系统的基本参数及故障信息。北汽EV160电动汽车的BMS的硬件安装位置示意图如图3-9所示。

图3-9　北汽EV160电动汽车的BMS的硬件安装位置示意图

　　北汽EV160电动汽车的BMS的具备的功能：通过电压、电流及温度检测等功能实现对动力电池系统的过电压、欠电压、过电流、过高温和过低温保护，继电器控制，充、放电管理，均衡控制，故障报警及处理，与其他控制器通信等功能。此外，BMS还具有高压回路绝缘检测功能，以及为动力电池系统加热功能。北汽EV160电动汽车的BMS硬件结构示意图如图3-10所示。

　　北汽EV160电动汽车的BMS工作原理：动力电池模组放置在一个密封并且屏蔽的动力电池箱里面，动力电池系统使用可靠的高压插接件与高压控制盒相连，然后输出的直流电由电机控制器转变为三相交流高压电，驱动电机工作。系统内的BMS实时采集各电芯的电压，各温度传感器的温度值，电池系统的总电压值和总电流值等数据，实时监控动力电池的工作状态，并通过CAN总线与车载通信装置或充电机之间进行通信，对动力电池系统充、放电进行综合管理。

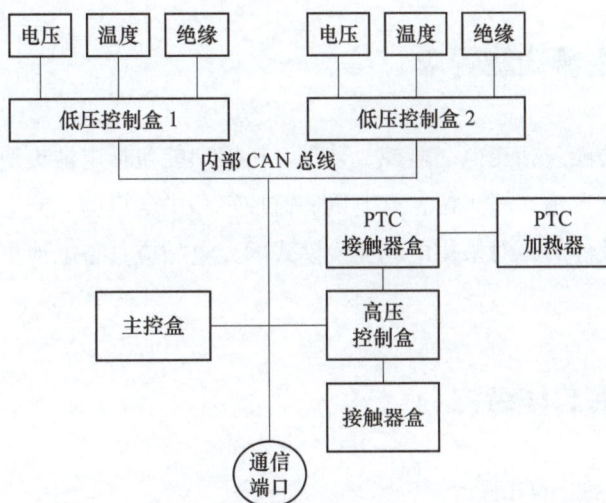

图3-10　北汽EV160电动汽车的BMS硬件结构示意图

第四章
电动汽车充换电站的构成与功能

第一节　电动汽车充电站的构成

一、充电站主要功能要求

充电站的基本功能包括充电、监控、计量。扩展功能包括电池更换、电池检测和电池维护。充电站应有行车道、停车位、充电机、监控室和供电设施。充电站布置和设计应便于被充电车辆进出及停放。对采用电池更换模式的充电站应具备电池更换、存储的设备和场所。

二、充电站的总体结构

充电站总体结构如图4-1所示。

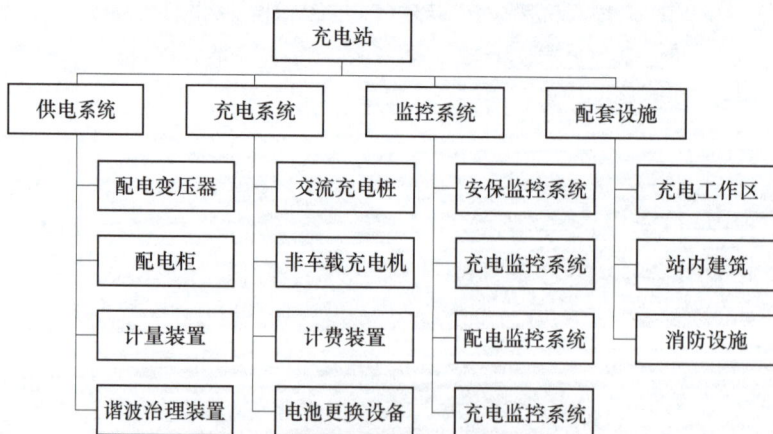

```
                              充电站
        ┌───────────┬───────────┬───────────┐
     供电系统      充电系统     监控系统      配套设施
        │           │           │           │
     配电变压器    交流充电桩   安保监控系统   充电工作区
        │           │           │           │
      配电柜      非车载充电机  充电监控系统   站内建筑
        │           │           │           │
      计量装置     计费装置     配电监控系统   消防设施
        │           │           │
    谐波治理装置   电池更换设备  充电监控系统
```

图4-1　充电站总体结构

三、充电站建设方式

大、中型充电站建设采用配电变压器，两路电源供电；小型充电站采用单路低压电源供电，不设配电变压器。充电设备电气接口、通信规约、电气连接件符合相关技术标准要求，充电站设计应与规范一致。

四、电动汽车充电站建设方案应遵循的标准规范

1. 国家标准

GB 50966《电动汽车充电站设计规范》

GB/T 18487.1《电动汽车传导充电系统　第1部分：通用要求》

GB/T 20234.1《电动汽车传导充电用连接装置　第1部分：通用要求》

GB/T 20234.2《电动汽车传导充电用连接装置　第2部分：交流充电接口》

GB/T 20234.3《电动汽车传导充电用连接装置　第3部分：直流充电接口》

GB/T 27930《电动汽车非车载传导式充电机与电池管理系统之间的通信协议》

GB/T 28569《电动汽车交流充电桩电能计量》

GB/T 29316《电动汽车充换电设施电能质量技术要求》

GB/T 29317《电动汽车充换电设施术语》

GB/T 29318《电动汽车非车载充电机电能计量》

GB/T 29781《电动汽车充电站通用要求》

GB/T 29772《电动汽车电池更换站通用技术要求》

GB/T 32960.1《电动汽车远程服务与管理系统技术规范　第1部分：总则》

GB/T 32960.2《电动汽车远程服务与管理系统技术规范　第2部分：车载终端》

GB/T 32960.3《电动汽车远程服务与管理系统技术规范　第3部分：通信协议及数据格式》

2. 行业标准

QC/T 742《电动汽车用铅酸蓄电池》

QC/T 743《电动汽车用锂离子蓄电池》

NB/T 33001《电动汽车非车载传导式充电机技术条件》

NB/T 33002《电动汽车交流充电桩技术条件》

NB/T 33003《电动汽车非车载充电机监控单元与电池管理系统通信协议》

NB/T 33004—2013《电动汽车充换电设施工程施工和竣工验收规范》

NB/T 33008.1《电动汽车充电设备检验试验规范　第1部分：非车载充电机》

NB/T 33008.2《电动汽车充电设备检验试验规范　第2部分：交流充电桩》

NB/T 33009《电动汽车充换电设施建设技术导则》

NB/T 33017《电动汽车智能充换电服务网络运营监控系统技术规范》

NB/T 33019《电动汽车充换电设施运行管理规范》

NB/T 33023《电动汽车充换电设施规划导则》

3. 企业标准

Q/GDW10423.1《电动汽车充换电设施典型设计　第1部分：分散充电桩（机）》

Q/GDW10423.2《电动汽车充换电设施典型设计　第2部分：充电站》

Q/GDW10423.3《电动汽车充换电设施典型设计　第3部分：高速公路快充站》

Q/GDW10423.4《电动汽车充换电设施典型设计　第4部分：电动公交车换电站》

Q/GDW10423.5《电动汽车充换电设施典型设计　第5部分：电动公交车预装式模块化电站》

Q/GDW10423.6《电动汽车充换电设施典型设计　第6部分：电动乘车立体充电站》

第二节　电动汽车充电站的建设及要求

充电站一般建于土地资源相对宽裕的地点，占地面积相对较大，通常配备多台直流充电机和交流充电桩，可同时为多台电动汽车提供充电服务。电动汽车充电站示例图如图4-2所示。

图4-2　电动汽车充电站示例图

一、规模及站址选择要求

（1）电动汽车充电站建设规模的确定原则。

1）电动汽车充电站的布局宜结合电动汽车类型和保有量综合确定，并充分利用供电、交通、消防、排水等公用设施。

2）电动汽车充电站的规模宜结合电动汽车充电需求、车辆的日均行驶里程和单位里程能耗水平综合确定。

（2）电动汽车充电站的建设站址选择确定原则。

1）电动汽车充电站的总体规划应符合城镇规划、环境保护的要求，并应选交通便利的地方。

2）电动汽车充电站站址宜靠近城市道路，不宜选在城市干道的交叉路口和交通繁忙路段附近。

3）电动汽车充电站站址的选择应与城市中低压配电网的规划和建设密切结合，以满足供电可靠性、电能质量和自动化的要求。

4）电动汽车充电站应满足环境保护和消防安全的要求。电动汽车充电站的建（构）筑物火灾危险性分类应符合GB 50229《火力发电厂与变电站设计防火规范》和GB 50016《建筑设计防火规范》的有关规定。电动汽车充电站内的充电区和配电室的建（构）筑物与站内外建筑之间的防火间距应符合GB 50016和GB 50045《高层民用建筑设计防火规范》的有关规定，电动汽车充电站建（构）筑物相应厂房类别划分应符合表4-1的规定。

表4-1　　　　　电动汽车充电站建（构）筑物相应厂房类别划分

充电站建设条件	建（构）筑物厂房类别
当采用油浸变压器时	丙类
当采用干式变压器时	丁类
当采用低压供电时	戊类

注　干式变压器包括SF_6气体变压器和环氧树脂浇铸变压器等。

5）电动汽车充电站不应靠近有潜在火灾或爆炸危险的地方，当与有爆炸危险的建筑物毗邻时，应符合GB 50058《爆炸危险环境电力装置设计规范》的有关规定。

6）电动汽车充电站不宜设在多尘或有腐蚀性气体的场所，当无法远离时，不应设在污染源盛行风向的下风侧。

7）电动汽车充电站不应设在有剧烈振动的场所。

8）电动汽车充电站的环境温度应满足为电动汽车动力电池正常充电的要求。

二、电动汽车充电站总平面布置要求

（1）电动汽车充电站总平面布置的技术要求如表4-2所示。

表4-2　　　　　　电动汽车充电站总平面布置的技术要求

序号	技术要求
1	电动汽车充电站包括站内建筑、站内外行车道、充电区、临时停车区及供配电设施等。站区总布置应满足总体规划要求，并应符合站内工艺布置合理、功能分区明确、交通便利和节约用地的原则
2	电动汽车充电站总平面布置宜按最终规模进行规划设计
3	在保证交通组织顺畅、工艺布置合理的前提下，应根据自然地形布置电动汽车充电站，尽量减少土石方量
4	电动汽车充电站宜单独设置车辆出入口

（2）电动汽车充电站充电设备及建筑布置的技术要求如表4-3所示。

表4-3　　　　　电动汽车充电站充电设备及建筑布置的技术要求

序号	技术要求
1	电动汽车充电设备应靠近充电位布置，以便于充电。设备外廓距充电位边缘的净距不宜小于0.4m。充电设备的布置不应妨碍其他车辆的充电和通行，同时应采取保护充电设备及操作人员安全的措施
2	在用地紧张的区域，电动汽车充电站内的停车位可采用立体布置
3	充电设备的布置宜靠近上级供配电设备，以缩短供电电缆的路径
4	电动汽车充电站内建筑的布置应方便观察充电区域
5	电动汽车充电站宜设置临时停车位

（3）电动汽车充电站道路的规划与建设的技术要求如表4-4所示。

表4-4　　　　　电动汽车充电站道路的规划与建设的技术要求

序号	技术要求
1	电动汽车充电站内道路的设置应满足消防及服务车辆通行的要求。电动汽车充电站的出入口不宜少于2个，当电动汽车充电站的车位数不超过50个时，可设置1个出入口。入口和出口宜分开设置，并应明确指示标识
2	电动汽车充电站内双列布置充电位时，中间行车道宜按行驶车型双车道设置；单列布置充电位时，行车道宜按行驶车型双车道设置。电动汽车充电站内的单车道宽度不应小于3.5m、双车道宽度不应小于6m。电动汽车充电站内道路的转弯半径应按行驶车型确定，且不宜小于9m，道路坡度不应大于6%，且宜坡向站外。电动汽车充电站内道路不宜采用沥青路面
3	电动汽车充电站的道路设计宜采用城市型道路
4	电动汽车充电站的进出站道路应与站外市政道路顺畅衔接

三、电动汽车充电站充电系统的规划与建设

1. 非车载充电机的技术要求

（1）非车载充电机输出电压的选择应符合下列要求：

1）充电机的最高充电电压应根据电动汽车动力电池的特性及电池单体串联数量确定。

2）充电机输出的直流电压范围宜优先从以下三个等级中选择：150～350V、300～500V和450～700V。

3）充电机直流输出电压范围宜从电压优选范围中选择一组最高电压大于等于U的等级确定。

（2）非车载充电机输出额定电流的选择应符合下列要求：

1）根据电动汽车动力电池的容量和充电速度以及供电能力和设备性价比，在确保安全、可靠充电的情况下确定最大充电电流。

2）充电机输出的直流额定电流应优先采用以下值：10A、20A、50A、100A、160A、200A、315A和400A。

（3）非车载充电机的功能应符合下列要求：

1）具有根据BMS提供的数据动态调整充电参数，及自动完成充电过程的功能。

2）具有判断充电机与电动汽车是否正确连接的功能，当检测到充电接口连接异常时，应立即停止充电。

3）具有待机、充电、充满等状态的指示，能够显示输出电压、输出电流、电量等信息。故障时应有相应的告警信息。

4）具有实现手动输入的设备。

5）具有交流输入过电压保护、交流输入过电流保护、直流输出过电压保护、直流输出过电流保护、内部过温保护等保护功能。

6）具有本地和远程紧急停机功能，紧急停机后系统不应自动复位。

（4）非车载充电接口应在结构上防止手轻易触及裸露带电导体。充电连接器在不充电时应放置在人不轻易触及的位置。对于安装室外的非车载充电机，充电接口处应采取必要的防雨、防尘措施。

（5）非车载充电机应具备与BMS通信的接口，用于判断充电连接状态、获得动力电池充电参数及充电实时数据。

（6）非车载充电机应具备与充电站监控系统通信的功能，用于将非车载充电机状态及充电参数上传到充电站监控系统，并接收来自监控系统的指令。

（7）非车载充电机的布置与安装的技术要求如表4-5所示。

表4-5　　　　　　　　　　非车载充电机的布置与安装的技术要求

序号	技术要求
1	充电机的布置应便于车辆充电，并缩短充电机输出电缆的长度
2	应采用接线端子与配电系统连接，在电源侧安装空气断路器
3	充电机保护接地端子应可靠接地
4	充电机应垂直安装于与地平面垂直的立面，偏离垂直位置任一方向的误差不应大于5°

序号	技术要求
5	室外安装的非车载充电机基础应高出充电站地坪0.2m及以上。必要时可在非车载充电机附近设置防撞栏，其高度不应小于0.8m

2. 交流充电桩的技术要求

（1）交流充电桩供电电源应采用220V交流电压，额定电流不应大于32A。

（2）交流充电桩应具有为电动汽车车载充电机提供安全、可靠的交流电源的能力，并应符合下列要求：

1）具有外部手动设置参数和实现手动控制的功能和界面。

2）能显示各状态下的相关信息，包括运行状态、充电电量和计费信息。

3）具备急停开关，在充电过程中可使用该装置紧急切断输出电源。

4）具备过负荷保护、短路保护和漏电保护功能，具备自检及故障报警功能。

5）在充电过程中，当充电连接异常时，交流充电桩应立即自动切断电源。

（3）交流充电桩应具备与上级监控管理系统的通信接口。

（4）交流充电桩的安装和布置应符合下列要求：

1）电源进线宜采用阻燃电缆及电缆护管，并应安装具有漏电保护功能的空气开关。

2）多台交流充电桩的电源接线应考虑供电电源的三相平衡。

3）可采用落地式或壁挂式等安装方式。落地式充电桩安装基础应高出地面0.2m及以上，必要时可安装防撞栏。

4）保护接地端子应可靠接地。

5）室外的充电桩宜采取必要的防雨和防尘措施。

四、充电站供配电系统的规划与建设

1. 充电站供电系统的规划要求

（1）充电站供配电系统应符合GB 50052《供配电系统设计规范》的有关规定。

（2）充电站宜由中压线路供电；用电设备容量在100kW及以下或需用的变压器容量在50kVA以下的可采用低压供电。

2. 充电站供配电的技术要求

（1）供配电装置的布置应符合GB 50053《20kV及以下变电所设计规范》的有关规定。遵循安全、可靠、适用的原则，便于安装、操作、搬运、检修和调试。当建设场地受限时，中、低压开关柜可与变压器设置在同一房间内，且变压器应选用难燃型或不燃型，其外壳防护等级不应低于IP2X。

（2）配电系统应符合下列要求：

1）中低压配电系统宜采用单母线或单母线分段接线，低压接地系统宜采用TN-S系统。

2）低压进出线开关、分段开关宜采用断路器。来自不同电源的低压进线断路器和低压分段断路器之间应设机械闭锁和电气联锁装置，防止不同电源并联运行。

3）低压进线断路器宜具有短路瞬时、短路短延时、短路长延时和接地保护功能，宜设置分励脱扣装置，不宜设置失压脱扣装置或低压脱扣装置。

4）非车载充电机、监控装置以及重要的用电设备宜采用放射式供电。

（3）开关柜宜选用小型化、无油化、免维修或少维护的产品。

（4）无功功率补偿应符合下列要求：

1）无功功率补偿装置宜设置在变压器低压侧，补偿容量宜按最大负荷时变压器高压侧功率因数不低于0.95确定。

2）当用电设备的自然功率因数满足变压器高压侧功率因数不低于0.95的要求时，可不加装低压无功功率补偿装置。

（5）配电线路的设计与安装的技术要求如表4-6所示。

表4-6　　　　　　　　　　配电线路的设计与安装的技术要求

序号	技术要求
1	中压电力电缆宜选用铜芯交联聚乙烯绝缘类型。低压电力电缆宜选用铜芯交联聚乙烯绝缘类型，也可选用铜芯聚氯乙烯绝缘类型
2	低压三相回路宜选用五芯电缆，单相回路宜选用三芯电缆，且电缆中性线截面应与相线截面相同
3	三相用电设备的电力电缆的外护套宜采用钢带铠装。单芯电缆的外护套不应采用导磁性材料铠装
4	交流单芯电缆不宜单根穿钢管敷设，当需要单根穿管时，应采用非导磁管材，也可采用经过磁路分隔处理的钢管

五、充电站电能质量的技术要求

（1）电动汽车充电站供配电系统的供电电压允许偏差应符合下列要求：

1）10/20kV及以下三相供电的电压偏差应为标称电压的±7%。

2）220V单相供电电压偏差应为标称电压的±7%。

（2）电动汽车充电站设计应采取合理的变压器变压比和电压分接头降低系统阻抗，补偿无功功率，调整三相负荷平衡等减小供电电压偏差的措施。

（3）电动汽车充电站所产生的电压波动和闪变在电网公共连接点的限值应符合GB/T 12326《电能质量电压波动和闪变》的有关规定。

（4）当电动汽车充电站的波动负荷引起电网电压波动和闪变时，宜采用动态无功补偿装置或动态电压调节装置等措施进行改善，对于具有大功率充电机的充电站，可由短路容量较大的电网供电。

（5）电动汽车充电站中的充电机等非线性用电设备接入电网产生的谐波分量，应符合GB 17625.1《电磁兼容限值谐波电流发射限值（设备每相输入电流小于等于16A）》和GB/Z 17625.6《电磁兼容限值对额定电流大于16A的设备在低压供电系统中产生的谐波电流的限制》的有关规定。

（6）充电站接入电网所注入的谐波电流和引起公共连接点电压的正弦畸变率应符合GB/T 14549《电能质量公用电网谐波》的有关规定。当需要降低或控制接入公用电网的谐波和公共连接点电压正弦畸变率时，宜采取装设滤波器等措施进行改善。

（7）充电站供配电系统中，公共连接点的三相电压不平衡允许限值应符合GB/T 15543《电能质量三相电压不平衡》的有关规定。当充电站低压配电系统的三相不平衡度不满足要求时，宜调整接入充电站三相系统的低压单相充电设备使三相平衡。

六、充电站电能计量的技术要求

（1）电动汽车非车载充电计量宜采用直流计量，直流计量应符合下列要求：

1）采用电子式直流电能表（以下简称直流电能表）和分流器时，应安装在非车载充电装置直流端和电动汽车之间。直流电能表的准确度等级应为1.0级。分流器的准确度等级应为0.2级。根据充电电流的大小，直流电能表的电流线路可采用直接接入方式或经分流器接入方式。电能计量装置的规格配置应符合表4-7规定的要求。

表4-7　　　　　　　　　　　电能计量装置的规格配置

额定电压（V）	（100）、350、500、700
额定电流（A）	10、20、50、100、150、200、300、500

注　括号中的100V为经电阻分压得到的电压规格。为减少电能表规格，350V、500V和700V可经分压器转换为100V进行计量，分压器的准确度等级为0.1级。

2）直流电能表的电流线路可采用直接接入方式或经分流器接入方式。经分流器接入式直流电能表的分流器额定二次电压为75mV，直流电能表的电流采集回路应接入分流器电压信号。

3）充电机具备多个可同时充电接口时，每个接口应单独配置直流电能表。直流电能表应符合国家相关要求。

（2）电动汽车交流充电桩的电能计量应符合下列要求：

1）交流充电桩的电能计量装置应选用静止式交流多费率有功电能表（以下简称交流

电能表），交流电能表应采用直接接入式。其电气和技术参数应符合下列规定：

（a）参比电压应为220V。

（b）基本电流应为10A。

（c）最大电流应大于或等于4倍的基本电流。

（d）参比频率应为50Hz。

（e）准确度等级应为2.0级。

2）交流充电桩具备多个可同时充电接口时，每个接口应单独配备交流电能表。

3）交流电能表宜安装在交流充电桩内部，位于交流输出端与车载充电机之间，电能表与车载充电机之间不应接入其他与计量无关的设备。

4）交流充电桩应能采集交流电能表数据，计算充电电量，显示充电时间、充电电量及充电费用等信息。

5）交流充电桩应显示本次充电电量，并可将该项清零。

6）交流充电桩可至少记录100次充电行为，记录内容包括充电起始时刻电量值、结束时刻电量值和充电量。

7）交流充电桩从交流电能表采集的数据应与其对用户的显示内容保持一致。

七、充电站监控及通信系统的技术要求

（1）充电站监控系统的构成。

1）系统结构应符合下列要求：

（a）充电站监控系统应由站控层、间隔层及网络设备构成。

（b）站控层应实现充电站内运行各系统的人机交互，实现相关信息的收集和实时显示，设备的远方控制以及数据的存储、查询和统计并可与相关系统通信。

（c）间隔层应能采集设备运行状态及运行数据，实现上传至站控层，接收和执行站控层控制命令的功能。

2）根据充电站的规模和硬件构成可选择配置以下设备：

（a）站控层设备：服务器、工作站和打印机。

（b）间隔层设备：充电设备测控单元、供配电设备测控单元和安防终端。

（c）网络设备：网络交换设备、通信网关、光电转换设备、网络连线、电缆和光缆。

3）系统配置应遵循下列原则：

（a）站控层配置应能满足整个系统的功能要求及性能指标要求，主机容量应与监控系统所控制采集的设计容量相适应，并留有扩充裕度。

（b）主机系统宜采用单机配置，规模较大的充电站可采用双机冗余配置、热备用运行。

（c）应设置时钟同步系统，其同步脉冲输出接口及数字接口应满足系统配置要求。

（2）充电监控系统的技术要求。

1）充电监控系统宜具备数据采集、控制调节、数据处理与存储、事件记录、报警处理、设备运行管理、用户管理与权限管理、报表管理与打印、可扩展、对时等功能。

2）充电监控系统应具备下列数据采集功能。

（a）采集非车载充电机工作状态、温度、故障信号、功率、电压、电流和电量。

（b）采集交流充电桩的工作状态、故障信号、电压、电流和电量。

3）充电监控系统应实现向充电设备下发控制命令、遥控启停、校时、紧急停机、远方设定充电参数等控制调节功能。

4）充电监控系统应具备下列数据处理与存储功能。

（a）充电设备的越限报警、故障统计等数据处理功能。

（b）充电过程数据统计等数据处理功能。

（c）对充电设备的遥测、遥信、遥控、报警装置等实时数据和历史数据的集中存储和查询功能。

5）充电监控系统应具备操作、系统故障、充电运行参数异常、动力电池参数异常等事件记录功能。

6）充电监控系统应在图形、文字、语音等一种或几种报警方式上具备相应的报警处理功能。

7）充电监控系统应具备对设备运行的各类参数、运行状况等进行记录、统计和查询的设备运行管理功能。

8）充电监控系统可根据需要，规定操作员对各种业务活动的使用范围和操作权限，实现用户管理和权限管理功能。

9）充电监控系统可根据用户需要，定义各类日报、月报及年报，实现报表管理功能，并实现定时或召唤打印功能。

10）充电监控系统应具备下列可扩展性：

（a）系统应具有较强的兼容性，以完成不同类充电设备的接入。

（b）系统应具有扩展性，以满足充电站规模不断扩容的要求。

11）充电监控系统可以接受时钟同步系统对时，以保证系统时间的一致性。

（3）供电监控系统的技术要求。

1）供电监控系统应采集充电站供电系统的开关状态、保护信号、电压、电流、有功功率、无功功率、功率因数和电量信息。

2）供电监控系统应能控制供电系统负荷开关或断路器的分合。

3）规模较大的充电站供电监控系统应具备供电系统的越限报警、事件记录和故障统计功能。

（4）安防监控系统的技术要求。

1）充电站安防监控系统的设计应符合GB 50348《安全防范工程技术规范》的有关规定，宜设置视频、安防监控系统，并具有入侵报警、出入口控制设计。

2）视频安防监控系统的设计应符合GB 50395《视频安防监控系统工程设计规范》的有关规定，并符合下列要求：

（a）根据安全管理要求，充电站的充电区和营业窗门宜设置监控摄像机。

（b）视频安防监控系统宜具有与消防报警系统的联动接口。

3）入侵报警系统的设计应符合GB 50394《入侵报警系统工程设计规范》的有关规定。根据充电站的安全管理要求，宜在充电站内的供电区和监控室设置入侵探测器。

4）充电站出入口控制系统的设计应符合GB 50396《出入口控制系统工程设计规范》的有关规定。根据充电站的安全管理要求，宜在充电站出入口设置出入口控制设备。

5）安防监控系统可以接受时钟同步系统对时，以保证系统时间的一致性。

（5）通信系统的技术要求。

1）间隔层网络通信结构应采用以太网或CAN网结构连接，部分设备也可采用RS-485等串行接口方式连接。

2）站控层和间隔层之间以及站控层各主机之间的网络通信结构应采用以太网连接。

3）监控系统应预留以太网或无线公网接口，以实现与各类上级监控管理系统的数据交换。

4）通信协议的版本应易于扩展。

八、土建

（1）建（构）筑物。

1）充电站内的建筑应按工业建筑标准设计，宜统一形式，做好建筑节能、节地、节水、节材工作。

2）建（构）筑物宜单层布置，可由监控室、配电室等功能房间组成。

3）充电站内建（构）筑物的耐火等级应符合GB 50016的有关规定。当罩棚顶棚的承重构件为钢结构时，其耐火极限可为0.25h，顶棚其他部分不得采用可燃烧体建造。

4）充电站的建（构）筑物宜与周边环境相协调，体型宜规整，凹凸面不宜过多。

5）监控室的设计应符合下列规定：

（a）监控室宜单独设置。在组成综合建（构）筑物时，监控室宜设置在地上一层。

（b）监控室地面宜采取防静电措施。

（2）给排水。

1）充电站生活给水和排水的设计应符合GB 50015《建筑给水排水设计规范》的有关

规定。

2）站区雨水可通过截水沟或雨水口收集后排入市政雨水系统。雨水排水系统宜采用有组织排水方式。当不具备组织排水条件时，站内地面雨水可散流排出站外。

3）充电站的生活污水宜经化粪池排至市政污水管。当站区污水不满足自然排放要求时，站内宜设置污水处理装置，污水经处理达标后方可排放。

（3）采暖、通风与空气调节。

1）充电站的采暖、通风与空气调节设计应符合GB 50019《工业建筑采暖通风与空气调节设计规范》的有关规定。

2）建（构）筑物的房间宜采用自然通风方式，有特殊通风要求的房间可采用机械通风。

3）位于采暖区的充电站宜采用分散电采暖方式。在采用电采暖时，应满足房间用途和安全防火的要求。

4）空调房间宜采用分体式空调机，空调设备应符合环保和国家能效等级标准的规定。

（4）土建电气。

1）充电站的防雷接地、防静电接地、电气设备的工作接地、保护接地及信息系统的接地宜共用接地装置，接地电阻不应大于4MΩ。

2）充电站内的建（构）筑物应设置防直击雷的装置，并宜采用避雷带（网）做接闪器。当彩钢屋面的金属板厚度不小于0.5mm、搭接长度不小于100mm且紧邻金属板的下方无易燃物品时，彩钢屋面可直接作为接闪器。

3）充电站工作场所工作面上的照度标准值不应低于表4-8规定的要求。

表4-8　　　　　　　　　充电站工作场所工作面上的照度标准值

工作场所		照度（lx）		参考平面及高度
		一般照明	事故照明	
室内	监控室	300	80	0.75m水平面
	配电室	200	60	地面
室外	充电区域	100		地面
	主干道	5	—	地面

4）充电站内的照明灯具应选用配光合理、效率高、寿命长的节能灯具，室内开启式灯具的效率不应低75%。带格栅灯具的效率不应低于60%。

5）室内照明宜采用荧光灯。室外照明宜选用金属卤化物灯或高压钠灯。

6）室内外照明器的安装位置应便于维修。照明器与带电导体或带电设备间应有足够的安全距离。对工作时有可能损坏灯罩的场所，应采用有保护罩的照明器，金属保护罩应与保护地线可靠连接。

7）监控室、配电室宜装设事故应急照明装置。疏散通道应设置疏散照明装置。疏散通道及出入口应设置疏散指示标志灯。

九、消防给水和灭火设施

（1）电动汽车充电站内的建（构）筑物耐火等级低于二级、体积大于3000m³且火灾危险性为非戊类的，充电站应设置消防给水系统。消防水源应有可靠的保证。

（2）电动汽车充电站消防给水系统的设计应符合GB 50016的有关规定，同一时间内的火灾次数应按一次确定。

（3）电动汽车充电站内的建（构）筑物满足下列条件时可不设置室内消火栓：

1）耐火等级为一、二级且可燃物较少的丁、戊类建（构）筑物。

2）耐火等级为三、四级且建（构）筑物体积不超过3000m³的丁类建（构）筑物和建（构）筑物体积不超过5000m³的戊类建（构）筑物。

3）室内没有生产、生活给水管道，室外消防用水取自储水池且建（构）筑物体积不超过5000m³的戊类建（构）筑物。

（4）电动汽车充电站建（构）筑物灭火器的配置应符合GB 50140《建筑灭火器配置设计规范》的有关规定。室外充电区灭火器的配置应符合下列要求：

1）不考虑插电式混合动力汽车进入时，充电站应按轻危险级配置灭火器。

2）考虑插电式混合动力汽车进入时，充电站应按严重危险级配置灭火器。

十、节能与环保

（1）建（构）筑物、设备及材料节能。

1）在充电站的规划、设计和建设中，应贯彻国家节能政策，合理利用能源。

2）建（构）筑物宜采用节能环保型建筑材料，不应采用黏土实心砖。设备间宜具有自然通风、自然采光功能。

3）配电室应采用节能变压器。

（2）噪声控制。

1）充电站噪声对周围环境的影响应符合GB 3096《声环境质量标准》的有关规定。

2）充电站噪声应从声源上进行控制，宜优先选用低噪声设备。

第三节　分散交流充电桩的建设及要求

　　分散交流充电桩一般系统简单，占地面积小，安装方便，可安装在电动汽车充电站、公共停车场、住宅小区停车场、大型商场停车场等室内或室外场所，其操作使用简便，是重要的电动汽车充电设施。电动汽车分散交流充电桩场景示例图如图4-3所示。

图4-3　电动汽车分散交流充电桩场景示例图
（a）分散交流充电桩街景图；（b）分散交流充电桩效果图

一、分散交流充电桩建设的主要技术原则

　　分散交流充电桩建设的主要技术原则如表4-9所示。

表4-9　　　　　　　　　　分散交流充电桩建设的主要技术原则

序号	技术原则
1	满足《国家电网公司电动汽车充电站指导意见》中对分散交流充电桩技术指标的要求
2	在室外应用时，防护等级为IP54，并设置必要的遮雨设施
3	宜采用交流220V/380V
4	充电桩可采用落地式或壁挂式安装方式
5	宜按就近原则布置在车位端部

二、分散交流充电桩建设的网络结构

　　分散交流充电桩建设的网络结构如图4-4所示。

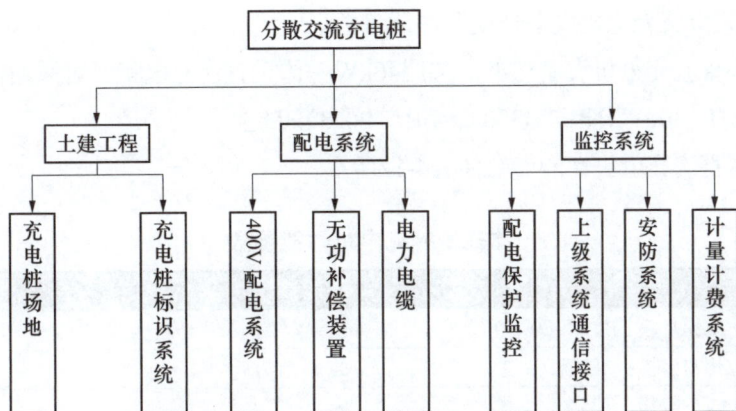

图4-4　分散交流充电桩建设的网络结构

三、充电桩（机）设备的选型及性能参数

（1）分散交流充电桩设备选型及性能参数。

1）分散交流充电桩的设备选型。桩体可采用落地式或壁挂式安装方式，应符合NB/T 33002、GB/T 20234.2的要求。

2）分散交流充电桩性能参数如表4-10所示。

表4-10　　　　　　　　　　分散交流充电桩性能参数

序号	性能参数
1	工作环境温度：−20~50℃
2	相对湿度：5%~95%
3	防护等级：IP54
4	电源：AC 220V（1±10%）；（50±1）Hz
5	输出电压：AC 220V（1±10%）；输出最大电流：32A
6	充电桩线缆长度：不小于3m

3）分散交流充电桩的主要功能如表4-11所示。

表4-11　　　　　　　　　　分散交流充电桩的主要功能

序号	技术要求
1	具备计量功能
2	具备刷卡启动、停止功能
3	具备运行状态、故障状态显示
4	具备充电连接异常时自动切断输出电源的功能
5	具备输出过电压、过负荷、短路、漏电急停保护、自检功能，确保充电桩安全可靠运行
6	具备远程无线通信功能
7	具有外部手动设置参数和实现手动控制的功能和界面

（2）一体式直流充电机设备选型及性能参数。

1）一体式直流充电机设备选型。选用40kW一体式直流充电机，可采用落地式安装方式；应符合NB/T 33001、NB/T 33003、GB/T 20234.3的要求。

2）一体式直流充电机性能参数如表4-12所示。

表4-12　　　　　　　　　　一体式直流充电机性能参数

序号	性能参数
1	工作环境温度：–20~50℃
2	相对湿度：5%~95%
3	防护等级：IP54
4	电源：AC 380V（1±10%）；（50±1）Hz
5	输出电压：DC 250~500V
6	输出最大电流：80A
7	辅助电源：12V
8	充电桩线缆长度：不小于3m
9	效率：输出为50%~100%额定功率时，效率不低于90%

3）一体式直流充电机主要功能如表4-13所示。

表4-13　　　　　　　　　　一体式直流充电机的主要功能

序号	技术要求
1	具备计量功能
2	具备刷卡启动、停止功能
3	具备运行状态、故障状态显示
4	具备充电连接异常时自动切断输出电源的功能
5	具有根据BMS提供的数据，动态调整充电参数，自动完成充电过程的功能
6	具备通过CAN接口与BMS通信，获得车载电池状态参数的功能
7	具备远程无线通信功能
8	具备输出过电压、欠电压、过负荷、短路、漏电保护、自检功能
9	具有外部手动设置参数和实现手动控制的功能和界面
10	自带有源电力滤波器APF单元，补偿后功率因数应达到0.9以上

四、供配电系统

（1）供配电系统。采用交流220V或380V进线（就近接入），电缆长度不宜超过200m，接入工程中涉及的线路路径、通道及敷设方式根据具体工程情况实施。若采用10kV进线（就近接入），设备选择应进行计算。

（2）接地。采用50mm×6mm热镀锌扁钢沿设备基础引至就近接地体，接地电阻不应大于4MΩ。

五、二次系统

（1）控制终端。控制终端宜内嵌在充电桩（机）内，应具有人机交互功能、计量功能、刷卡付费功能及通信功能。

（2）人机交互功能。充电桩（机）应支持以下人机交互功能：

1）显示各状态下的相关信息，包括运行状态、充电电量、计费信息等。显示字符应清晰、完整，没有缺损现象，不依靠环境光源即可辨认。

2）具有外部手动设置参数和实现手动控制的功能和界面。

（3）计量功能。内部应安装电能表，对充电桩（机）输出电量进行计量，应提供电能表现场检定的接口。

（4）刷卡付费功能。应配备IC卡读卡装置，安装于充电桩（机）内部，能够与内置电能表进行通信，配合IC卡实现充电控制及充电计费。

（5）通信系统。数据传输安全要求应符合相关二次系统安全防护规定的要求，采取相应措施，确保安全。应根据上级平台要求，采用认证、加密、访问控制等技术措施实现数据的远方安全传输。

六、土建

（1）土建基础。充电桩（机）基础设置应满足设备安装要求。充电桩（机）布置在车位端部，基础平面尺寸为设备外廓每边各增加100mm，基础埋深根据实际情况设计。基础内预埋UPVC管，管径为15倍电缆外径，转弯半径为15倍电缆外径。

（2）标识设计。充电桩（机）应设置防撞和防撞标识，同时应设置限位器以保证电动汽车停车充电时不撞到充电桩，限位器尺寸结合现场实际情况选取。

第四节　电动乘车立体充电站的建设及要求

电动乘车立体充电站通常建在人口密集的居民区、商业区或立体停车库，它占地面积小、空间利用率高，通常配备一定数量的直流充电机或交流充电桩。

一、立体充电站的建设形式

立体充电站根据其建设形式，可以分为自行式立体充电站、升降横移式立体充电站、垂直升降式立体充电站。

（1）自行式立体充电站。

1）自行式立体充电站的结构特点。

（a）自行式立体充电站与普通地面停车场类似，车辆通过专用车道上下楼层，自行停放。

（b）在每个停车位相应位置设置交流充电接口。

（c）可在部分指定车位设置少量交流充电接口。

（d）配电系统、监控系统及安防系统的选择可参考平面充电站的设计方案。

2）自行式立体充电站的结构布置示例图如图4-5所示。

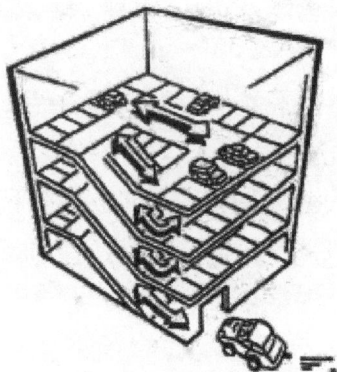

图4-5　自行式立体充电站的结构布置示例图

（2）升降横移式立体充电站。

1）升降横移式立体充电站的结构特点。

（a）排列方式简单。

（b）空间利用率高。

（c）车位移动范围小。

（d）利用软导线连接。

（e）应用广泛。

2）升降横移式立体充电站的结构布置示例图如图4-6所示。

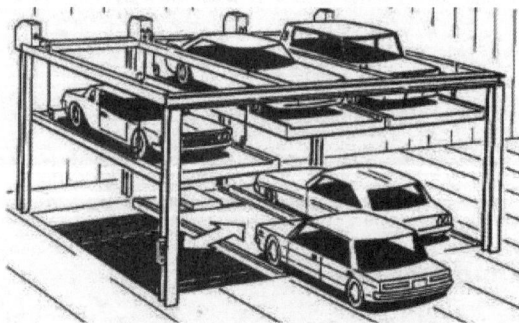

图4-6　升降横移式立体充电站的结构布置示例图

3）升降横移式立体充电站的结构布置示例图如图4-7所示。

（a）采用5层配置可停放11辆电动乘用车，作为1个立体充电单元。最下层1个车位安装直流充电接口，配置35kW直流充电机，其余10个停车位安装AC 220V/5kW交流电源。

（b）一套立体充电站可根据情况由多个立体充电单元构成。

（c）停车位的布置。

a）每个停车位后设置一个充电接口。

b）充电接口和交流控制柜（或整流柜）间采用软导线连接。

c）如果停车库布置在室外，充电接口需按IP56防护等级进行设计。

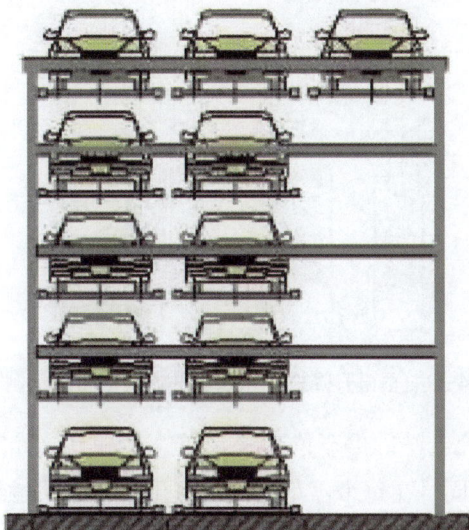

图4-7 升降横移式立体充电站的结构布置示例图

4）升降横移式立体充电站的标识图案示例图如图4-8所示。

图4-8 升降横移式立体充电站的标识图案示例图

（3）垂直升降式立体充电站。

1）垂直升降式立体充电站的结构特点。

（a）在电动汽车立体充电站和平面充电站的结构布置中，垂直升降式立体充电站的占地面积最小、空间利用率最高。

（b）在提升机的两侧布置车位，中间为载车升降井道，通过载车台和横移装置将入库的汽车送入停车架或将已存于各车位的汽车取回地面。

（c）一般地面需一台汽车旋转台，可省去车辆调头操作。

2）垂直升降式立体充电站的结构布置示例图如图4-9所示。

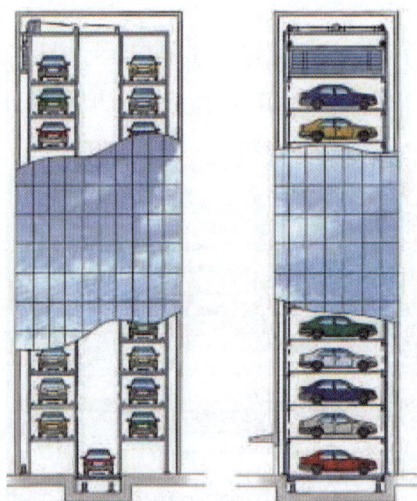

图4-9　垂直升降式立体充电站的结构布置示例图

3）垂直升降式立体充电站的停车位布置。在停车盘上设置具有集电器的充电接口，集电器固定在停车盘上，同时在每个停车位的后方位置设置滑触线，滑触线由交流控制柜供电。这样当车辆经过驶入、旋转、提升、就位几个过程后，集电器自动和滑触线连接，完成充电电源的接入。

4）垂直升降式立体充电站的标识图案示例图如图4-10所示。

图4-10　垂直升降式立体充电站的标识图案示例图

二、电动乘用车立体充电站的建设主要技术原则

（1）每台一体机均可为电动乘用车提供快速充电服务，一体机对电动乘用车一对一充电。一体机均采用落地式安装。

（2）交流充电桩对电动乘用车一对一充电。充电桩均采用壁挂式安装。

（3）乘用车车位按长5.4m、宽2.6m设计。

三、电动乘用车立体充电站的站区总平面布置要求

（1）电动乘用车立体充电站的站区场地规划。除场地出入口及建筑物南侧设7m双车道，其余三面为4m单车道，四周道路形成消防环道。站区布置地下消防水池和消防泵房。规划出、入口在城市道路上分开单独设置，宽度为7m。

（2）站区场地采用竖向布置的技术要求。站区场地竖向布置采用平坡式，且坡向外侧。场地内排水坡度不小于0.5%且不大于5%。站内建筑室内外高差0.3m。

（3）站区场地围墙和大门的技术要求。围墙如需设置，可采用实体围墙或镂空围墙。进、出口大门如需设置，可采用轻型电动门。

（4）道路与场地处理的技术要求。站区道路除场地出入口及建（构）筑物南侧设加7m双车道，其余围绕建（构）筑物三面为4m单车道，形成消防环道，满足消防要求。汽车转弯半径6.0m，消防车转弯半径9.0m。行车道纵向坡度采用0.5%~5%，不应大于6%，且宜坡向站外。

四、立体充电站设备的主要功能

（1）直流一体充电机应具备的主要功能如表4-14所示。

表4-14　　　　　　　　直流一体充电机应具备的主要功能

序号	技术要求
1	计量功能
2	刷卡启动、停止功能
3	运行状态、故障状态显示
4	充电连接异常时自动切断输出电源的功能
5	根据BMS提供的数据，动态调整充电参数，自动完成充电过程的功能
6	通过CAN接口与BMS通信的功能，获得车载电池状态参数
7	与监控系统通信功能
8	充电连接异常时自动切断输出电源的功能
9	输出过电压、欠电压、过负荷、短路、漏电保护、自检功能

续表

序号	技术要求
10	实现外部手动控制的输入设备，可对充电机参数进行设定
11	自带单元，补偿后功率因数应达到0.95以上

（2）交流充电桩应具备主要功能如表4-15所示。

表4-15　　　　　　　交流充电桩应具备的主要功能

序号	技术要求
1	计量功能
2	运行状态、故障状态显示

五、电动乘用车立体充电站的充电系统

充电设备选型及性能参数

（1）立体充电站的设备选型原则如表4-16所示。

表4-16　　　　　　　立体充电站的设备选型原则

序号	选型原则
1	宜选用40kW直流充电机，采用落地式安装方式。7kW交流充电桩采用挂壁式安装方式
2	直流充电机应符合NB/T 33001、NB/T 33003、GB/T 20234.3的要求
3	交流充电桩应符合NB/T 33002、GB 20234.2的要求

（2）立体充电站设备的性能参数。

1）直流一体充电机性能参数如表4-17所示。

表4-17　　　　　　　直流一体充电机性能参数

序号	性能参数
1	工作环境温度：$-20\sim50$℃
2	相对湿度：5%~95%
3	防护等级：IP54
4	电源：AC 380V（$1\pm10\%$）；（50 ± 1）Hz
5	输出电压：DC 250~500V
6	输出最大电流：80A
7	辅助电源：12V
8	充电桩线缆长度：不小于3m
9	效率：输出为50%~100%额定功率时，效率不低于90%

2）交流充电桩性能参数如表4-18所示。

表4-18　　　　　　　　　交流充电桩性能参数

序号	性能参数
1	工作环境温度：-20~50℃
2	相对湿度：5%~95%
3	防护等级：IP54
4	输出最大电流：32A
5	充电桩线缆长度：不小于3m
6	刷卡启动、停止功能
7	充电连接异常时自动切断输出电源的功能
8	输出过电压、过负荷、短路、漏电急停保护、自检功能
9	与监控系统通信功能

六、供配电系统的规划与建设

（1）供配电系统。

1）供电电源接入方案。采用1回10kV进线就近接入，接入工程中涉及的线路路径、通道及敷设方式根据具体工程情况实施。

2）电气接线方案。采用中性点直接接地运行方式。10kV、380V短路电流水平分别按25kA、50kA考虑。

3）供电设备的选型。

（a）供电变压器的选型。选用树脂浇注干式变压器，接线组别采用Dyn11，变比为（10±2×2.5%）kV/0.4kV，带温控仪表。

（b）中、低压配电柜选型原则如表4-19所示。

表4-19　　　　　　　　　中、低压配电柜造型原则

序号	选型原则
1	高压侧配置进线柜、出线柜、母线设备柜、专用计量柜
2	低压柜额定工作电流630A及以下的断路器，采用普通塑壳断路器和微型断路器。额定工作电流630A以上的断路器采用框架断路器
3	断路器配置辅助触点和报警开关
4	低压侧配置进线柜、馈线柜及分段柜

（c）滤波装置的选型。站内不设集中滤波装置。

（2）站用电源及照明。

1）站用电供电方案。电源电压采用交流380/220V，TN-S系统供电。

2）照明。主要场所照度及功率密度值照度标准参照GB 50034《建筑照明设计标准》执行。

3）应急照明技术要求如表4-20所示。

表4-20　　　　　　　　　　　　应急照明技术要求

序号	技术要求
1	应急照明设计参照GB 29781《电动汽车充电站通用要求》执行
2	公共部分应急照明火灾时由控制模块强制点亮，办公部位应急照明集中控制，火灾时均由控制模块强制点亮
3	疏散指示标志、安全出口标志常亮
4	应急照明灯及应急疏散指示灯为连续供电时间不小于90min的自带电池应急照明灯
5	事故照明灯、应急照明灯及应急疏散指示灯应设玻璃或其他不燃烧材料制作的保护罩

（3）防雷接地。

1）防雷。防雷施工的技术要求如表4-21所示。

表4-21　　　　　　　　　　　　防雷施工的技术要求

序号	技术要求
1	防雷设计参照GB 50057《建筑物防雷设计规范》及DL/T 620《交流电气装置的过电压保护和绝缘配合》执行
2	在建（构）筑物楼顶埋设避雷带，用以防直击雷
3	屋顶避雷带的敷设采用ϕ12圆钢在屋面组成不大于10m×10m或12m×8m的网格，并用–40mm×8m扁钢沿墙或柱多点引下（间距不大于18m）
4	避雷带应沿屋角、屋脊和檐角等易受雷击的部位敷设

2）接地。接地施工的技术要求如表4-22所示。

表4-22　　　　　　　　　　　　接地施工的技术要求

序号	技术要求
1	充电塔主接地网利用车库基础内钢筋
2	全站接地电阻不应大于4MΩ
3	低压配电采用TN-S系统，电气设备所有不带电的金属外壳均应可靠接地

七、二次系统

（1）监控系统。

1）监控系统的技术要求。监控系统后台设备包括数据服务器、通信前置机服务器、工作站、台式打印机。网络设备包括网络交换机、桩集中器、通信管理机、电缆等。监控系统实现功能包括充电监控功能、供配电监控功能、安防监控功能、计量功能。监控系统的技术要求如表4-23所示。

表4-23 监控系统的技术要求

序号	技术要求
1	充电机、充电桩内嵌监控装置，监控装置完成面向单元设备的检测及控制功能，向后台设备转发数据并接受后台设备下发的控制命令。充电监控功能包括数据采集、控制调节、数据处理与存储、事件记录、充电信息管理
2	应能采集充电机、充电桩的工作状态、温度、故障信号、功率、电压、电流等
3	应能向充电机、充电桩下发控制命令，能遥控充电机或充电桩启停、校时、紧急停机、远方设定充电参数等
4	数据处理与存储应满足如下要求： （1）充电机和充电桩的越限报警、故障统计等。 （2）系统对站内数据根据性质、重要性进行分类，当数据量大时，可以根据预定策略，选择或自动屏蔽信息，保证重要信息的实时上送。 （3）对充电机或充电桩遥测、遥信、报警事件等实时数据和历史数据的集中存储和查询
5	事件记录应满足如下要求： （1）操作记录、系统故障记录、充电运行参数异常记录、电池组参数异常记录等。 （2）对遥信变位、遥测越限、遥控操作、系统核心组件启停等事件按时间、类型、装置等分类检索
6	充电信息管理应满足如下要求： （1）记录分析车辆动力电池组的相关充电数据，包括充电电流、电压变化曲线，电池组温度等。 （2）电池单体可根据现场需要记录电池单体相关充电数据

2）供配电监控功能如表4-24所示。

表4-24 供配电监控功能

序号	监控功能
1	由10kV保护测控装置以及公用测控装置实现，包括遥测功能、遥信功能、遥控功能、保护动作功能、继电保护管理功能、历史告警查询、告警级别设置、消闪及光字确定、对时功能
2	应能正确接收所有保护测控装置遥信信息，包括断路器位置、保护连接片、开入信号、告警信号、远方/就地等遥信状态
3	应能正确对所有保护测控装置进行断路器、连接片、分复归、总复归等遥控操作
4	应能正确接收保护装置动作信息
5	应能正确进行当前定值区、指定定值区定值查询。能正确修改当前区及指定区定值及控制字。能正确进行定值区切换操作。能正确进行连接片投退操作。具备继电保护管理功能
6	应能正确对历史告警进行查询
7	应能设置告警级别
8	应具备消闪及光字确定功能
9	应能正确对系统所有保护测控装置及监控系统对时

3）安防监控功能如表4-25所示。

表4-25 安防监控功能

序号	监控功能
1	由摄像头、门禁系统、各种报警器等装置实现对全站主要电气设备、关键设备安装地点以及周围环境进行全天候的图像监视，以满足电力系统安全生产所需的设备关键部位监视的要求，同时，该系统可实现充电站安全警卫的要求
2	安防监控应监视但不限于如下范围： （1）监视站内区域内场景情况。 （2）监视站内主要设备等重要运行设备的外观状态。 （3）监视站内主要房间场景情况

4）计量系统包括电网和充电设备之间的计量、充电设备和电动汽车之间的计量两部分。计量功能如表4-26所示。

表4-26 计量功能

序号	技术要求
1	电网与充电设备之间的计量应采用高压侧计量，在10kV进线侧配置高压关口表
2	充电设备和电动汽车用户之间的计量应采用低压侧计量，在一体直流充电机和交流充电桩交流输入侧配置智能电能表，表计安装在直流充电机和交流充电桩内部

5）监控系统设备组屏与安装的技术要求如表4-27所示。

表4-27 监控系统设备组屏与安装的技术要求

序号	技术要求
1	数据服务器、通信前置机布置于监控室的服务器柜内，工作站、打印机布置于监控室内
2	总交换机布置于监控室的监控柜内。网络交换机布置于监控室的安防柜内。通信网关布置于充电机内。桩集中器布置于通信箱内，通信箱安装于立柱上
3	充电监控功能：直流一体充电机（充电桩）内嵌测控装置
4	安防监控功能：摄像头、门禁系统、各种报警器等在各区域内就地布置
5	计量功能：高压关口表布置于高压计量柜内，低压侧在直流一体充电机和交流充电桩内部安装智能电能表，对充电机（充电桩）输出电量进行计量

（2）全站设置1套直流电源系统，用于站内各类测控装置、监控系统等的电源。直流系统电压220V，全站事故停电按1h考虑，配置18只12V电池、1台3kVA交流不停电电源系统模块，直流屏布置于监控室内。

（3）通信系统的技术要求如表4-28所示。

表4-28 通信系统的技术要求

序号	技术要求
1	采用三层交换机方式接入电力专网，实现监控信息的上传，建议采用光纤通信方式

序号	技术要求
2	电量计费信息单独由公网通信实现
3	在光缆建设存在困难的地区，在保证信息安全的前提下，也可采用公共专用通信网络的方式
4	根据具体需要安装公共外线电话进行通信联络
5	数据传输安全要求应符合相关二次系统安全防护规定的要求，采取相应措施确保安全。应根据上级平台要求，采用认证、加密、访问控制等技术措施实现数据的远方安全传输以及纵向边界的安全防护

八、消防给水和灭火设施

（1）消防系统的设计原则如表4-29所示。

表4-29　　　　　　　　　消防系统的设计原则

序号	原则要求
1	立足于自救，并按照"预防为主，防消结合"的原则进行设计
2	同一时间内可能发生的火灾次数按一次考虑
3	配电室降温通风系统与消防报警系统联锁，发生火灾自动切断电源停止运行

（2）建（构）筑物消防应满足的技术要求如表4-30所示。

表4-30　　　　　　　　建（构）筑物消防应满足的技术要求

序号	技术要求
1	总平面设计：基地内道路与市政道路环通
2	建（构）筑物防火分类为1类汽车库，耐火等级为二级，疏散门和疏散距离均满足相关规范要求
3	建（构）筑物构件防火性能要求：防火墙耐火极限达到3h，柱2.5h，梁1.5h，采用的各种建筑材料、结构构件、构造做法等能满足二级耐火等级要求

（3）暖通消防。配电室降温通风系统与消防报警联锁，发生火灾自动切断电源停止运行。

（4）给排水消防。

1）消防给水系统应满足的技术要求如表4-31所示。

表4-31　　　　　　　　消防给水系统应满足的技术要求

序号	技术要求
1	充电站室内设置室内消防给水系统
2	具体工程设计时，应将工程的消防设计方案提请消防主管部门进行审查后开展施工图设计

2）室内消火栓的使用范围。当汽车库内锂电池发生火灾时，不得使用室内消火栓进行灭火，应使用灭火器、灭火毯等消防设备，当汽车库内锂电池以外的设备、设施发生火灾时可使用室内消火栓进行灭火。

3）灭火器材配置。

九、工程建设规模及系统配置

工程建设规模及系统配置如表4-32所示。

表4-32　　　　　　　　工程建设规模及系统配置

建设规模	供配电系统	监控系统
37台40kW一体式直流充电机，351台7kW落地式交流充电柜	1路10kV供电；主变压器2×2500kVA；10kV侧单母线，0.4kV侧单母线	充电监控功能、供配电监控功能、安防监控功能、计量功能、综合计费功能
40台40kW一体式直流充电机，434台7kW落地式交流充电桩	1路10kV供电；主变压器2×2500kVA；10kV侧单母线，0.4kV侧单母线	充电监控功能、供配电监控功能、安防监控功能、计量功能、综合计费功能
40台40kW一体式直流充电机，194台7kW落地式交流充电桩	1路10kV供电；主变压器2×1600kVA；10kV侧单母线，0.4kV侧单母线	充电监控功能、供配电监控功能、安防监控功能、计量功能、综合计费功能
136台7kW落地式交流充电桩	1路10kV供电；主变压器1×1000箱式变压器；10kV侧单母线，0.4kV侧单母线	充电监控功能、供配电监控功能、安防监控功能、计量功能、综合计费功能

第五节　电动汽车高速公路城际快充站的建设及要求

4-11　电动汽车高速公路城际快充站示例图

电动汽车高速公路城际快充站一般建于高速公路服务区，通常配备多台直流充电机，可同时为多台电动汽车提供充电服务。电动汽车高速公路城际快充站示例图如图4-11所示。

一、电动汽车高速公路城际快充站工程建设规模与设计原则

（1）电动汽车高速公路城际快充站工程建

设规模如表4-33所示。

表4-33　　　　　　　　　电动汽车高速公路城际快充站工程建设规模

序号	建设规模
1	配置4台功率为120kV的分体式直流充电机，可同时为8辆电动乘用车提供快速充电服务
2	宜配套建设1台容量为630kVA的箱式变压器，电压等级为10/0.4kV
3	一回10kV进线及相应监控、通信

（2）电动汽车高速公路城际快充站工程设计中应遵循的技术原则如表4-34所示。

表4-34　　　电动汽车高速公路城际快充站工程设计中应遵循的技术原则

序号	技术原则
1	宜配置4台充电机，1台充电机宜配置2个充电接口
2	乘用车车位宜按长6m，宽2m设计
3	8个车位宜采用两倒垂直式或平列垂直式布置

二、总平面布置

（1）充电区域布置。宜配置4台分体式直流充电机，整流柜部分布置于充电设备舱内，直流充电桩部分布置于车位端头。考虑1台充电机同时为2辆电动乘用车进行充电的需求，1台整流柜时应布置2台直流充电桩，宜总共布置8个乘用车充电工位。

（2）供配电区域布置。配置1台容量为630kVA的箱式变压器，根据服务区现场情况确定位置，距离充电区域不宜大于200m。

三、充电系统

设备选型及性能参数如下：

1）充电设备的选型。宜选用120kV分体式直流充电机，可采用落地式安装方式，应符合NB/T 33001，GB/T 20234的要求。

2）充电机应满足的性能参数如表4-35所示。

表4-35 充电机应满足的性能参数

序号	性能参数
1	工作环境温度：−20~50℃
2	相对湿度：5%~95%
3	防护等级：IP54
4	电源：AC 380V（1±10%）；（50±1）Hz
5	输出电压：DC 250~500V
6	输出最大电流：240A，功率120kW
7	辅助电源：12V
8	充电桩线长度：不小于3m
9	效率：输出为50%~100%额定功率时，效率不低于90%

3）充电机应具备的功能如表4-36所示。

表4-36 充电机应具备的功能

序号	性能参数
1	自动负荷分配功能
2	直流输出侧计量功能
3	测卡启动、停止功能
4	运行状态、故障状态显示
5	充电连接异常时自动切断输出电源的功能
6	根据BMS提供的数据，动态调整充电参数，自动完成充电过程
7	通过CAN接口与BMS通信的功能，获得车载电池状态参数
8	和上级通信管理单元之间通信的功能
9	充电连接异常时自动切断输出电源
10	输出过电压、欠电压、过负荷、短路、漏电保护、自检
11	实现外部手动控制的输入设备，能对充电机参数进行设定
12	自带单元，补偿后功率因数达到0.95以上

四、供配电系统

（1）供电电源接入方案。宜采用1回10kV进线就近接入方式，接入工程中涉及的线路路径、通道及敷设方式根据具体工程情况实施。

（2）滤波装置。站内不设集中滤波装置。

（3）电气接线方案。10kV、0.4kV侧宜均采用单母线接线，应采用中性点直接接地运行方式。

（4）短路电流控制水平及主要设备选型。

1）短路电流控制水平。10kV、380V短路电流水平宜分别按25kA、50kA考虑。

2）主要设备选型。选用1台630kVA美式箱式变压器，变压器接线组别采用D11，阻抗电压为4.5V，进线采用负荷开关配合熔断器，低压侧采用框架、塑壳断路器。

（5）照明。车棚照明参照GB 50034执行。

五、二次系统

（1）监控系统。监控系统实现功能包括充电监控功能、安防监控功能、计量功能和通信功能。

1）充电监控功能的技术要求如表4-37所示。

表4-37 充电监控功能的技术要求

序号	技术要求
1	分体式直流充电机整流柜内嵌监控装置，监控装置完成面向单元设备的检测及控制功能监控系统转发数据，并接受运营监控系统下发的控制命令。充电监控功能包括数据采集、控制调节、数理和存储、事件记录
2	应能采集充电机的工作状态、温度、故障信号、功率、电压、电流等
3	应能向充电机下发控制命令，控制充电机启停、校时、紧急停机、远方设定充电参数等
4	数据处理与存储应满足的要求： （1）具备充电机的越限报警、故障统计等功能。 （2）能对站内数据根据性质、重要性进行分类，当数据量大时，可以根据预定策略，选择或自动屏蔽信息，保证重要信息的实时上送。 （3）能对充电机遥测、遥信、报警事件等实时数据和历史数据集中存储和查询
5	应具备操作记录、系统故障记录、充电运行参数异常记录、电池组参数异常记录等功能

2）安防监控功能。

（a）由摄像头、硬盘录像机等装置实现。对全站主要电气设备、关键设备安装地点以及周围环境进行全天候的盖视，以满足电力系统安全生产所需的监视设备关键部位的要求，同时，该系统可实现充电站安全警卫的要求。

（b）安防监控应监视但不限于如下范围：

a）监视站内区域的充电机、车位。

b）监视站内变压器栅栏。

3）计量功能。计量系统包括电网和充电设施之间的计量，充电设施和电动汽车之间的计量。

4）通信功能。利用通信管理单元通过公共专用通信网络将信息上传至上级运营监控系统。数据传输安全要求应符合相关二次系统安全防护规定的要求，采取相应措施，确保安全。应根据上级平台要求，采用认证、加密、访问控制等技术措施实现数据的远方安全传输以及纵向边界的安全防护。

（2）设备布置方案。设备布置原则如表4-38所示。

表4-38　　　　　　　　　　　设备布置原则

序号	设备布置原则
1	充电监控功能：分体式直流充电机内嵌测控装置
2	安防监控功能：摄像头在雨棚上对角安装
3	计量功能：低压关口表布置于箱式变压器内，直流智能电能表布置于分体式直流充电机内
4	通信功能：1台通信管理单元布置于充电设备仓内

六、土建

充电站布置在高速公路服务区停车场内，可同时为8辆车充电，车位采用两列垂直式或单列垂直式布置，直流充电桩布置在车位端头，车位前面道路宽度保证每个车位都可顺车或倒车进出。

（1）站区占地面积一览表如表4-39所示。

表4-39　　　　　　　　　　站区占地面积一览表

序号	项目	单位	数量
1	车位占地面积（两列）	m²	143.92
2	车位占地面积（单列）	m²	153.44
3	设备区占地面积	m²	16.80

（2）站区总平面。站区场地布置的技术要求如表4-40所示。

表4-40　　　　　　　　　　站区场地布置的技术要求

序号	技术要求
1	充电站布置在高速公路服务区停车场内，围墙、道路、大门、绿化、场地等不列入典型设计范围
2	车位采用两列垂直式或单列垂直式布置，每个车位尺寸：长为6m，宽为28m
3	乘用车可以方便地顺车或倒车进出车位
4	室外电缆采用预埋管方式敷设，按沿道路、建（构）筑物、充电车位、围墙平行布置的原则，从整体出发，统筹规划，在平面与竖向上相互协调，远近结合，间距合理，减少交叉，同时应考虑便于检修和扩建
5	充电车位一侧设置设备区，布置一台变压器和充电设备仓，设备区和充电车位间距不大于50m

（3）管沟布置。

（4）道路与场地处理。典型设计中不包含道路设计。

（5）站内建（构）筑物由变压器、充电设备和结构车棚等组成。采用轻型钢结构，钢构件采取防锈措施。

（6）土建基础的技术要求如表4-41所示。

表4-41　　　　　　　　　　　　土建基础的技术要求

序号	技术要求
1	直流充电桩布置在车位端头，直流充电桩基础平面尺寸为设备外廓每边各增加100mm，基础埋深根据实际情况设计
2	基磁内预埋UPVC管，管径为1.5倍电缆外径，转弯半径为15倍电缆外径
3	一次、二次电缆分开敷设
4	膜结构车棚采用现浇钢筋混凝土基础，基础埋深根据实际情况设计
5	膜结构车棚对于台风影响区域应提高抗风等级

（7）站内建（构）筑物应设置防撞标识，充电机应设置防撞栏。

（8）站区雨水经收集后排入雨水管网。

（9）站区应配置消防器材，按GB 50140的规定执行。

第六节　电动汽车换电设施建设及要求

电动汽车换电站一般建在土地资源比较宽裕的地点，占地面积很大，需要专用的库房来存放电池组，同时配备必要的电池更换设施。换电站通常还配备直流充电机或交流充电桩，以便对更换下来的电池组集中充电。电动汽车换电站示例图如图4-12所示。

(a)　　　　　　　　　　　　　　　　　　　　　　(b)

图4-12　电动汽车换电站示例图

（a）电动汽车换电站；（b）电动汽车专用电池

一、电动汽车换电站的系统构成及要求

电动汽车换电站系统主要由配电系统、充电系统、监控系统、电池更换系统及配套设施等组成。

（1）配电系统主要为充电设备提供电源，主要由一次设备（包括断路器、变压器及线路等）和二次设备（包括监测和控制装置等）及站用电源系统组成。

（2）充电系统为电动汽车换电站内电池箱提供直流电能，具备与电池箱内电子控制单元和监控系统通信的功能，并能根据ECU提供的信息自动接受监控系统的命令，对电池箱进行充电控制和管理。

（3）监控系统是电动汽车换电站安全高效运行的保证，它实现对整个电动汽车换电站的监控、调度和管理，主要包括配电监控系统、充电监控系统、烟雾和视频安防监控系统、计量系统。

（4）电池更换系统主要用于完成商用车和乘用车电池更换功能的一系列设备组成，是电动汽车换电站的核心组成部分，主要包括换电设备、半自动换电设备、叉车等。

（5）电动汽车换电站配套设施包括照明设备、温控设备、消防设备、电池维护设备等。

（6）供配电设备应配备配电自动化接口，符合DL/T 814《配电自动化系统技术规范》的相关要求。

（7）换电站向公共电网连接点注入的谐波电流不应超过GB/T 14549规定的允许值。

（8）供电系统电能计量装置的配置应符合DL/T 448《电能计量装置技术管理规程》的要求。

（9）电池更换站应为电动汽车用户提供安全的电池更换场所，电池箱更换和充电的过程应始终处于被监控的状态。

（10）电池更换站内可包括充电设备、电池箱更换设备、电池箱存储设备、电池箱转运设备、车辆导引系统、电池检测与维护设备、监控室、配电室、安全防护设施、行车道、停车位、营业室以及其他辅助设施。

（11）电池更换站的布置应便于电动汽车的驶入、驶出和电池箱更换设备的操作。

二、电池更换站建设类型及站址选择要求

1. 电池更换站建设类型

（1）按服务车型划分，电池更换站一般分为以下三种类型。

1）综合型电池更换站：为电动商用车和电动乘用车提供服务的电池更换站。

2）商用车电池更换站：为电动商用车提供服务的电池更换站。

3）乘用车电池更换站：为电动乘用车提供服务的电池更换站。

（2）按功能划分，电池更换站分为A类和B类。

1）A类电池更换站：同时具备为电池箱充电的能力和为电动汽车用户进行电池箱更换的能力。

2）B类电池更换站：具备为电动汽车用户提供电池箱更换能力，电池箱在电池配送中心完成充电。

电池配送中心是电池更换模式下的特殊建设模式，一般与变电站结合建设。电池配送中心对电池箱进行集中充电，与B类电池更换站配合为电动汽车提供电池更换服务。

2. 电池更换站选址要求

（1）电池更换站宜充分利用就近的供电、交通、消防、给排水及防排洪等公用设施，对站区、电源进出线走廊、给排水设施、防排洪设施、进出站道路等进行合理布局、统筹安排。

（2）电池更换站宜靠近城市道路，不宜选在城市干道的交叉路口和交通繁忙路段附近。

（3）电池更换站的选址应符合防火安全的要求，不应设在有爆炸危险环境场所的正上方或正下方，远离易燃易爆等危险源。

（4）电池更换站不宜设在多尘或有腐蚀性气体的场所，当无法远离时不应设在污染源下风侧。

（5）电池更换站不应设在有剧烈振动或高温的场所。

（6）电池更换站不应设在地势低洼和可能积水的场所。

三、电池更换站供电系统的规划与建设要求

（1）供电系统的布置应考虑供电电源进线、出线方便。

（2）供电系统设计应符合GB 50052、GB 50053和GB 50054《低压配电设计规范》的相关规定。

（3）应根据电池更换站的规模、容量和重要性选择外电源电压等级和供电方式。

1）供电容量应满足站内充电、电池箱更换、动力、监控、照明等用电的要求，并留有一定裕度。

2）充电机和电池箱更换设备宜采用独立回路供电。

3）供配电设备应配备配电自动化接口，符合DL/T 814的相关要求。

4）电池更换站向公共电网连接点注入的谐波电流不应超过GB/T 14549规定的允许值。

5）供电系统电能计量装置的配置应符合DL/T 448的要求。

四、电池更换站充电与电池更换设备的技术要求

（1）电动汽车电池模块的技术要求如表4-42所示。

表4-42　　　　　　　　　电动汽车电池模块的技术要求

序号	技术要求
1	电池模块结构设计标准化、易更换和装卸方便
2	电池模块外壳坚固，应进行防锈（防氧化）处理
3	电池模块与充电架之间具有自动对接的接口
4	电池模块具备电池电压、电流、温度及绝缘监测功能
5	内置电池管理单元，具备风机冷却控制与通信功能

（2）电动汽车电池箱更换设备的技术要求如表4-43所示。

表4-43　　　　　　　　电动汽车电池箱更换设备的技术要求

序号	技术要求
1	除手动式设备外，商用车的电池箱更换时间不应大于600s；乘用车的电池箱更换时间不应大于300s
2	全自动更换设备应具备与监控系统的通信接口
3	各个动作连续、可靠、平稳，动作衔接流畅
4	更换设备应具备必要的安全保护措施
5	更换设备应具备掉电时的手动解锁功能
6	更换设备应对电池箱安装位置误差具备一定的适应能力
7	更换设备应对车辆停靠位置及停靠姿态具备一定的适应能力
8	更换设备应具备最大功率限制和防倾倒等功能
9	自动或半自动电池箱更换设备应具备手动操作及紧急停机功能
10	在装载、搬运和卸载电池箱过程中，电池箱更换设备应保证操作人员、车辆和设备的安全

（3）电动汽车电池快换工具的技术要求如表4-44所示。

表4-44　　　　　　　　　电动汽车电池快换工具的技术要求

序号	技术要求
1	自动或半自动电池箱更换设备应具备手动操作及紧急停机功能
2	乘用车电池箱更换时间不宜大于300s，商用车电池更换时间不宜大于600s
3	在装载、搬运和卸载电池箱过程中，电池箱更换设备应保证操作人员、车辆和设备的安全
4	电池箱更换设备应具备最大功率限制和防倾倒等功能

（4）电动汽车电池箱转运设备的技术要求如表4-45所示。

表4-45 电动汽车电池箱转运设备的技术要求

序号	技术要求
1	电池箱转运设备应具有安全、快捷移动和运输电池箱的能力
2	在转运电池箱的过程中，应保证操作人员和设备的安全

（5）电动汽车车辆导引系统的技术要求如表4-46所示。

表4-46 电动汽车车辆导引系统的技术要求

序号	技术要求
1	换电站宜配备车辆导引系统
2	车辆导引系统应具有车辆导引和定位功能
3	车辆导引系统可由机械构件、传感设备和控制设备等组成

（6）电动汽车分箱式充电机。

1）电动汽车分箱式充电机的技术要求如表4-47所示。

表4-47 电动汽车分箱式充电机的技术要求

序号	技术要求
1	充电机输出技术参数应满足所充电电池箱的充电要求
2	充电机应具备与监控系统通信及与BMS通信的功能
3	充电机在站内应合理布置，以利于通风和散热
4	充电机应具备必要的保护功能以保证电池箱充电安全
5	充电机的功能和技术指标应参照NB/T 33001的相关要求
6	充电机应具备待机、充电、充满等状态指示，宜具备输出电压、输出电流等运行参数显示

2）电动汽车分箱式充电机的功能要求如表4-48所示。

表4-48 电动汽车分箱式充电机的功能要求

序号	功能要求
1	充电自动设定方式：在充电过程中，充电机依据电池电子控制单元提供的数据动态调整充电参数，执行相应操作，完成充电过程
2	充电手动设定方式：在充电过程中，通过专业人员设置的充电方式、充电电压、充电电流等参数，充电机根据设定参数执行相应操作完成充电过程。充电机采用手动设定方式时，应具有明确的操作提示信息
3	人机交互显示功能：应显示待机、充电、充满运行状态。应显示充由电压、充电电流、充电电量。应显示故障及报警信息。应显示在手动设定过程中的交互信息。可显示充电时间、设定参数、电池温度、单体电池电压
4	人机交互输入功能：具备外部手动设置充电参数和实现手动控制的功能和界面
5	通信功能：充电机应具有与电池电子控制单元通信的功能，同时应具有与上级监控管理系统通信的功能
6	状态指示功能：宜具有为电池架提供"待机""充电""充满""异常"状态指示的功能

续表

序号	功能要求
7	对外接口：具有交流输入接口，能够外接单相或三相交流电。具有正、负两极直流输出接口，能够外接动力回路。具有两路通信接口，能够外接电池电子控制单元和上级监控。宜提供多路开入和开出节点

3）电动汽车分箱式充电机的安全防护要求如表4-49所示。

表4-49　　　　　　　电动汽车分箱式充电机的安全防护要求

序号	安全防护要求
1	充电机应具备电源输入侧的过电压保护、欠电压保护功能。当出现交流输入过电压、欠电压时，充电机应能自动切断直流输出并发出告警提示
2	充电机应具备直流输出侧的过电压、短路保护功能。当出现直流输出过电流、过电压时，充电机应能自动切断直流输出并发出告警信号。当直流输出短路时，充电机应能自动进入限流状态
3	充电机应具备过温保护功能。当出现功率单元过温时，充电机应能自动切断直流输出并发出告警信号
4	充电机在充电过程中，当检测到与电池电子控制单元的通信中断时，充电机应停止充电
5	充电机在充电过程中，应保证电池的充电电压、充电电流不超过允许值
6	充电机应具有明显的状态指示和文字提示，防止人员误操作
7	充电机在充电过程中，当电池的电压、温度超过允许值时，充电机应停止充电
8	充电机应具备电池极性检测功能，当充电机与电池箱连接时，检测到电池极性正确后，才允许充电机的直流输出与电池箱的动力回路相连
9	充电机在充电完成后，充电机的直流输出与电池箱的动力回路应断开
10	充电机应具备电池连接确认功能，当充电机与电池箱连接时，检测到电池连接正确后，充电机才允许启动充电。当充电机检测到与电池箱的连接不正确时，应立即切断直流输出

（7）电动汽车电池箱的技术要求如表4-50所示。

表4-50　　　　　　　电动汽车电池箱的技术要求

序号	技术要求
1	电池箱应具备与充电架、电动汽车准确对接的接口，并能保证连接安全可靠和更换便捷
2	电池箱应具备与充电机、电动汽车控制单元进行通信的功能
3	电池箱应具备温度调节功能
4	电池箱应具备必要的机械强度和防护等级
5	电池箱的内部安装结构件应保证单体电池间的可靠串并联

（8）电动汽车电池箱连接器的技术要求如表4-51所示。

表4-51   电动汽车电池箱的技术要求

序号	技术要求
1	电池箱连接器应采用必要的措施，以确保使用过程中电气连接安全可靠
2	电池箱连接器应包含正极、负极、接地极、通信、引导、辅助电源等端子
3	电池箱连接器应具备必要的位置修正功能，以确保端子准确可靠连接
4	电池箱连接器宜采用强电与弱电分离的结构，并具有防误插的功能
5	电池箱连接器正常使用情况下的使用寿命不应小于10000次

（9）电动汽车电池充电架的技术要求如表4-52所示。

表4-52   电动汽车电池充电架的技术要求

序号	技术要求
1	充电架的机械强度应满足电池箱承载要求
2	充电架应具备电池箱就位、充电和充满等状态显示功能
3	充电架应具备必要的安全报警功能
4	充电架应具备对电池箱的导向功能，并带有电池箱限位、锁止装置
5	充电架宜配置相应的装置，与电池箱配合实现对电池温度的调节功能
6	充电架应与电池箱匹配，宜采用框架组合

（10）电动汽车电池箱存储架的技术要求如表4-53所示。

表4-53   电动汽车电池箱存储架的技术要求

序号	技术要求
1	电池箱存储架的机械强度应满足电池箱承载要求
2	电池箱存储架应带有电池箱限位、锁止装置，宜具备对电池箱的导向功能
3	电池箱存储架应与电池箱相匹配，宜采用框架组合

（11）电动汽车电池箱检测与维护设备的技术要求如表4-54所示。

表4-54   电动汽车电池箱检测与维护设备的技术要求

序号	技术要求
1	电池箱检测与维护设备应具备电池箱总体电压及各个单体电压、电池箱内部电芯温度、电池箱容量的检测功能
2	电池箱检测与维护设备应具备电池均衡功能
3	电池箱检测与维护设备宜具备电池箱内阻检测功能，应能检测各单体电池内阻
4	电池箱检测与维护设备应具备电池箱绝缘性能检测功能，应能检测各单体电池或电池模块绝缘性能

（12）电动汽车换电站电池箱更换设备的安全防护要求如表4-55所示。

表4-55   电动汽车换电站电池箱更换设备的安全防护要求

序号	安全防护要求
1	安全标志要求如下： （1）在更换设备工作场所的出入口、操作室、检修场所等明显可见处设置相应的安全标志（包括禁止标识），并符合GB 2894《安全标志及其使用导则》的要求。 （2）电源柜的明显位置处应有防触电的警示标志
2	一般安全要求如下： （1）更换设备突然断电时，各个动作应有强制停止措施。 （2）更换设备应具备防止电池箱自行脱离的功能。 （3）更换设备突然断电并强制停止后，不得有对设备、电池箱及人员造成伤害的现象发生。 （4）除手动设备外，更换设备的任何一个动作应有电气及机械方式的行程极限保护。 （5）更换设备各动作之间能够安全互锁。 （6）电气系统应有可靠接地
3	安全使用的要求如下： （1）在钢轨上运行的车轮及导向轮出现裂纹、轮缘厚度磨损达到原厚度的50%、轮缘厚度弯曲变形达原厚度的20%、踏面厚度磨损达原厚度的15%。 （2）链条伸长率达到2.5%时应报废。 （3）钢丝绳报废应符合GB/T 5972《起重机钢丝绳保养、维护、检验和报废》的规定。 （4）液压系统应按设计要求用油，并按使用说明书要求定期换油
4	电气及控制系统安全防护要求如下： （1）更换设备应有安全状态检测，处于非安全状态时设备不能自动运转。 （2）更换设备运转前应示警。 （3）更换设备的操作盘（箱）应设置在视野清晰、可观测到人、汽车及充电架的位置。 （4）所有电气装置的金属外壳、金属穿线管和设备框架等可靠接地，接地电阻不得大于4MΩ，应采用三相五线制电源，检修时也应保证接地良好。 （5）更换设备的控制电路应保证控制性能的安全可靠。 （6）任何状态下，都能通过手动控制的急停装置切断电路，使设备停止工作。 （7）急停的复位不得引发或重新启动任何危险状况
5	更换设备集成系统的设计、构成、安装、编程、操作、维护、使用、修理等阶段有关安全的要求应符合GB/T 16655《机械安全集成制造系统基本要求》的规定

五、电池更换站监控系统的技术要求

（1）监控系统一般包括供电监控系统、充电监控系统、电池箱更换监控系统和安防监控系统等。

1）供电监控系统应具备对供电状况、电能质量、开关状态、设备运行参数等进行监测和控制的功能口。

2）充电监控系统应具备对充电设备运行状态和充电过程进行监测和控制，以及事故情况下的紧急处理、数据的存储、显示和统计等功能。

3）电池箱更换监控系统应具备对电池箱充电状态、电池箱更换设备运行状态、电池箱更换过程进行监测和控制的功能。

4）安防监控系统应具有视频安防监控、入侵报警、出入口控制等功能。

（2）监控系统的实时性和可靠性应以满足现场设备的安全运行要求为原则。

（3）监控通信网络应具备良好的扩展性，新设备的接入不应造成网络性能明显下降。

（4）监控系统应具备与上级监控管理系统进行通信的功能。

（5）站内监控通信网络宜采用以太网。

（6）监控系统与站外相关系统通信宜采用专用光纤通信方式。

（7）监控系统的关键部件应采用冗余设计。

（8）监控系统与其他信息系统互联时，应采用可靠的安全隔离设施。

（9）监控系统应配备不间断电源。

六、电池更换站行车道和停车位的技术要求

（1）依据电池更换站的规模和设备的布置，行车道可采用单向或双向车道，单车道宽度不应小于3.5m，双车道宽度不应小于6m。

（2）站内的道路转弯半径按服务车型确定，且不宜小于9m。

（3）站内宜设置适当数量的临时停车位。

（4）电动汽车在进行电池箱更换时，不应妨碍其他车辆的正常通行或停放。

七、电池更换站土建工程的技术要求

（1）电池更换站应包括综合建筑、站内外行车道、临时停车场地等。应按照工艺要求和建设规模，结合地形及交通条件进行总平面布置。

（2）场地竖向布置宜采用平坡式，并保证场地排水路径顺畅。

（3）站区供水优先采用市政用水。站区污水经处理达标后排至市政管网或用于站内绿化，室外电缆沟积水就近排入站内雨水管网。

（4）采暖通风应满足电池箱充电和存储的温度控制要求。

（5）充电区域和电池箱更换区域应具备通风条件。

（6）电气照明应符合GB 50034的相关要求。

八、电池更换站安全和消防的技术要求

（1）电池更换站应符合GB 50016、GB 50140和DL/T 5027《电力设备典型消防规程》的相关要求。

（2）电池更换站与各类厂房、库房、堆场、储罐及其他民用建（构）筑物之间的防火间距应符合GB 50016中丁类厂房的规定。

（3）站内建（构）筑物和电气装置防雷要求应符合GB 50057的有关规定。

第五章
电动汽车充换电站的交流配电系统

第一节　电动汽车充换电站供电系统的配置要求和原则

一、电动汽车充换电站的供电系统配电主接线设计要求

电动汽车充换电站配电主接线的基本要求：安全，应符合国家标准有关要求，能充分保证人身和设备的安全。可靠，应符合电力负荷，特别是其中一、二级负荷对供电可靠性的要求。灵活，能适应各种不同的运行方式，便于切换操作和检修且适应负荷的发展。经济，在满足上述要求的前提下，尽量使主接线简单，投资少，运行费用低并节约电能和有色金属消耗量。

二、电动汽车充换电站的交流配电系统采用原则

电动汽车充换电站的专用供电系统专门为电动汽车充换电站提供交流电源，不接入其他无关的电力负荷。它的容量应能满足充电、照明、监控、办公用电要求；应符合常规配电系统设置，其输出为0.4kV、50Hz，宜采用三相四线制；根据充换电站的容量、规模和重要性可选择是否采用专用供电线路或两条供电线路，线路布置不应妨碍充换电站的发展和扩建。考虑电源进线方向，线路应位于充换电站偏向电源一侧。

交流配电系统主要由一次设备（包括断路器、变压器及线路等）和二次设备（包括监测、保护及控制装置等）组成。

三、电动汽车充换电站交流配电系统的供电方式

（1）交流充电桩采用低压单相220V供电方式。

（2）根据建设规模，充换电站供电方式选择如下：

1）大型充换电站采用双路10kV常供电源的高压供电方式。

2）中型充换电站采用一路10kV或0.4kV主供电源和一路0.4kV备用电源的供电方式。

3）小型充换电站采用单路0.4kV低压供电方式。

四、电动汽车充换电站交流配电系统的配电容量

（1）交流充电桩的配电容量按每个3.5kW或5kW计算。当停车场的配电设施无法满足全部用电设备的计算负荷时，应进行增容改造。

（2）充换电站的配电容量选择满足全站充电机、监控、照明和办公等用电设备的计算负荷，并留有一定的容量裕度；满足充换电站扩建、增容的要求。根据建设规模，充换电站供电系统配电容量选择如下：

1）大型充换电站配电容量选择不小于500kVA。

2）中型充换电站配电容量选择不小于100kVA。

3）小型充换电站配电容量选择小于100kVA。

五、电动汽车充换电站交流配电系统的一次配置

（1）交流充电桩。交流充电桩采用单路单相220V电缆（沟体埋设）供电，从就近的配电设施低压侧引入。

（2）大型充换电站的交流配电系统。大型充换电站设单母线分段接线，设进线柜、有源滤波无功补偿柜和出线柜，两段母线之间设分段联络柜。

大型充换电站原则上采用两路10kV电缆（沟体埋设）供电，设置2台专用配电变压器，每台变压器的容量应不小于充换电站所需的全部用电负荷。当监控、办公用电负荷较大或共用一台变压器严重影响照明质量或计算机运行时，可设置专用站用变压器，也可从就近的配电变压器低压侧引入。配电变压器采用具有良好的电气和机械性能、较高的耐热等级、良好的安全性和环保性的干式变压器。

电源采用10kV双路常供。10kV侧采用两组单母线接线方式，不设分段开关。高压柜采用真空断路器中置式开关柜或环网柜，设进线柜、计量柜、母线设备、出线柜。0.4kV侧采用单母线分段接线方式，设分段联络开关、设备采用抽屉柜，每段母线设进线柜、有源滤波无功补偿柜、出线柜，两段母线之间设分段联络柜。低压每路出线带交流计量装置。

（3）中型充换电站。中型充换电站采用两路电源（一主一备）供电。主供电源采用10kV电缆（沟体埋设）供电，或采用0.4kV低压电缆（沟体埋设）供电；备用电源采用0.4kV低压电缆（沟体埋设）供电。

主供电源采用10kV高压供电方式，设置1台专用配电变压器，电源采用10kV单路常

供，10kV侧采用单母线接线方式。高压柜采用真空断路器中置式开关柜或环网柜，设进线柜、计量柜、母线设备、出线柜。低压侧采用双路进线，单母线接线方式，设备采用抽屉柜，设主供电源进线柜（带计量）、低压备用电源进线柜（带计量）、有源滤波无功补偿柜、出线柜。主供电源和备用电源之间设联锁装置。低压每路出线带交流计量装置。

主供电源采用0.4kV低压供电方式，采用双路进线（一主一备），单母线接线方式，设备采用抽屉柜，设主供电源进线柜（带计量）、备用电源进线柜（带计量）、有源滤波无功补偿柜、出线柜。主供电源和备用电源之间设联锁装置。低压每路出线带交流计量装置。

（4）小型充换电站。小型充换电站采用单路0.4kV电缆（沟体埋设）供电，配电采用户外供电箱。

六、电动汽车充换电站交流配电系统的二次配置

对电气设备采用电力简易综合自动化监控系统，对各间隔的电流、电压、电量等电气参数做到当地显示和信息远传，可实行"三遥"功能。

七、电动汽车充换电站交流配电系统的交直流系统

（1）充电机以外的站内监控、照明和办公用电由0.4kV母线独立供电。

（2）当高压开关采用真空断路器时，配置PZ61-111B-20A/220V（110V）直流电源柜，直流系统配20Ah阀控铅酸电池。

八、电动汽车充换电站交流配电系统的安全防护及安全要求

（1）电动汽车充换电站交流配电系统的安全防护如表5-1所示。

表5-1　　　　　　　电动汽车充换电站交流配电系统的安全防护

序号	内容
1	为防止雷电或操作过电压沿电源引入线对低压配电系统产生不良影响，在主开关的电源进线侧与地端子之间装设B级防雷器，在配电母线与地端子之间装设C级防雷器
2	为防止电磁干扰对计算机等弱电设备的影响，监控电源引入线可选择装设EMI滤波装置

（2）电动汽车充换电站交流配电系统的安全要求如表5-2所示。

表5-2　　　　　电动汽车充换电站交流配电系统的安全要求

序号	内容
1	当建设场地受限时，中低压开关柜可与变压器设置在同一房间里内，变压器选用难燃型或不燃型，其外壳防护等级不应低于IP2X
2	中低压配电系统宜采用单母线或单母线分段接线，低压接地系统宜采用TN-S系统
3	低压进出线开关、分段开关宜采用断路器。来自不同电源的低压进线断路器和低压分段断路器之间应设机械闭锁和电气联锁装置，放置不同电源并联运行
4	低压进线断路器宜具有短路瞬时、短路短延时、短路长延时和接地保护功能，宜设置分励脱扣装置，不宜设置失压脱扣装置
5	非车载充电机、监控装置以及重要的用电设备宜采用放射式供电

第二节　大型电动汽车充换电站交流配电系统

一、大型电动汽车充换电站交流配电系统接线的工作原理及运行方式

电动汽车充换电站的交流配电系统为二级负荷的供电系统。本节以大型电动汽车充换电站交流配电系统接线的工作原理及运行方式为例进行讲述。

1. 交流配电系统的接线原理

为了保证更高的可靠性，提高操作的机动能力。大型电动汽车充换电站的高压配电设备通常采用成套的高压开关柜，并采用双路高压进线，其大型电动汽车充换电站交流配电系统的接线如图5-1所示。

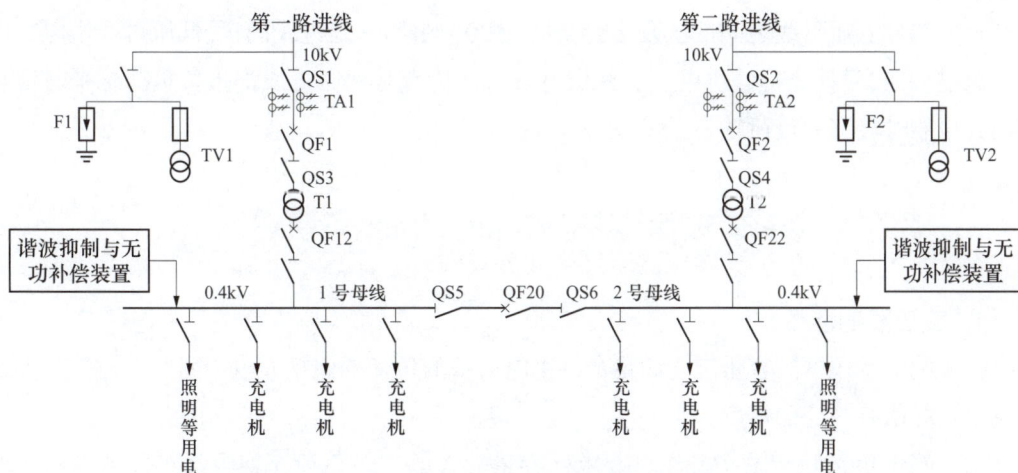

图5-1　大型电动汽车充换电站交流配电系统的接线

图中10kV高压电源设有两路进线。两路进线分别引自两个变电站或两个供电区域，以保证在大多数情况下两路市电不会同时停电。每路进线都设有进线避雷器F1及F2，以吸收雷击过电压，并设有电压互感器TV1及TV2，以便分别测量进线电压及电能计量。

各路进线分别经高压断路器QF1及QF2来操作切换，高压断路器的进出线两端设有隔离开关QS1、QS3，QS2、QS4，以保证维护高压断路器时工作人员的安全。各路进线分别设有电流互感器TA1、TA2，以便测量进线电源的电流和电能。

两路进线分别通过各自的高压断路器，接至相应的电力变压器T1、T2。电力变压器T1、T2次级低压（0.4kV）经大电流的低压断路器QF12、QF22及隔离开关分别接至1号低压母线和2号低压母线。1号、2号低压母线之间用低压断路器QF20联络。低压断路器的两侧由QS5、QS6作为隔离开关。

在1号、2号低压母线上分别装有谐波抑制与无功补偿装置，用于抑制谐波电流及对充电交流配电系统进行无功补偿。

2. 交流配电系统的运行方式

（1）主、备用工作方式。平时充换电站的全部负荷由某一路市电供电。例如将QF12及QS1、QS3闭合，而QF22分断时，全部负荷由第一路进线供电，该路市电称之为主用，而另一路进线平时只是处在备用状态。当主用的市电进线停电时，立即断开QF12、QS1、QS3，并合上QF22、QS2、QS4，此充换电站全部负荷由第二路进线供电。

这种方式的特点是：①当两路市电的电压不等时也不会互相影响。②操作过程中有短暂的停电。③操作时必须注意先断开QF12、QS1、QS3，再合上QF22、QS2、QS4，否则使两路进线通过低压联络开关QF20并联起来。第二路市电向停电的第一路线路反送电，造成设备或人身事故，故这种情况是不允许的。

（2）两路进线同时使用，各带部分负荷的工作方式。合上高压断路器QF12及QF22。断开1号、2号低压母线之间低压联络断路器QF20。由第一路进线向1号低压母线供电，由第二路进线向2号低压母线供电。这种供电方式的优点是两路进线都担负负荷，平时都在使用，事故时转移的负荷较小。

二、大型电动汽车充换电站交流配电系统的设备选择

1. 变压器的选择

（1）配电变压器的容量应能满足全部用电设备的负荷，包括充电、照明、监控、办公等用电，并留有一定的裕度。

（2）根据负荷特点及经济运行要求，容量较大的二级负荷充换电站可以装设两台变压器。

（3）装设两台变压器时，每台变压器的容量应不小于充换电站所需的用电容量，并留

有一定的裕度。

（4）在一般情况下，充换电站的照明、监控、办公等用电，宜与充电机用电共用变压器。当照明、监控、办公等用电负荷较大或采用共用变压器严重影响照明质量或计算机运行时，应采取相应措施。

（5）在多尘或有腐蚀气体严重影响变压器安全运行的场所，应选用防尘型或防腐型变压器。

2. 变压器的联结方式

（1）配电变压器宜采用Dyn11联结方式，采用Dyn11接线有利于抑制充电机的3次谐波，并且能降低电流总谐波畸变率。

（2）若配电变压器采用Yyno联结方式，应保证其由单相不平衡负荷引起的中性线电流不超过低压绕组额定电流的25%，且其一相的电流在满载时不超过额定电流值。

3. 配电容量的选择

充换电站应根据电动车辆的类型、数量、行驶里程和运营模式决定电池数量和充电机数量，并决定对配电容量的要求。单台变压器的容量需满足全部配电容量的要求。

4. 10kV高压断路器的选择

10kV高压开关柜采用中置式开关柜，内配真空断路器。若需降低造价成本，配电容量小于400kVA时可考虑选用负荷开关。

5. 交流低压配电盘设备的选择

大型电动汽车充换电站用电容量较大（大于500kVA），交流低压配电盘设备可选择GCS型低压抽出式开关柜。

三、大型电动汽车充换电站交流配电系统的继电保护

1. 继电保护装置的作用

电动汽车充换电站保护测控装置安装在10kV的高压开关柜上，当运行的变压器及低压配电部分发生故障，其故障电流达到保护定值时，保护测控装置输出跳闸指令，10kV的高压断路器在接到跳闸指令信号后，随即启动跳闸，断开故障电流，实现对变压器及低压部分的保护。

2. 继电保护装置的功能

电动汽车充换电站交流配电系统的继电保护装置具有交流遥测、遥信、积分电度、遥控、电流保护方向元件、三段式电流保护、后加速保护、反时限过电流保护、三相一次重合闸、低周低压减载、过负荷告警、零序保护、母线接地告警、TV断线告警及闭锁保护、断路器失灵告警、电流越限告警、保护电流回路异常、非电量保护等功能。

四、大型电动汽车充换电站10kV高压断路器的操作

1. 10kV高压断路器的操作原则

（1）断路器分、合操作应在后台机上进行，当后台操作失灵时方可在开关柜上进行。

（2）操作前应确定控制回路、弹簧储能回路正常，应投入的保护均已投入。

（3）断路器经检修恢复运行，操作前应确定防误闭锁装置正常。

（4）断路器的位置指示灯与实际开关位置对应。

（5）当分、合闸操作失灵时，立即断开该断路器的控制电源。

（6）操作KK把手时，用力不宜过猛，要注意位置灯的变换，操作要到位。

（7）断路器合闸或分闸后，应确定对应的位置灯、电流电压指示、后台显示正确，从而能较真实反映断路器的机构部位进行检查且指示正确。

2. 10kV高压断路器停电、停电检修及送电操作步骤

（1）停电步骤：断开10kV高压断路器，将10kV高压断路器小车开关摇至试验位置。

（2）停电检修步骤：断开10kV高压断路器，将10kV高压断路器小车开关摇至试验位置，打开前柜门，将小车开关拉至检修平台。

（3）送电步骤：将10kV高压断路器小车由隔离位置推至试验位置，关闭前柜门，将10kV高压断路器小车开关摇至运行位置，合上10kV高压断路器。

3. 10kV计量小车（电压互感器）停送电注意事项

10kV计量小车（电压互感器）推入、拉出前必须断开10kV高压断路器开关并拉至检修位置，不得擅自解除电磁锁。

五、大型电动汽车充换电站低压抽出式开关柜的操作

对于电动汽车充换电站0.4kV站用电系统，根据其充电设计容量，所采用的低压开关柜型式也有所不同。下面以GCS型低压抽出式开关柜的操作进行说明。

1. GCS型低压抽出式开关柜的装置特点

（1）所有馈线均采用抽屉式模块，每个模块均具备独立的保护、监视及操作功能，以便于检修及维护。

（2）提高转接的容量，较大幅度降低由于转接件的温升给插件、电缆头、间隔板带来的附加温升。

（3）功能单元之间、间隔之间的分隔清晰、可靠，不因某一单元的故障而影响其他单元工作，使故障局限在最小范围。

（4）母线平置式排列使装置的动、热稳定性好，能承受80/176kA短路电流的冲击。

2. GCS型低压抽出式开关柜各馈线断路器的操作方法

（1）交流充电桩馈线断路器的操作。

1）交流充电桩馈线断路器的操作把手位置状态。交流充电桩馈线断路器操作把手位置示意图如图5-2所示。在图中，交流充电桩馈线断路器操作把手共有5个位置：合闸、分闸、试验、抽出、隔离。

（a）合闸：断路器处于合闸状态。

（b）分闸：断路器处于分闸状态。

（c）试验：抽屉式模块与开关柜一次部分脱离，二次部分未脱离，可做传动试验。

（d）抽出：将抽屉式模块从开关柜内取出。

（e）隔离：抽屉式模块与开关柜一、二次部分均脱离，但不能从开关柜内取出。

2）交流充电桩馈线断路器的操作程序

（a）合闸：当馈线断路器操作把手处于分闸位置时，向内按压馈线断路器操作把手后顺时针旋转至合闸位置。

（b）分闸：当馈线断路器操作把手处于合闸位置时，向内按压馈线断路器操作把手后逆时针旋转至分闸位置。

（c）试验、抽出、隔离：当馈线断路器操作把手处于分闸位置时，逆时针旋转馈线断路器操作把手分别到达试验、抽出、隔离位置。

（2）直流充电机及动力箱、直流屏馈线断路器的操作。

1）直流充电机及动力箱、直流屏馈线断路器的操作把手位置状态。直流充电机及动力箱、直流屏馈线断路器的操作把手位置示意图如图5-3所示。在图中，直流充电机及动力箱、直流屏馈线断路器的操作把手共有5个位置：合闸、分闸、试验、抽出、隔离。

（a）合闸：断路器处于合闸状态。

（b）分闸：断路器处于分闸状态。

（c）试验：抽屉式模块与开关柜一次部分脱离，二次部分未脱离，可做传动试验。

（d）隔离：抽屉式模块与开关柜一、二次部分均脱离，但不能从开关柜内取出。

（e）抽出：将抽屉式模块从开关柜内取出。

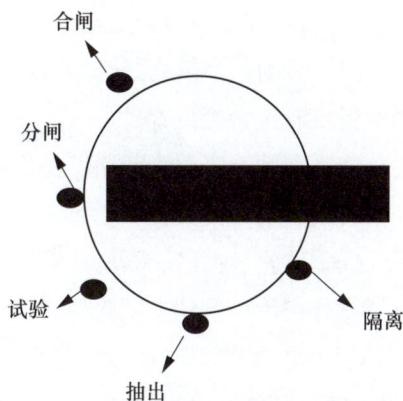

图5-2　交流充电桩馈线断路器操作把手位置示意图

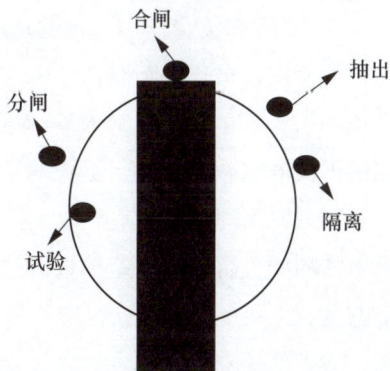

图5-3　直流充电机及动力箱、直流屏馈线断路器的操作把手位置示意图

2）直流充电机及动力箱、直流屏馈线断路器的操作程序。

（a）合闸：当馈线断路器操作把手处于分闸位置时，向内按压馈线断路器操作把手后顺时针旋转至合闸位置。

（b）分闸：当馈线断路器操作把手处于合闸位置时，向内按压馈线断路器操作把手后逆时针旋转至分闸位置。

（c）试验、抽出、隔离：当馈线断路器操作把手处于分闸位置时，逆时针旋转馈线断路器操作把手分别到达试验、抽出、隔离位置。

（3）电动汽车充换电站GCS型低压抽出式开关柜低压断路器的操作。电动汽车充换电站GCS型低压抽出式开关柜低压断路器的操作分为电动操作及手动操作，以ABB低压断路器为例。

1）低压断路器的电动操作。电动分合低压断路器时，直接通过柜体上分闸按钮、合闸按钮操作，并确定分、合闸指示灯正常及后台显示正确，机构上机械指示正确。

2）低压断路器的手动操作。当交流电源消失，机构不能正常储能时，应通过机构上手动储能手柄反复向下按压进行储能。储能正常后（储能指示灯为黄色），可手动操作断路器。手动分合低压断路器时，通过机构上的分闸按钮、合闸按钮操作。

第三节　高速公路城际快充站的交流配电系统

一、高速公路城际快充站交流配电系统电气设备的作用

1. 高速公路城际快充站交流配电的10kV高压设备的作用

（1）高压负荷开关和熔断器的作用。

1）开断和关合作用：接通、断开正常工作状态下的负荷电流，以及与高压熔断器一起配合使用，可代替断路器，由于它有一定的灭弧能力，因此可用来开断和关合负荷电流以及小于一定倍数（通常为3~4倍）的过载电流。也可以用来开断和关合比隔离开关允许容量更大的空载变压器、更长的空载线路。有时也用来开断和关合大容量的电容器组。

2）替代作用：负荷开关与限流熔断器串联组合可以代替断路器使用，即由负荷开关承担开断和关合小于一定倍数的过载电流，而由限流熔断器承担开断较大的过载电流和短路电流。

（2）变压器的作用。

1）用来将10kV的交流电压变成频率相同的0.4kV交流电压，经低压隔离开关及低压断路器接至低压母线，为充电设施提供动力电源。

2）配电变压器采用Dyn11联结方式。采用Dyn11接线有利于抑制充电机的3次谐波，并且能降低电流总谐波畸变率。

（3）避雷器的作用：10kV高压断路器出线侧设有避雷器。避雷器的作用是吸收雷击过电压，保护电气设备及人身安全。

（4）带电显示器的作用：带电显示器的作用是提示设备带电情况，防止误操作事故的发生。

2. 高速公路城际快充站交流配电的0.4kV低压设备的作用

（1）隔离开关的作用：低压断路器进线侧设有隔离开关，以便在进行低压断路器及低压设备更换或检修工作时，保证工作人员人身安全。

（2）电流互感器的作用：低压进线设有测量进线电源电流互感器，为电能计量及低压断路器过电流、短路保护提供参考模拟量。

（3）浪涌保护器的作用：在低压断路器出线与低压母线上装有浪涌保护器。浪涌保护器的作用是通过吸收操作过电压，保护电气设备及人身安全。

二、高速公路城际快充站交流配电系统的设计方案及设备选择

高速公路城际快充站交流配电系统的设计方案。

（1）供电电源接入方案。快充站采用1回10kV进线（由服务区专用线路就近接入），电缆型号采用ZC-YJV22-8.7/15-3×70mm^2。

（2）电气连接方案。10kV、0.4kV侧均采用单母线接线。0.4kV低压系统采用TN-S系统。中性点采用直接接地运行方式。

（3）短路电流控制水平：10kV、380V短路电流水平宜分别按25kA、50kA考虑。

（4）10kV进线开关的选择。

1）10kV进线开关采用负荷开关配熔断器。

2）10kV进线开关符合"五防要求"。

（5）0.4kV断路器的选择。

1）低压断路器：采用框架、塑壳断路器。

2）总断路器选择智能脱扣、无触点、连续可调、数显型。馈线断路器脱扣器选用电子脱扣器等装置，均不设失压保护。

3）断路器长延时保护：总断路器长延时脱扣宜按变压器额定电流整定。馈线断路器长延时脱扣可按电缆长期允许电流和上下配合要求进行调整。

第四节 电动汽车充换电站对供电系统的影响及其防范措施

一、电动汽车充换电站对供电系统的谐波影响及治理

1. 电动汽车充换电站对供电系统的谐波冲击

将2个或2个以上频率或整数倍的正弦波叠加起来（每个瞬时值逐步相加），就得到一个周期性的非正弦波。反之，一个周期性的非正弦波可以分解为本身频率相同的基波分量，以及频率是基波频率3倍的3次谐波和基波频率5倍的5次谐波等。人们常把除基波以外的其他谐波分量称作高次谐波。电动汽车充电机属于非线性设备，会产生谐波电流注入公用电网，影响电网电能质量，因此需要采取措施抑制其谐波电流注入供电系统，以改善电能质量，降低电能损耗，保证电网的安全、经济运行。高次谐波对供电系统的危害如下：

（1）危害电容器。

1）高次谐波会加速电容器绝缘老化，导致介质损失增加，谐波会使电容器过电流，在谐振情况下，电容器严重过电流会造成爆炸。

2）容易使电网与用于补偿电网无功功率的并联电容器发生局部并联或串联谐振，造成过电压或过电流，甚至引起严重事故。

（2）影响电能计量。由于传统的测量表计是以固定频率50～60Hz标准标定的，对频率的变化检测不精确。当电网中存在较严重的5次谐波时，电能表负误差在6%～8%，11次谐波时电能表负误差在10%左右。

（3）谐波增大电力系统的电能损耗。

1）当3次谐波电流流过三相四线配电系统的中性线时，会使中性线的导线过载、发热。同时，中性线与相线之间的电压发生变化，大量的3次谐波电流流过中性线会导致中性线过热甚至发生火灾，从而增大电力系统的电能损耗。

2）使电网中的元件产生附加的谐波损耗，如引起电动机附加损耗、发热增加，使其过载能力、使用寿命和效率降低，产生脉动转矩。另外降低了发电、输电及用电设备的效率。

（4）谐波对通信线路产生干扰。对临近的通信系统产生干扰，轻者产生噪声，降低通信质量，重者导致信息丢失，使通信系统无法正常工作。

（5）谐波会影响晶闸管设备的稳定运行。

（6）当谐波电流流过三角形连接的供电变压器时，谐波电流会在三角形内部循环流

动，导致导线过热。

（7）由于谐波电流和谐波电压的存在，过电流、过电压和欠电压等保护装置会产生错误报警，甚至跳闸。

（8）谐波电流在输电线路上的压降会使用户端的电压波形产生严重的畸变，影响电气设备正常工作。谐波使电容器、电缆等设备过热、绝缘老化、寿命缩短，甚至损坏。

2. 电动汽车充换电站对供电系统的谐波冲击因素

（1）电动汽车充换电站对供电系统高压侧电压等级的影响。注入公共连接点的谐波电流允许值规定如表5-3所示。

表5-3　　　　　　　　　注入公共连接点的谐波电流允许值

标称电压（kV）	基准短路容量（MVA）	谐波次数及谐波电流允许值（A）																	
		2	3	4	5	6	7	8	9	10	11	12	13	14	15	16	17	18	19	20
10	100	25	20	13	20	8.5	15	6.4	6.8	5.1	9.3	4.3	7.9	3.7	4.1	3.2	6.0	2.8	5.4	2.6
35	250	15	12	7.7	12	5.1	8.8	3.8	4.1	3.1	5.6	2.6	4.7	2.2	2.5	1.9	3.6	1.7	3.2	1.5

从表5-3中得知，在相同条件下，充换电站由低一级的电压等级的电源供电，更能使更多的充电机注入公共连接点的谐波电流允许值达到国家标准的要求。

（2）电动汽车充换电站供电系统高压侧线路长度对谐波的影响。变压器高压侧供电线路的长度也是电动汽车充换电站对供电系统的谐波冲击因素之一。这是由于上级电源供电线路本身有阻抗，在上级电源电压一定时，谐波电流与阻抗成反比，但是，供电线路本身有压降，供电线路长则线路阻抗大，其电压畸变也大。反之亦然。因此，由供电线路较长换来的各次谐波电流的减小幅度不大，却造成了电压的降落和电压的畸变。而由较近的上级电源供电，则使电动汽车充换电站供电电源质量更高，所得的经济效益更高。

（3）电动汽车充换电站充电机台数对谐波的影响。随着电动汽车充换电站充电机台数的增加，谐波电流的有效值也有所增加，但并不是各台充电机产生的谐波电流代数之和。这是因为当充电机台数增加时，允电机彼此之间存在着谐波电流相互抵消的现象。

（4）相控型晶闸管充电机整流电路对谐波的影响。由于相控型晶闸管充电机整流变压器接线组别选择不合理，整流相数少，触发系统工作不可靠，滤波措施不完善等因素，都将使相控型晶闸管充电机的高次谐波超过规定值，给供电系统造成谐波冲击。

（5）电动汽车充换电站运行及检修对谐波的影响。

1）变压器或整流模块的故障及检修。由于12脉波整流装置是由2组6脉波整流装置通过变压器的不同绕组接线构成，当单组整流装置模块或单台变压器处于故障及检修时，整流装置的工作状况将发生变化，从而使特征谐波的次数降低，造成特征谐波电流含有量上升和电流总谐波畸变率升高。鉴于此，对属于二级电力用户和容量较大的充换电站，建议采用整流变压器。对属于三级电力用户的充换电站，考虑到配电变压器制造技术已趋于成熟，且运行稳定可靠，出现故障的概率很低，可安排计划检修每年1次，并在夜间进行。也可采用2台绕组接线形式分别为Dyn11和Yyn0的配电变压器。

2）换相缺口产生的高频振荡。当交流电源侧的短路容量与整流装置容量之比在20以上时，还可能出现电压波形的换相缺口现象，从而产生多个高频率谐波，易引发高频振荡。每次换相均发生2次短路和断开，换相缺口可以分解为多次谐波分量，虽然每个谐波分量较小，且谐波频率在29~43频段，但其谐波合成值可能较大。

3）电源系统对称性。在电动汽车充换电站，整流装置安装在低压母线侧，若电源侧不对称或各相低压负荷不平衡，会造成低压三相电压不平衡，从而导致三相电压在过零点时比预期值超前或滞后，使整流桥各臂的延迟角出现偏差，还将造成整流导通角对正常导通角的偏差。三相电压不平衡主要产生3倍的非特征谐波电流，因此在工程设计中，要尽量做到低压配电系统三相平衡。

4）变压器阻抗不平衡。整流变压器三相阻抗在制造工艺上总会存在一定程度的偏差，使换相阻抗不平衡，导致整流装置各臂的导通和截止过程中的换相角度出现差异，产生3倍的非特征谐波电流。为尽量减小谐波电流值，应对变压器的各相阻抗偏差值提出严格要求。

3. 电动汽车充换电站对供电系统谐波治理措施

（1）合理增大单台充电机的滤波电感值。合理增大充电机的滤波电感值，可降低充电机的电流畸变率，该方法简便、实用。但滤波电感值增大，功率损耗也会增加，同时充电机制造成本增加，体积增大。

（2）减小充电机功率变换单元等效电阻。根据充电机直流输出参数，选择功率变换单元的结构，降低功率变换单元的等效电阻，抑制充电机的电流畸变率。

（3）采用功率因数校正技术。在充电机的前端采用升压型有源功率因数校正装置，也是提高功率因数、降低谐波含量的有效手段之一。

功率因数校正装置分为有源和无源2种类型。无源装置的优点是简单、无须控制，而缺点是体积较大，且功率因数仅能校正至0.8左右，谐波含量仅能降低至50%左右，效果不甚理想。有源装置能将功率因数校正至0.995，谐波含量能降低至5%以下，效果理想，但缺点是成本较高，其价格一般比无源装置高30%~40%。

（4）增大电动汽车充换电站的充电机整流装置的脉波数。采用6脉波整流时的电流总谐波畸变率为30%，采用6脉波整流并配置5次及以上滤波器时的电流总谐波畸变率为9%。采用12脉波整流时的电流总谐波畸变率为10%，采用12脉波整流并配置11次及以上滤波器时的电流总谐波畸变率为5%。由此可见，采用12脉波整流并配置滤波装置抑制谐波的作用非常明显。因此，在电动汽车充换电站采用12脉波整流并配置滤波器的方案可以有效减少整流装置产生的特征谐波，降低谐波含有率，从而降低谐波总畸变率。

（5）电动汽车充换电站安装电力有源、无源滤波器降低谐波电流。无源滤波器运行稳定可靠，结构简单，价格便宜，但其滤波效果易受温度、频率、滤波电容及电抗制造偏差等因素影响。有源滤波器瞬时产生与谐波电流大小相等且方向相反的电流以中和谐波电流。

（6）抑制相控型晶闸管充电设备产生的高次谐波的措施。抑制相控型晶闸管充电设备产生的高次谐波的方法如下：

1）整流变压器采用Yd或Dy接线组别抑制3次谐波。

2）增加整流脉冲相数。整流的相数越多，整流后直流电压的纹波系数越小，高次谐波的含量也就越小。

3）采用性能良好、运行可靠的触发系统。触发系统工作不可靠，运行中的晶闸管丢失触发脉冲以后不能导通，会使纹波系数变大，影响整流电源质量。

4）采用滤波措施，用电容、电感构成的Γ型滤波电路，抑制高次谐波。

5）大容量的晶闸管设备采用调谐滤波器，带移相绕组的整流变压器等抑制高次谐波。

（7）电动汽车充换电站的供电系统应由容量较大的系统供电，当系统容量增大时，无论是从谐波源还是从低压母线侧看出去，其等值阻抗值均降低，整流装置产生的谐波在变压器高、低压侧的电压畸变率均降低，同时系统谐振点向频率更高的方向移动。

（8）充换电站供配电系统的用户级别及接线方式。充换电换站的服务对象是具有非车载充电机的电动汽车，按照充换电站在经济社会中占有的重要程度，可划分为2类性质的电力用户，即二级电力用户和三级电力用户。二级电力用户的充换电站宜由2回路高压供电电源供电，2回路高压供电电源宜引自不同的变电站，也可引自同一变电站的不同母线段。三级电力用户的充换电站由单回路供电电源供电，中压系统宜采用单母线接线或单母线分段接线，低压系统宜采用单母线或单母线分段接线。

为减小谐波电流对电网的影响，充换电站内的充电装置具有不同相位的2路或多路交流输入进线，应均匀接入充电机高频开关电源模块上，以实现12脉或以上脉波整流。

（9）电动汽车充换电站谐波消除的目标值。电动汽车充换电站谐波监测点为充电设施接入点，谐波消除考核标准应依据GB/T 14549及GB/Z 17625.6的规定。

4．电动汽车充换电站抑制谐波的滤波器装置

（1）电动汽车充换电站电力无源、有源滤波器的功能特性。

1）电力无源滤波器的功能特性。传统的谐波抑制和无功补偿的方法是将电力无源滤波器与需补偿的非线性负荷并联，为谐波提供一个低阻通路的同时也提供负荷所需的无功功率。电力无源滤波器具有结构简单，使用方便，技术成熟以及成本低等优点。同时，它的缺点也很明显：①它的补偿特性受电网及负荷影响较大，其滤波效果依赖于电网和负荷的参数，滤波特性较差。②给电网带来一定隐患，可能发生电网与滤波器间的串、并联谐振。③只能补偿固定的无功功率，对变化的无功功率不能进行精确补偿，不能对谐波和无功功率实现动态补偿。④所需储能元件的体积较大。

2）电力有源滤波器的功能特性。电力有源滤波器是一种向系统电网注入补偿谐波电流，以抵消负荷所产生的谐波电流的主动式滤波装置。由于采用高可控性和快速响应性的半导体器件，因而采用电力有源滤波器不仅可大大减小占地面积，而且无过负荷问题，不受系统运行方式影响。从功率角度讲可以将电力有源滤波器看作一种为负荷提供谐波功率流动通路的装置，理想情况下它本身并不消耗功率，因此其运行效率远高于串联LC型滤波器。电力有源滤波器具有以下优点：

（a）该装置对系统来说，是一个谐波电流源，它的接入对系统阻抗不会产生影响，因此没有谐波放大的危险。

（b）系统结构发生变化时，装置不存在产生谐振的危险，其补偿高次谐波的性能仍然不变。

（c）当系统谐波电流增大时，本装置不会过负荷。当系统谐波电流超过装置补偿能力时，装置仍可发挥最大的补偿功能，不必断开设备。

（d）补偿方式灵活，可根据不同的需要实现不同的补偿目的。如单纯的无功补偿，提高功率因数，节约能源。单纯的谐波抑制，补偿多次谐波，减少谐波损耗，综合谐波抑制和无功补偿。

（2）电力有源滤波器工作原理。随着电力电子技术的发展，电力半导体器件成本的降低和工艺的进步，使采用电力有源滤波器补偿谐波成为可能。电力有源滤波器是基于电压源变流器（VSC）的一种新型谐波补偿电力电子装置。电力有源滤波器是采用现代电力电子技术和基于高速数字信号处理器的数字信号处理技术制成的新型电力谐波治理专用设备。它由指令电流运算电路和补偿电流发生电路2个主要部分组成。指令电流运算电路实时监视线路中的电流，并将模拟电流信号转换为数字信号送入高速数字信号处理器对信号进行处理，将谐波与基波分离，并以脉宽调制（PWM）信号形式向补偿电流发生电路送出驱动脉冲，驱动IGBT或IPM功率模块，将生成与电网谐波电流幅值相等、极性相反的补偿电流注入电网，对谐波电流进行补偿或抵消，主动消除电力谐波。

电力有源滤波器系统原理应用效果如图5-4所示。图中，电力有源滤波器与负荷并联于供电系统电网中，通过实时检测出非线性负荷电流中需要补偿的基波无功电流及谐波电流，快速产生一个与该电流大小相等而极性相反的补偿电流，可有效抑制负荷谐波，提高功率因数，改善电网供电质量，降低电能损耗。

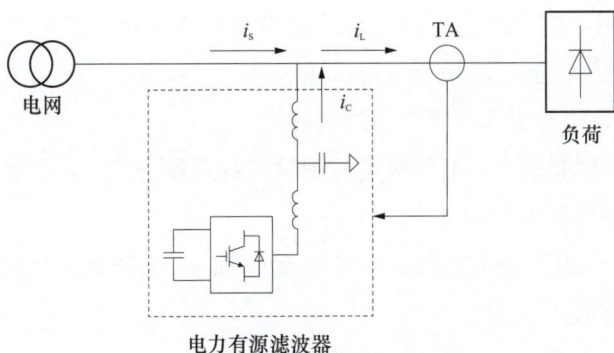

图5-4 电力有源滤波器系统原理图应用效果

当电动汽车充换电站供电系统采用电力有源滤波器时，它能将2～50次谐波有效地抑制。可根据电网的情况调整电压与电流波形的相位角，修正电流波形，提高功率因数，有效地抑制谐波干扰。电力有源滤波器除了滤除谐波外，同时还可以动态补偿无功功率，其优点是反映动作迅速，滤除谐波可达到95%以上。未采用电力有源滤波器补偿前的供电系统的电流波形示意图如图5-5所示。采用电力有源滤波器补偿后的供电系统的电流波形示意图如图5-6所示。

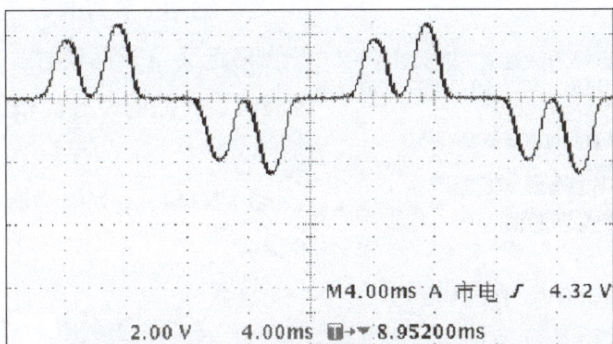

图5-5 未采用电力有源滤波器补偿前的供电系统的电流波形示意图

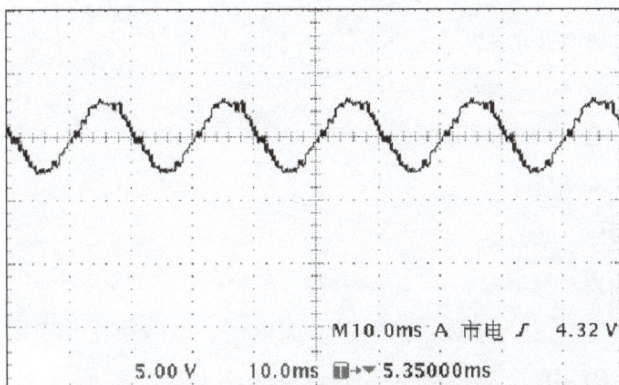

图5-6 采用电力有源滤波器补偿后的供电系统的电流波形示意图

（3）目前，应用于电动汽车充换电站的电力有源滤波器装置产品型号较多，下面以XJAPF系列电力有源滤波器产品为例进行讲述。

1）XJAPF系列电力有源滤波器产品的功能特点。

（a）基于全数字控制技术，有效避免控制器参数漂移。采用先进的高精度控制算法，保证了良好的稳态补偿效果。

（b）技术先进。采用软锁相环技术、瞬时无功功率检测技术、全数字化矢量控制技术等国际领先的控制技术。

（c）输出采用LCL滤波器，能够有效滤除断路器纹波，防止电力有源滤波器对电网产生高频干扰。无须现场检测谐波参数，即装即用，能够对电网环境进行自适应，不与系统发生谐振，运行安全可靠。

（d）补偿功能强大，可选择单独补偿谐波、单独补偿无功、谐波与无功综合补偿功能。适合快速变化的负荷情况，动态响应时间小于10ms。

（e）模块化设计，容量扩展方便，可多柜并联运行，便于调试维护。

（f）保护可靠，具有交流过、欠电压，输出过电流，直流过、欠电压，逆变器短路、过热，断路器拒动，定值设置错误等保护。

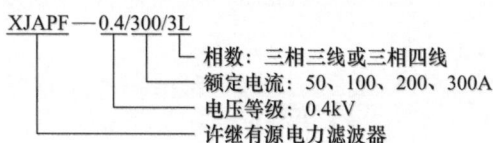

XJAPF—0.4/300/3L
　　相数：三相三线或三相四线
　　额定电流：50、100、200、300A
　　电压等级：0.4kV
　　许继有源电力滤波器

图5-7　XJAPF系列电力有源滤波器产品的型号规格定义示意图

2）XJAPF系列电力有源滤波器产品的型号规格定义及产品实样。XJAPF系列电力有源滤波器产品的型号规格定义示意图如图5-7所示。

3）XJAPF系列电力有源滤波器产品的技术指标。

（a）工作电压：380V（1±20%）。

（b）工作频率：（50±0.5）Hz。

（c）输出电流：50～300A。

（d）补偿谐波频率：2～50Hz（取决于谐波源负荷的特征谐波）。

（e）响应时间：小于10ms。

（f）运行效率：大于等于98%。

（g）运行方式：单机或多机并联运行。

（h）冷却方式：强制风冷。

（i）10s过荷能力：150%。

（j）长期过荷能力：110%。

（k）装置保护：过电流，过热，电网过、欠电压，电网缺相。

（l）通信接口：RS-485，支持MODBUS通信协议。

（m）防护等级：IP32。

二、电动汽车集群充电对供电系统的影响

（1）电动汽车充电给供电系统带来的负荷影响。随着电动汽车数量增加，其作为用电负荷的影响将日益增大，电动车充电负荷将在电网总负荷中占很大的比例，因此电动汽车集群充电对供电系统带来的影响是不可忽略的。现在我们在试运行的过程中，可以看到很小的一点负荷对供电系统的影响是不大的，以后随着几十万、上百万台车同时大规模无序充电，将对供电系统带来不可忽略的负荷影响。

（2）电动汽车充电对电力系统电流需求的冲击影响。当电动汽车集群在用电高峰快速短时充电时，由于负荷变化太快，冲击电流将对电网电压、频率造成影响。

（3）电动汽车集群充电将考验电网装机容量和电网输配电能力。电动汽车集群充电会增加电网压力，考验电网相应的发电装机容量和电网输配电能力，如果得不到有效控制，将会出现"峰上加峰"，增加了电网调峰难度，增大了输配电网建设的压力，降低了发电机组和电网的运行效率。

（4）电动汽车集群在非低谷时充电对电网的影响。如果现存的电力系统已经充分利用，则电动汽车在非低谷时充电，额外的电流需求就不可避免地使系统过负荷。否则，就需要发电厂和输配电网提供额外的电流需求。

三、电动汽车充换电站对供电系统的影响及防范措施

（1）充换电站的设置应充分考虑本区域的输配电网现状，电动汽车充换电站运营时需要大功率的电力供应支撑，在进行充换电站布局规划时，应与电力供应部门协调，将充换电站建设规划纳入城市电网规划中。城市电网规划是城市电网发展和改造的总体计划。将充换电站的布局规划归入城市电网规划中，可以提高充换电站电能供应的安全性和稳定性，为充换电站运营提供可靠的电力供应保障。

（2）建立科学的电动汽车充电模式，合理利用电网资源。电动汽车充电设施的快速发展，将使供电公司的售电市场格局、营销模式发生重大改变，传统的经营管理体制和机制面临新的深刻变革。发展智能电网的一个重要原因，就是支持与用户的互动，适应电动汽车发展的需要。将来电动汽车充电负荷可能要在电网总负荷中占很大的比例，而电动汽车对什么时候充电的要求并不是很严格，因此是一种时间上可平移的负荷，这对电网来说是一笔巨大的功率平衡资源。电网电能通过初级一次侧充电机向再生电池进行储能充电，由于储能充电时没有时间要求，因而可用小电流慢速充电，充电电流可根据电池电量自动安排充电时间，最大程度使用夜间低谷电能。当需要为电动汽车充电时，根据电动汽车允许的最大充电电流和电压，通过次级二次侧快速充电机向电动汽车进行快速充电，由于充电过程是储能电池向电动汽车"倒电"，而不是直接取自电网，因而对电网没有任何干扰。

通过安装智能电能表，实行实时电价，合理调整电动汽车充电时间，将显著减少峰谷负荷差，提高电网容量利用率。此外，还可以很好地补偿可再生发电的间歇性，减少对系统备用容量的需求。目前我国大部分城市都存在夜间峰谷巨大的落差，通过夜间对充换电站供电，不仅对电网起到削峰平谷的作用，夜间低廉的电价优势还可给充换电站带来巨大的经济利益。因此，供电企业要清醒地认识到，拥有大量电池的电动汽车充换电站，在夜间峰谷时段，以低廉的电价将电买来存到电池里，白天再以较高的价格卖给电动汽车车主，实际上起到了一个电力零售商的角色，这必将使公司的售电市场格局、营销模式发生重大变化，传统的经营管理体制和机制也将面临新的变革。

（3）发展配电网智能化领域的科技创新，消除电动汽车充电设备对供电系统的影响。为适应电动汽车快速发展，配电网智能化领域的科技创新亟待加强，一些关键技术和设备研制需要加快进度，尽快实现突破。电动汽车充电设备是一种非线性负荷，工作时产生的谐波电流很高，谐波注入电网会造成电能质量降低等负面影响。在充换电站快速短时充电时，由于负荷变化太快，冲击电压也可能对电网造成影响。因此，发展柔性输电技术，消除电流谐波，实现了动态补偿，保证电网洁净，是当下配网科技领域的一大趋势。

（4）正确引导电动汽车进行有序充电，保证电动汽车与电网协调发展。如果在满足电动汽车使用需求的前提下，通过有效的技术经济手段引导电动汽车进行有序充电，避开电网负荷的高峰时段，合理分散电动汽车的充电功率，就会减少对电网的负荷冲击，并极大地减少不必要的发电装机与电网建设，保证电动汽车与电网协调发展。

（5）建设智能电网，通过电动汽车集群充、放电调节电网负荷。电动汽车通过智能电网实现电动汽车有序充电，平衡充电负荷，降低充电基础设施的投入，通过分时电价等政策降低电动汽车使用者的使用费用。

电动汽车作为分布式的储能单元，可有效降低电网的峰谷电差，这是智能电网和用户双向互动的典型体现。电动汽车可以理解为智能电网的一个分布式储能设备，需要充电时，电能从电网流向电动汽车。暂停使用时，车主可以把电动汽车中的电能返销给电网。

电动汽车在负荷高峰时段放电，参与电网调峰。电动汽车在负荷低谷时段充电，达到填谷的目的。当然，少量电动汽车远远无法满足电网削峰填谷的需要，而大规模电动汽车集中充、放电又会对电网造成一定的影响。但通过政策、价格机制和技术手段，可以有效解决上述问题，实现电动汽车有序充、放电，达到通过电动汽车充、放电调节负荷的目的。

第六章
电动汽车充换电站的直流系统

第一节　电动汽车充换电站直流系统的接线

　　电动汽车充换电站直流系统的接线一般为单母线分段接线或单母线接线，通常设一组电池、一套充电装置。电动汽车充换电站单母线分段接线直流系统接线原理图如图6-1所示；电动汽车充换电站单母线接线直流系统接线原理图如图6-2所示。

　　在图6-1中，充电装置和电池接入同一段母线，正常运行时分段开关在合闸状态，电池与充电装置并联工作，可靠性高。当接有电池的母线停电（检修或故障），电池退出，此时带充电装置的一段母线仍可工作，但对一般负荷短时供电是可以的，对冲击负荷则不允许。当接有充电装置的母线停电时，由电池通过另一段母线仍可保证对负荷的供电，此时电池得不到浮充电，处于放电状态，时间长了也不允许。两组母线共享一套绝缘监察和电压监视装置。充电装置模块采用$N+1$配置（N为模块计算数）。

　　在图6-2中，充电装置和电池接在同一母线上。母线上只装设一套绝缘监察和电压监视装置（经切换开关接入）。充电装置模块采用$N+1$配置。

　　直流馈线宜采用分区辐射

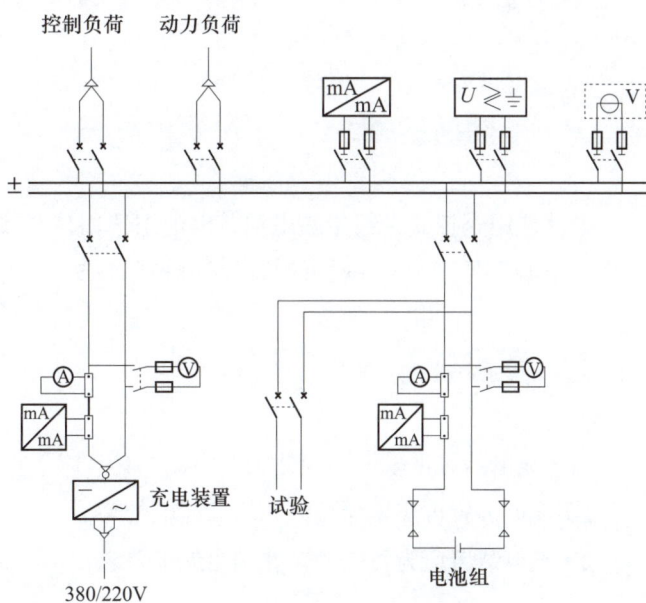

图6-1　电动汽车充换电站单母线分段接线直流系统接线原理图

供电或集中辐射供电方式，事故照明、交流不停电电源设备、合闸电源、通信系统备用电源等应设置专用馈线。控制、信号和保护设备应分别设置独立的专用馈线。重要回路应设置双回馈线并接自不同的直流母线上。

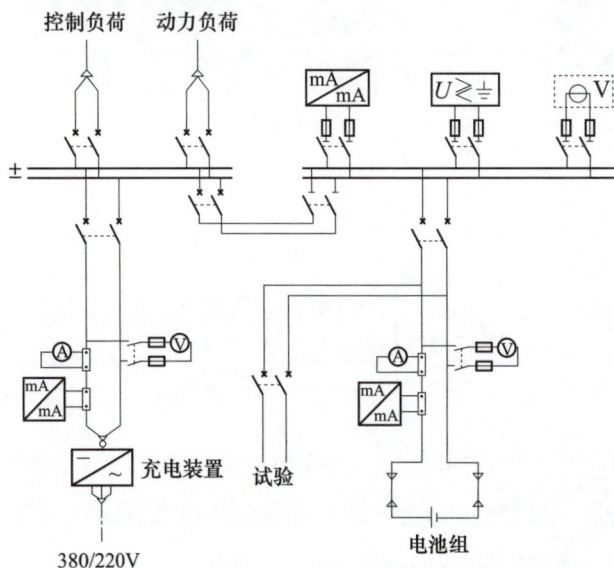

图6-2 电动汽车充换电站单母线接线直流系统接线原理图

第二节 电动汽车充换电站直流系统的设备选择

一、电池的选择

电池选用阀控式密封铅酸电池，电池组选用17节12V阀控式密封铅酸电池组，电池组容量可根据需要选配，一般可配置为40Ah或者65Ah。电池组电压采用220V。

二、充电装置选择

（1）充电装置可采用高频开关电源，并具有以下功能：

1）充电装置可实现浮充电和均衡充电的功能。

2）充电装置应为智能型，并满足如下要求：

（a）采用微机技术，具备自控调节功能，能自动均充、浮充及其运行工况相互转换，有符合要求的稳流、稳压精度。

（b）具备自动调压功能，确保母线电压稳定在规定范围值内。

（c）有完善的过电流、过电压等保护措施，具备装置运行状态及故障报警监视功能和温度、电池电压、绝缘状态等监测查询及告警功能。

（d）能友好人机对话，定值整定修改，故障记录打印等。

（e）具有与监控系统通信的接口。直流系统的主要参数和状态、告警信号，可传送到调度控制中心。

（2）其他直流设备的选择。直流操作和保护装置，可选用隔离开关和带信号触点的熔断器，也可选用带辅助触点的自动开关。

为了缩短查找接地故障的时间，直流系统宜采用功能完善、性能优良、整定维护方便的直流接地检测装置。

三、电动汽车充换电站直流系统的"三遥"功能

由于电动汽车充换电站选用的充电机及直流系统的辅助装置均有较高的自动化程度，从而保证了远方操作、监控及测量要求。

（1）遥测。电动汽车充换电站直流系统遥测是指直流母线电压、充电机输出电压及输出电流的远方测量监控。

电动汽车充换电站直流系统的合闸母线电压，控制母线电压，充电机输出电压、电流，电池电流均可根据要求通过电流、电压变送器传送给远动终端装置。

（2）遥信。电动汽车充换电站直流系统必须有足够的设备信号供调度中心判断，才能保证设备健康稳定地工作，这些遥测信号分别是：

1）充电机运行状态信号和故障信号。运行状态信号有均充信号、浮充信号、停运信号；故障信号有过电流信号、交流故障信号、装置故障信号、输出电压异常信号等。

2）馈线及电池保险熔断信号，直流母线电压异常信号。

3）电池异常信号（单体电池异常、温度异常等）。

4）绝缘监察信号。

（3）遥控。电动汽车充换电站直流系统遥控是指通过调度中心能对充电机进行投、切、均充、浮充操作。当然，充电机均充电压、电流、时间、浮充电压等均是设定好的，有关参数视具体设计而定。

第三节　电动汽车充换电站直流系统的运行与维护

一、阀控式密封铅酸电池直流系统的运行管理

（1）阀控式密封铅酸电池直流系统设备运行维护工作的职责范围是按设备管理权限划分。

（2）电动汽车充换电站主管单位每年应对所辖充换电站直流电源系统进行检查评价，落实直流电源系统设备缺陷，综合分析直流电源系统存在的问题，正确做出设备状态评估，提出技术改造和检修意见。

（3）现场运行规程中应有直流电源系统运行维护和事故处理等有关内容，并应符合本站直流电源系统实际情况。

（4）电动汽车充换电站应有直流系统维护管理制度。

（5）对直流系统进行定期维护工作应纳入年度、月度工作计划。

（6）电动汽车充换电站运维人员对发现的直流系统缺陷，应按维护管理职责和权限及时处理和上报。

（7）直流熔断器和直流断路器应采用质量合格的产品，其熔断体或定值应按有关规定分级配置和整定，并定期进行核对，防止因其不正确动作而扩大事故。

（8）直流电源系统同一条支路中熔断器与直流断路器不应混用，尤其不应在直流断路器的上级使用熔断器，防止在回路故障时失去动作选择性。同时严禁直流回路使用交流空气断路器。

二、阀控式密封铅酸电池直流系统的日常巡视与检查

（1）日常巡视与检查的要求。

1）日常巡视与检查的方式。电动汽车充换电站直流电源系统日常巡视与检查的管理模式，通常采用电动汽车充换电站运维人员日常巡视与直流专业人员定期检查相结合的方式，即充换电站运维人员在日常巡视过程中的运行检查与直流专业检修维护人员在月度或年度例行检查相结合的方式。由于电动汽车充换电站运维人员与直流专业检修维护人员的工作职责范围不同，充换电站运维人员对直流系统的日常巡视不能代替直流专业检修维护人员的定期例行检查。

2）日常巡视与检查的范围。电动汽车充换电站直流电源系统日常巡视与检查的范围包括充电装置、电池组、微机监控装置、绝缘监察装置、馈电屏、电池通风、调温和照明

情况等。

3）日常巡视与检查的周期。

（a）电动汽车充换电站运维人员日常巡视与检查的周期由电动汽车充换电站运行值班人员负责，结合充换电站设备日常巡视情况，每天对直流电源系统进行日常的例行检查。

（b）直流专业检修维护人员日常巡视与检查的周期由直流专业检修维护人员负责，对充换电站直流电源系统进行定期检查。

（c）电动汽车充换电站直流电源系统日常巡视与检查的周期：电动汽车充换电站运维人员每天应对电动汽车充换电站直流电源系统进行一次巡视与检查，并做好巡视记录，发现异常及时向相关管理部门汇报。直流专业检修维护人员4～6个月对电动汽车充换电站直流电源系统进行一次定期例行检查，检查的结果应做好详细记录。对直流系统发现的问题应及时处理，并将处理结果按相关规定要求在充换电站检修记录上进行登记，对于日常定期检查中不能及时处理完的设备异常及缺陷，直流专业检修维护人员应该根据情况对直流设备进行检修。

（2）日常巡视与检查的项目。

1）电动汽车充换电站运维人员日常检查项目表如表6-1所示。

表6-1　　　　　　　　电动汽车充换电站运维人员日常检查项目表

检查类别	检查项目	检查方式
充电装置检查	充电装置交流输入电压检查	异常检查
	充电装置直流输出电压、电流检查	异常检查
	充电装置模块运行工况检查	异常检查
	电池输出电压、电流检查	异常检查
	装置中所有熔断器检查	异常检查
电池检查	外观（极柱腐蚀、外壳变形、漏液、安全阀等）检查	异常检查
	单体电池端电压测量	每月现场实测1次
	电池组总电压测量	每月现场实测1次
微机监控装置检查	装置运行状况检查	运行正常、无报警信号
	直流母线电压检查	现场查看微机监控装置
	通信检查	异常检查
遥测、遥信功能检查	遥测功能检查	结合日常遥测检查
	遥信功能检查	结合日常遥信检查
绝缘监察装置检查	装置运行状况检查	运行正常、无报警信号
馈电屏（含分电屏）检查	屏上指示灯检查	异常检查
	直流断路器检查	异常检查
电池环境检查	电池环境检查	温度、通风、照明检查

2）为了保证电动汽车充换电站直流电源系统可靠运行，直流专业检修维护人员应定期对充换电站直流电源系统设备进行检查维护。直流专业检修维护人员对电动汽车充换电站直流电源系统设备定期检查项目表如表6-2所示。

表6-2　直流专业检修维护人员对电动汽车充换电站直流电源系统设备
定期检查项目表

检查类别	检查项目	检查方式
充电装置检查	充电装置交流输入电压检查	万用表测量
	充电装置直流输出电压、电流检查	万用表测量
	充电装置模块运行工况检查	现场检查
	电池输出电压、电流检查	万用表测量
	交流切换检查	交流切换试验
电池检查	外观检查及维护（电池定期清洁，极柱螺栓紧固检查，极柱腐蚀、外壳变形、漏液、安全阀等检查及处理）	电池的清洁、维护、异常处理检查
	单体电池端电压测量	万用表测量
	电池组总电压测量	万用表测量
微机监控装置检查	参数设置检查	查看参数设置信息
	运行显示值检查	现场测量
遥测、遥信功能检查	遥测功能检查	直流电源系统由浮充改为均充状态，检测遥测值和实际值相符
	遥信功能检查	模拟直流接地、模块故障等报警信号，检查后台机报出相应信号和模拟信号相符
绝缘监察装置检查	参数设置检查	查看参数设置信息
	运行显示值检查	现场测量并查看显示信息
	模拟直流接地报警信号检查	查看相关信息
馈电屏（含分电屏）检查	屏上指示灯检查	异常检查
	直流断路器位置检查	异常检查
	直流馈线运行方式检查	异常检查
电池环境检查	环境检查	温度、通风、照明检查

（3）阀控式铅酸电池直流设备的巡视与检查记录。

1）电动汽车充换电站运维人员对每次日常巡视与检查的结果应做好详细记录，对直流系统发现的问题应及时向直流设备维护部门及有关管理部门汇报。电动汽车充换电站直流电源系统日常检查记录表如表6-3所示。

表6-3 电动汽车充换电站直流电源系统日常检查记录表

检查类别	检查项目	检查要求	检查结果	备注
充电装置检查	充电装置交流输入电压检查	无异常		
	充电装置交流输出电压、电流检查	无异常		
	充电装置模块运行工况检查	外观清洁、无破损，运行状态及指示灯正常		
	电池输出电压和电流检查	无异常		
	装置中所有保护电器检查	无异常		
电池检查	外观检查	极柱螺栓、连接（线）条无松动、无腐蚀现象；壳体无鼓胀变形，无漏液现象；电池的壳体、接头无发热现象		
	单体电池端电压测量	万用表测量，读数正常（每月普测1次）		
	电池组总电压测量	正常		
微机监控装置检查	装置运行状况检查	正常、无报警		
	直流母线电压检查	显示正常		
	通信检查	无异常		
遥测、遥信功能检查	遥测功能检查	结合日常遥测检查正常		
	遥信功能检查	结合日常监测检查正常		
绝缘监察装置检查	装置运行状况检查	显示正常、无报警		
馈电屏（含分电屏）检查	屏上指示灯检查	指示正确		
	直流断路器位置检查	正确		
电池室环境检查	电池室运行环境检查	温度、通风、照明符合要求		

2）直流专业检修维护人员日常定期检查的结果应做好详细记录，对直流系统发现的问题及时处理，并将处理结果按相关规定要求在电动汽车充换电站检修记录上进行登记，对于日常定期检查中不能及时处理完的设备异常及缺陷，直流专业检修维护人员应根据情况对直流设备进行检修。直流专业检修维护人员日常定期检查记录表如表6-4所示。

表6-4 直流专业检修维护人员日常定期检查记录表

检查类别	检查项目	检查要求	检查结果	备注
充电装置检查	交流输入电压检查	万用表测量，读数正常		
	直流输出电压、电流检查	万用表测量，读数正常		
	充电装置模块检查	外观清洁、无发热、无污损，运行参数正常		
	电池输出电压和电流检查	万用表测量，读数正常		
	交流切换装置检查	交流切换功能正常		

检查类别	检查项目	检查要求	检查结果	备注
电池检查	外观检查	极柱螺栓、连接（线）条无松动、无腐蚀现象；壳体无鼓胀变形，无漏液现象；电池的壳体、接头无发热现象		
	单体电池端电压测量	万用表实测正常		
	电池组总电压测量	万用表实测正常		
	电池组维护检查	电池清扫，紧固极柱螺栓		
微机监控装置检查	参数设置检查	参数设置正确		
	运行显示值检查	与现场实测相符		
遥测、遥信功能检查	遥测功能检查	直流系统由浮充改为均充状态，检测遥测值和实际相符		
	遥信功能检查	模拟直流接地、模块故障等报警信号，检查后台报出相应信号和模拟信号相符		
绝缘监察装置检查	参数设置检查	参数设置正确		
	运行显示值检查	与现场实测相符		
	模拟直流接地，信号报警正确	现场模拟报警正确		
馈电屏（含分电屏）检查	屏上指示灯检查	指示正确		
	直流断路器位置检查	位置正确		
	直流馈线运行方式是否符合规定	符合要求		
电池室环境检查	电池室运行环境检查	温度、通风、照明符合要求		

（4）日常维护操作时的注意事项。

1）进行维护检修时，应使用绝缘手套、绝缘鞋等保护用品。禁止身体直接接触导线部位，否则有触电的危险。

2）清扫电池时，应使用湿布等。禁止用干布或掸子进行清扫，否则产生的静电有引火爆炸的危险。

3）清扫合成树脂电池壳时，禁止使用香蕉水、汽油、挥发油等有机溶剂或洗涤剂，否则有可能使电池壳破裂，导致电解液漏出。

4）电压及外观应定期检查，螺栓、螺母也要定期拧紧。禁止不进行定期检查，否则有引起电池破损及引火爆炸的危险。

5）阀控式密封铅酸电池的安全阀在排气栓下面，禁止拆下安全阀和排气栓，否则有造成电池性能劣化、寿命缩短及电池破损的危险。

三、高频开关电源充电装置的运行与维护

1. 运行参数监视

专职维护人员应定期对充电装置进行如下检查：三相交流输入电压是否平衡或缺相，运行噪声有无异常，各保护信号是否正常，交流输入电压值、直流输出电压值、直流输出电流值等各表计显示是否正确，正对地和负对地的绝缘状态是否良好。

2. 运行操作

交流电源中断，电池组将不间断地供出直流负荷，若无自动调压装置，应进行手动调压，确保母线电压的稳定，当电池组放出容量超过其额定容量的20%及以上时，交流电源恢复送电后，应立即手动启动或自动启动充电装置，按照制造厂规定的正常充电方法对电池组进行补充充电。或按恒流限压充电—恒压充电—浮充电（正常运行）。如果交流电源短时中断，使电池组放出容量超过其额定容量较少时，并不需要对电池组进行补充充电，尤其不宜使用充电装置自动方式按恒流限压充电—恒压充电—浮充电对电池组进行补充充电，防止因过充电影响电池组自身性能。因此，在运行中出现短时交流电源中断的情况，如果不需要对电池组进行补充充电时，应将充电装置直接转入浮充电方式运行。

若充电装置内部故障跳闸，应及时启动备用充电装置代替故障充电装置，并及时调整好运行参数。

3. 维护检修

维护人员应定期对充电装置进行检查和维护，并应按照有关规定进行定期检测。

（1）应定期对充电装置进行如下检查：交流输入电压、直流输出电压、直流输出电流等各表计显示是否正确，运行噪声有无异常，各保护信号是否正常，绝缘状态是否良好。

（2）每月应对充电装置做一次清洁除尘工作。大修做绝缘试验前，应将电子组件的控制板及硅整流组件断开或短接后，才能做绝缘和耐压试验。若控制板工作不正常，应停机取下，换上备用板，启动充电装置，调整好运行参数，投入正常运行。

（3）应定期对充电装置输出电压、电流精度、整定参数、指示仪表进行校对。

（4）应定期对充电装置的稳压、稳流、纹波系数和高频开关电源充电装置的均流不平衡度等参数进行测试。

四、微机监控装置的运行与维护

（1）在直流电源装置的微机监控装置运行中，运维人员应每天切换检查有关功能和参数，其各项参数的整定应有权限设置和监督措施。

（2）当微机监控装置故障时，若有备用充电装置，应先设定备用充电装置的运行参

数，再将备用充电装置投入运行。若无备用充电装置，则应启动手动操作，调整到需要的运行方式，并将微机监控装置退出运行。

（3）在微机监控装置故障时，充电机充电模块脱离监控模块独立工作，因充电模块内部设置的运行参数与监控模块设置的运行参数不相同，在监控模块因故障退出运行后，应对充电模块的运行参数进行检查、设定后再投入运行，以免造成阀控式密封铅酸电池组过充电或欠充电。

五、阀控式密封铅酸电池组直流系统的运行

1. 直流系统的运行监视

（1）绝缘监视：运维人员应每天检查正母线、负母线对地绝缘情况，若有接地，应立即处理。

（2）电压及电流监视：运维人员对运行中的直流电源装置主要监视其交流输入电压值，充电装置输出电压、电流值，电池电压值，直流母线电压值，浮充电流值及绝缘电压值等。

（3）信号报警监视：运维人员应每日对直流电源装置上各种信号灯声响报警装置进行检查，发现异常及时处理。

（4）自动装置监视。

1）检查自动调压装置是否正常，工作若不正常，启动手动调压装置，退出自动调压装置，并安排有关人员修复。

2）检查微机监控器工作状态，若不正常应退出运行，进行调试修复。若微机监控器退出运行后直流电源仍能工作，应调整运行参数后及时投入运行。

3）直流断路器及熔断器监视：运行中若直流断路器跳闸或熔断器熔断应发出报警信号，工作人员应尽快找出事故点，分析故障原因，立即处理并恢复运行。

2. 直流系统的特殊巡视检查项目

（1）新安装、检修、改造后、投运后，应进行特殊巡视检查。

（2）直流系统出现交、直流失压，直流接地，熔断器熔断等异常情况后，应进行特殊巡视检查。

（3）出现自动空气开关脱扣、熔断器熔断等异常现象后，应巡视保护范围内各直流回路组件有无过热、损坏和明显故障现象。

第四节 电动汽车充换电站直流设备的检修

一、直流设备检修前的准备

1. 直流设备检修方案的制定

直流设备检修前应根据直流设备的评估结果确定检修方案，主要包括下面内容：

（1）直流设备检修的项目及进度。

（2）临时电源倒换的操作方案。

（3）直流设备检修的项目及质量标准。

（4）直流设备检修的工序控制及标准。

（5）直流设备检修的必要图纸及直流设备的相关资料。

（6）施工的组织措施、安全措施和技术措施。

2. 直流设备检修应配备的工作人员

（1）工作负责人。

（2）足够熟练的操作人员。

（3）质量检验员。

（4）必要时邀请制造厂技术人员参加。

3. 直流设备检修所需设备、工器具及主要材料

直流电源系统检查使用设备、工器具一览表，直流电源系统故障和异常处理使用设备、工器具一览表，直流设备检修常用消耗材料一览表如表6-5～表6-7所示。

4. 直流设备的检修场地

（1）直流屏及其辅助设施为设备的安装现场。并按施工的组织措施、安全措施和技术措施的要求，根据现场工作的实际情况做好相应的安全、技术措施。

（2）电池组的检修场地可以设置在电池组的安装地点，也可以设置在检修间内进行，具体应视检修项目及现场实际条件确定。

表6-5 直流电源系统检查使用设备、工器具一览表

序号	工具名称	数量
1	电池内阻（电导）测试仪	1台
2	双踪示波器	1台
3	高频开关电源特性测试仪	1台
4	万用表	1只
5	螺丝刀	4把

续表

序号	工具名称	数量
6	尖嘴钳	1把
7	手钳	2把
8	活动扳手	1把
9	绝缘胶布	1卷
10	电阻	2只
11	砂纸	10张
12	电源板	1套
13	短连线	3条

表6-6　　　　直流电源系统故障和异常处理使用设备、工器具一览表

序号	工具名称	数量
1	便携式充电装置	1套
2	万用表	1只
3	螺丝刀	4把
4	活动扳手	1把
5	尖嘴钳	1把
6	手钳	1把
7	组合工具	1套

注　故障和异常处理的其他用具视故障现场情况准备。

表6-7　　　　　　　直流设备检修常用消耗材料一览表

序号	名称	说明
1	回丝布头	适量
2	医用手套	适量
3	螺栓	适量
4	标号笔	适量
5	碳酸氢钠	适量
6	白布带	适量
7	温度计	适量
8	导电复合脂	适量
9	绝缘胶布	适量
10	防水胶布	适量
11	相序带	适量
12	电缆标牌	适量
13	清洁用品	适量

注　具体数量根据工作需要确定。

二、直流设备检修项目及要求

阀控式密封铅酸电池直流设备的检测项目及要求如表6-8所示。

表6-8　　　　阀控式密封铅酸电池直流设备的检测项目及要求

设备名称	周期	项目	方法	要求
阀控式密封铅酸电池	每年至少一次	端电压	用万用表或直流电压表测量	若端电压偏差超过标准值时应重点检查： （1）充电电压和电流是否符合要求。 （2）电池壳体温度是否符合要求
		内阻	用电池内阻测试仪或其他设备测量	若内阻较高，则重点检查以下几项： （1）电池的运行方式是否正确。 （2）电池的电压、温度是否在规定范围。 （3）电池是否长期存在过充电或欠充电。 （4）运行年限是否超过制造厂家推荐年限
	每年至少一次	温度	用温度计测量	若电池壳体温度超过35℃时，应重点检查： （1）电池通风是否正常。 （2）电池是否存在短路或过充电现象。 （3）电池接头连接是否紧固
		外观	（1）外观检查。 （2）借助工器具检查	应重点检查的部位： （1）电池壳体是否清洁和有无爬酸现象，若有应擦拭干净，并保持通风和干燥。 （2）电池壳体是否有渗漏、变形，若有应及时更换。 （3）电池极柱的连接螺栓是否松动，若有应紧固。 （4）环境温度是否正常
高频开关充电装置	每年至少一次	交流输入和直流输出	用万用表测量	若输入和输出不正常应重点检查： （1）检查模块的交流输入电压。 （2）检查输入和输出的插头是否紧固。 （3）检查模块的内部熔断器是否熔断。 （4）检查模块的均流不平衡度是否在5%范围内
		外观	外观检查	应重点检查的部位： （1）模块的运行、均流指示灯和故障指示灯应指示正确，若不正确应查明原因并处理。 （2）模块的壳体应完好无损。 （3）散热装置运行正常
监控装置	每年至少一次	参数设置	检查监控装置的参数设置	若参数发生变化，应根据实际运行情况修正参数
		检测值	检查监控装置的显示值和实测值是否一致	若显示值和实测值不一致，应重点检查和调整： （1）检查回路是否完好。 （2）应调节监控装置内部相应的电位器
		报警信息	检查、实验报警功能	若报警功能异常应重点检查： （1）检查报警定值是否发生变化。 （2）报警装置是否正常

设备名称	周期	项目	方法	要求
监控装置	每年至少一次	充电程序的功能转换	设置监控装置为恒流状态，将均充转浮充的时间设为最小，观察监控装置的自动转换程序的功能是否良好	若不能自动转换应重点检查： （1）充电程序转换的设置参数是否正确。 （2）实际转换的时间是否正确。 （3）最终自动强行转换是否能实现
绝缘在线监测装置	每年至少一次	检测值	检查装置的显示值和实测值是否一致	若显示值和实测值不一致应重点检查和调整： （1）回路是否完好。 （2）应调节监控装置内部相应的电位器
		接地试验	用规定阻值的电阻分别在合闸、控制的某一出线上进行正极接地和负极接地试验，观察报警信息	若报警信息不正确，应重点检查和试验： （1）试验回路是否正确、完好。 （2）接地试验电阻、接线是否完好。 （3）绝缘在线装置是否完好。 （4）传感器是否正常。 （5）在线监测装置通道设置是否正确
直流屏内相关设备	每年至少一次	交流切换装置	模拟自动切换	若切换不正常，应重点检查： （1）交流接触器是否完好。 （2）切换回路是否完好
		电压调节装置	自动调整或手动调整	若自动、手动均不能调整，应重点检查： （1）电压调节装置是否完好。 （2）合闸母线电压是否正常。 （3）若某个手动挡位无输出或不正常的，应检查挡位开关是否正常。 （4）如果控制母线电压偏离标称值，应调节调压装置的整定值电位器，将控制母线电压调节至标称值。 （5）若某一级或全部组件调节时电压无变化，此时应更换降压组件
		电压监察装置	模拟试验	若动作不正常，应重点检查： （1）电压监察装置整定的定值。 （2）电压监察装置的回路是否正常
		直流接触器	外观检查及试验	若直流接触器动作不正常，应重点检查： （1）主、辅接点接触是否良好。 （2）直流接触器的线圈是否良好。 （3）控制熔断器是否熔断。 （4）回路接线是否完好

三、直流设备的故障处理

阀控式密封铅酸电池直流设备的故障处理如表6-9所示。

表6-9 阀控式密封铅酸电池直流设备的故障处理

设备名称	故障特征	原因、处理方法
阀控式密封铅酸电池	极板短路或开路	主要由极板的沉淀物弯曲变形、断裂等造成，当无法修复时应更换电池
	壳体异常	主要由充电电流过大、内部短路、温度过高等原因造成，应： （1）对渗漏电解液的电池进行更换或用防酸密封胶进行封堵。 （2）外壳严重变形或破裂时更换电池
	电池反极	主要由极板硫化、容量不一致等原因造成，应将故障电池退出运行，进行反复充电直至恢复正常极性
	极柱、螺栓、连接条爬酸或腐蚀	主要由安装不当、室内潮湿、电解液溢出等原因造成，应： （1）及时清理，做好防腐处理。 （2）严重的要更换连接条、螺栓
阀控式密封铅酸电池	容量下降	主要由于充电电流过大、温度过高等原因造成电池内部失水干涸、电解物资变质。用反复充放电方法恢复容量，若连续3次充放电循环后，仍达不到额定容量的80%，应更换电池
	绝缘下降	主要由电解液溢出，室内通风不良，潮湿等原因造成，应： （1）对电池外壳和支架用酒精擦拭。 （2）改善电池的通风条件，降低湿度
高频开关电源充电装置	交流故障	（1）交流输入电压不正常时应向电源侧逐级检查。 （2）检查模块的内部熔断器是否完好，若熔断应查明原因后更换
	直流故障	（1）若故障灯亮时，为内部故障，可关闭电源后重新启动。仍不正常时对其进行进一步检查。 （2）模块内部熔断器熔断时应查明原因后更换。 （3）模块接线端子或插头有松动时，应进行紧固或重新插接
监控装置	无显示	（1）检查装置的电源是否正常，若不正常应逐级向电源侧检查。 （2）检查液晶屏的电源是否正常，若电源正常可判断为液晶屏损坏，应进行更换
	显示值和实测值不一致	（1）调校监控装置内部各测量值的电位器。 （2）若调整无效后应更换相关部件。 （3）检查通道是否正常，有故障时应进行处理
	显示异常	按复位键或重新开启电源开关，若按复位键或重新开机仍显示异常时，应进一步进行内部检查处理，无法修复时应更换监控装置
	告警	根据告警信息检查和排除外部故障后，仍无法消除告警时应检查： （1）装置参数若偏高整定范围时，应重新整定。 （2）检查监控通道是否正常，关闭未使用的通道

续表

设备名称	故障特征	原因、处理方法
监控装置	监控装置与上位机通信失败	（1）检查上位机软件地址、波特率，当格式不正确时应重新设定。 （2）检查上、下位机收发是否同步，若不同步应对其进行调整。 （3）检查通信线的连接，若不正确应重新接线
绝缘在线监测装置	开机无显示	（1）检查装置的电源是否正常，若不正常应逐级向电源侧检查。 （2）检查液晶屏的电源是否正常，若电源正常可判断为液晶屏损坏，应进行更换
	显示值和实测值不一致	（1）调校监控装置内部各测量值的电位器。 （2）若调整无效，应重新开机再校对
	装置显示异常	按复位键或重新开启电源开关，若按复位键或重新开机仍显示异常时，应进一步进行内部检查处理，无法修复时应更换监控装置
绝缘在线监测装置	接地报警异常	（1）参数不正确时应重新设定。 （2）测量正、负对地电压偏差大时，应检查装置的相关部件。 （3）检查传感器电源是否正常，若不正常时应更换电源，电源正常时检查传感器是否损坏，若损坏，应进行更换
电压监察装置	继电器故障	（1）继电器的接点接触不良。 （2）继电器的线圈故障时应更换
	回路故障	（1）检查熔断器是否完好，熔断时应查明原因后更换。 （2）检查回路接线是否完好
电压调节装置	自动调节异常	（1）检查合闸母线电压是否正常。 （2）熔断器熔断时应查明原因后更换。 （3）若装置的电源故障无法修复时应更换。 （4）若某一级或全部组件调节电压无变化，此时应更换降压组件
	手动调节异常	（1）挡位开关故障时应更换开关。 （2）若不能手动调节，应更换电压调节装置
屏内开关	开关故障	（1）接点接触不良应进行检查处理，无法处理时应更换。 （2）直流断路器不能正确脱扣，无法起到保护作用时应更换。 （3）辅助接点动作失灵或接触不良，无法修复时应更换。 （4）若开关熔断器熔断，应查明原因后更换
	接线松动或断线	接线松动或断线的应紧固或处理
屏内灯具	灯具故障	（1）灯具损坏无法修复时应更换。 （2）灯泡损坏时应更换
	接线松动或断线	接线松动或断线的应紧固或处理

第七章
电动汽车充换电站的监控系统

电动汽车充换电站监控系统主要实现对每个充电电池组的实时状态监测，充电机充电方式和相关参数控制，以及对电池更换设备、烟雾报警状态、配电设备、安防设备等的监控功能，同时为网络调度等管理系统提供良好的数据接口。

第一节　电动汽车充换电站监控系统的配置原则

一、充换电站监控系统的基本要求

（1）应实现对充电机运行和动力电池充电过程的监控、保护、控制、管理和事故下紧急处理及数据存储、显示和统计。

（2）该系统应由监控主站、监控终端及通信网络构成。

（3）系统必须具有有效防病毒措施。

（4）充换电站监控系统局域网与其他信息系统互联时，必须采取可靠的安全隔离措施。

（5）供电监控系统应实时采集和记录供电系统运行信息，对供电状况、电能质量、断路器状态、设备安全等进行监视和控制，保证对充换电站安全供电。

（6）安全监控系统包括充换电站环境、设备安全、防火、防盗及视频监控。

（7）应在危及安全事件发生时发出声光告警，并保证事件发生后至少1h内传出详细事故信息。

（8）应对系统运行过程中所有发出信号和操作记录进行存盘，至少保存3年，以便工作人员进行分析和查询。

二、充换电站监控系统的基本功能

（1）充换电站监控系统宜具备数据采集、控制调节、数据处理与存储、事件记录、报警处理、设备运行管理、用户管理与权限管理、报表管理与打印、可扩展、对时等功能。

（2）充换电站监控系统应具备下列数据采集功能：

1）采集非车载充电机工作状态、温度、故障信号、功率、电压、电流和电能。

2）采集交流充电桩的工作状态、故障信号、电压、电流和电能。

（3）充换电站监控系统应实现向充电设备下发控制命令、遥控启停、校时、紧急停机、远方设定充电参数等控制调节功能。

（4）充换电站监控系统应具备下列数据处理与存储功能：

1）充电设备的越限报警、故障统计等数据处理功能。

2）充电过程数据统计等数据的处理功能。

3）对充电设备的遥测、遥信、遥控、报警事件等实时数据和历史数据的集中存储和查询功能。

（5）充换电站监控系统应具备操作、系统故障、充电运行参数异常、动力电池参数异常等事件记录功能。

（6）充换电站监控系统应提供图形、文字、语音等一种或几种报警方式，并具备相应的报警处理功能。

（7）充换电站监控系统应具备对设备运行的各类参数、运行状况等进行记录、统计和查询的设备运行与管理功能。

（8）充换电站监控系统可根据需要规定操作员对各种业务活动的使用范围和操作权限，实现用户管理和权限管理功能。

（9）充换电站监控系统可根据用户需要定义各类日报、月报及年报，实现报表管理功能，并实现定时或召唤打印功能。

（10）充换电站监控系统应具备下列特性：

1）系统应具有较强的兼容性，以完成不同类型充电设备的接入。

2）系统应具有扩展性，以满足充换电站规模不断扩容的要求。

（11）充换电站监控系统可以接受时钟同步系统对时，以保证系统时间的一致性。

三、充换电站监控系统的技术要求

（1）充换电站监控系统的实时性和可靠性应以保证现场充电设备和动力电池安全为原则。

（2）监控主站设备应用标准化设备，主站配置必须满足系统基本功能和性能指标要求，保证系统运行的实时性、可靠性、稳定性和安全性，并充分考虑可维护性、可扩展性的要求。

（3）应对系统的每一个操作功能设置独立权限，并建立严格完善的密码管理，确保操作的安全性。系统应具有操作日志，记录所有受控操作发生的时间、对象、操作员、操作参数、操作机器的IP地址等。

（4）系统必须建立有效的防毒措施。

（5）充换电站监控系统的局域网与其他信息系统相连时，必须采用可靠的安全防护措施，保证系统网络安全。

（6）监控主站的供电电源必须安全、可靠，必要时应加装UPS交流不间断电源。

四、电动汽车充换电站监控系统在设计上的安全要求

（1）充换电站监控系统应具备操作、系统故障、充电运行参数异常、动力电池参数异常等事件的记录功能。

（2）充换电站监控系统应提供图形、文字、语音等一种或几种报警方式，并具备相应的报警处理功能。

（3）充换电站监控系统可根据需要规定操作员对各种业务活动的使用范围和操作权限，实现用户管理和权限管理功能。

五、监控室的布置要求

（1）监控室应单独设置。当组成综合建（构）筑物时，监控室宜设置在一层，并且应为相互独立的单元。

（2）监控室不宜与高压配电室相互毗邻布置，若与高压配电室毗邻，应采取屏蔽措施。

（3）监控室的设计应采取防静电措施，监控室的地面宜采用防静电地板。

（4）监控室门的位置和数目的确定，应考虑操作人员的人数以及与监控室外其他区域的联系，并满足国家有关安全规范的要求。

（5）监控室的门应采用非燃烧体材料，向外开。同时，门应通向既无爆炸，又无火灾危险的场所。

（6）监控室的窗户应设置在操作员的视野之内，窗户的大小应能使监控室的操作员对充换电站的环境一目了然。

六、充换电站监控系统的结构组成

充换电站监控系统作为电动汽车充换电站自动化系统的核心，主要包括充换电站监控后台、充电机控制系统、配电系统监控、计量计费系统、安防系统及通信管理机等。充换电站监控系统结构示意图如图7-1所示。

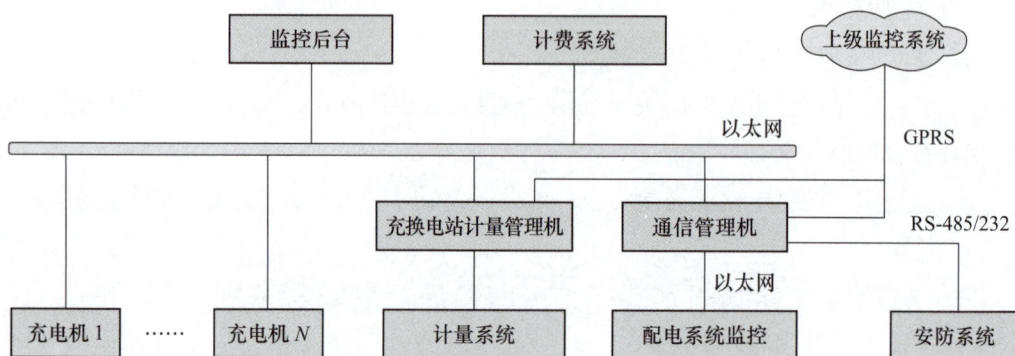

图7-1 充换电站监控系统结构示意图

充换电站监控系统后台主要完成采集、处理、存储来自充电机及配电系统监控的数据，提供图形化人机界面及语音报警功能，完成系统的数据展现及下发控制命令，用以监控充电机及配电系统的运行。除配电站监控SCADA功能外，还提供针对充换电站系统的智能负荷调控等高级应用功能，为充换电站安全、可靠、经济运行提供保障。

第二节　电动汽车充换电站的监控网络

一、充换电站监控系统的网络结构

充换电站监控系统网络拓扑结构示意图如图7-2所示，充换电站监控系统的网络结构分为三层：第一层为充换电站中央监控管理系统，包括数据服务器、WEB服务器、监控主机等设备。第二层为配电监控、充电机监控、烟雾监控和视频监视四个子监控系统。第三层为现场智能设备。各子监控系统通过局域网和TCP/IP协议与中央监控管理系统连接，实现对整个充换电站的数据汇总、统计、故障显示及监控。

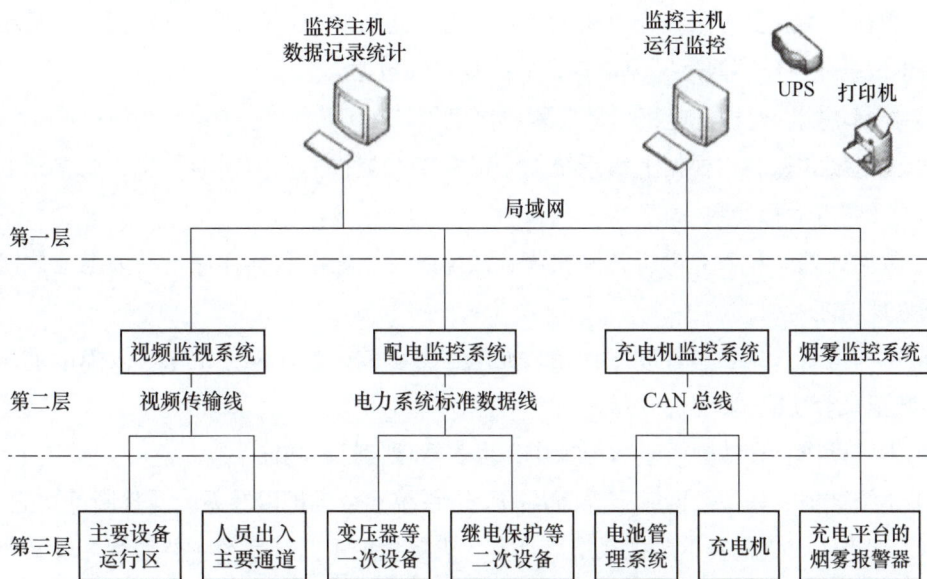

图7-2　充换电站监控系统网络拓扑结构示意图

二、充换电站监控系统的功能

（1）配电监控系统。配电监控系统通过以太网、串口等实现充换电站供电系统信息的交换和管理，除实现一次开关、变压器等供电设备监测和控制，常规二次保护、测量、控制、信号等功能外，该系统与充换电站中央监控管理系统通信，保证在充电系统出现故障时，配电系统能采取适当的措施进行安全处理，当充电机失控不能停止充电时，配电监控系统可自动切断动力电源。

（2）充电监控系统。充电监控系统是由一台或多台工作站或服务器组成，包括监控工作站、数据服务器等，这些计算机通过网络连接。监控工作站提供充换电监控人机交互界面，实现对充电机的监控和数据收集、查询等工作。数据服务器存储整个充电系统的原始数据和统计分析数据等，同时提供数据服务及其他应用服务。充电机将自身运行数据和动力电池充电数据实时传送给监控工作站，监控工作站也可以通过网络通信对充电机启动、停止及充电电压、充电电流进行控制。

当充换电站的规模较小，充电机数量不多时，采用单台监控工作站即可满足监控要求。当充换电站的规模较大，充电机数量较多时，可以采用两台或两台以上监控工作站，并根据需要选择配置数据服务器。充电监控系统作为充换电站监控系统的核心部分，具备以下功能：

1）通信功能。采用CAN总线或以太网方式与充电机通信，能够通过以太网、串口等通信方式与上级系统通信。

2）数据采集。实时采集充电机的工作状态、运行参数、故障信息数据，以及动力电池的基本信息、电压、温度、充电量、故障信息等数据。

3）控制功能。遥控充电机启停、紧急停机等。

4）充电模式控制。根据上级系统指令以及BMS提供的动力电池信息，调整充电机的充电模式及充电运行参数。

5）数据处理。具备充电机越限报警、故障统计、充电数据存储、动力电池数据存储等数据处理功能。

6）事件记录。具备事件顺序记录、充电运行参数记录、操作记录、故障记录、动力电池参数记录等功能。

7）人机操作。具备画面显示与操作、报表管理与打印功能。

8）系统维护。具备数据库、界面及图形、系统参数维护以及系统自诊断等功能。

（3）烟雾（火灾报警）监视系统。烟雾（火灾报警）监视系统主要监视充电架上的电池状态，或其他重要区域的设备状态，在动力电池或其他设备发生冒烟、燃烧等危险时报警，并立即通知中央监控系统进行相应的安保处理。

（4）视频监视（安防）系统。视频监视（安防）系统对整个充换电站的主要设备及人员进行安全监视，防止意外事故的发生。

三、充换电站监控系统的技术指标

（1）监控系统的可靠性。

1）模拟量测量综合误差：小于等于1%。

2）遥信正确率：大于等于99%。

3）遥控正确率：大于等于99.99%。

4）平均无故障时间（MTBF）大于等于8760h。

（2）监控系统的适时性。

1）数据更新时间：1~10s。

2）系统控制操作响应时间（从按执行键到充电机执行）：小于10s。

3）画面调用时间：小于5s。

4）画面适时更新时间：小于5s。

四、充换电站监控系统的设置模式

结合电动汽车的发展趋势以及电动汽车电能补给的方式不同，充换电站按不同的方式建设，其监控系统也采用不同的模式进行设置。

（1）小区或商厦专用停车场的充换电站监控系统。

在小区或商厦的专用停车场安装一定数量的交流充电桩和少量的充电机。交流充电桩为电动汽车提供220V交流充电电源，充电机为电动汽车提供应急充电服务。该模式适用于小型电动汽车补充电能。

小区或商厦的专用停车场充换电站监控系统结构图如图7-3所示，其主要监控对象是大量具备交流接口的充电桩和少量充电机，并与电动汽车进行部分信息交互，将相关数据上送给上级集中监控系统。

（2）专用停车场充换电站的监控系统。在专用停车场安装一定数量的充电机，直接连接电动汽车上的专用充电接口为车载动力电池充电。该模式适用于具有专用停车场的车辆，如电动公交、环卫、企业公务等车辆。

专用停车场充换电站的监控系统结构图如图7-4所示，其主要监控对象是大量的充电机和站内配电设备，需要采集电动汽车和电池模块的充电过程数据，与上级集中监控系统进行信息交互。

（3）电池更换站的监控系统。即电池更换站模式，站内安装有直接为电池模块充电的充电机和直接为电动汽车充电的应急充电机，配备电池快速更换设备和充电架，配有专用供电系统，能为电动汽车提供电池更换服务。该模式适用于一次充电续驶里程不能满足日常行驶需要而频繁充电的车辆，如出租车、公交车等。

电池更换站的监控系统结构图如图7-5所示，其主要监控对象是充电机及其连接的电池模块、应急充电机及其连接的电动汽车、配电设备、烟感设备、电池维护设备和快速更换设备等，并与上级集中监控系统进行信息交互。

（4）高速公路、城际快充站的监控系统。

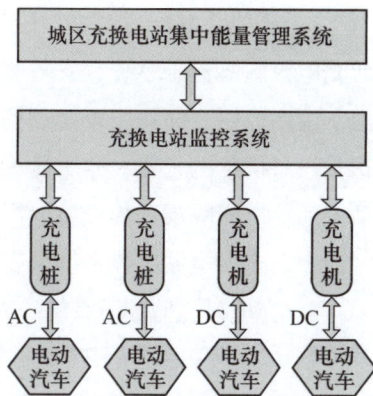

图7-3 小区或商厦的专用停车场充换电站监控系统结构图

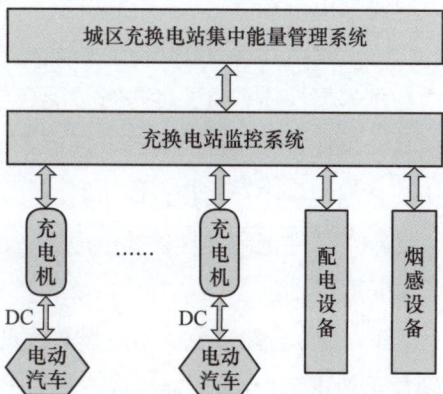

图7-4 专用停车场充换电站的监控系统结构图

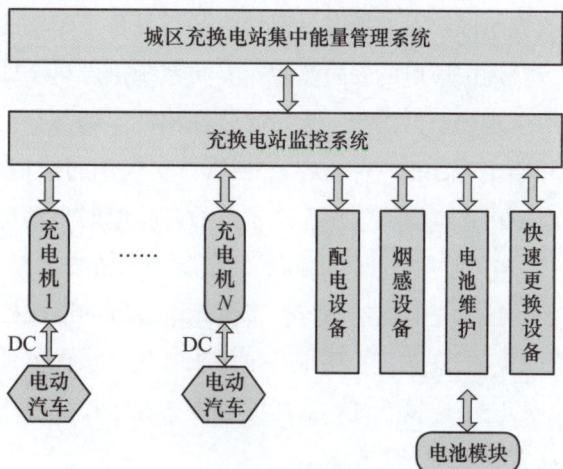

图7-5 电池更换站的监控系统结构图

1）监控系统配置。全站配置1套充换电站监控系统（包括硬件和软件）。监控系统包括充电设施监控子系统、安防监控子系统和计量系统。监控系统采用开放式分层分布式结构，由站控层、间隔层以及现场智能设备构成。站控层提供站内各系统的人机界面，实现相关设备信息的采集、实时显示，远方控制以及数据的存储、查询和统计等，并可与相关系统通信。间隔层采集设备运行状态及运行数据上传至站控层，并接收和执行站控层的控制命令。充换电站监控系统具有良好的规范性、可扩展性及兼容性。

2）充电设施监控子系统。充电装置内嵌监控装置，监控装置完成面向单元设备的检测及控制功能，向站控层转发数据并接受站控层下发的控制命令。系统功能包括以下内容：

（a）数据采集功能。采集充电机的工作状态、温度、故障信号、功率、电压、电流等。

（b）控制调节功能。向充电机下发控制命令，遥控充电机启停、校时、紧急停机，远方设定充电参数等。

（c）数据处理与存储。具备充电机的超限报警、故障统计等数据处理功能。系统对站内数据根据性质、重要性进行分类，当数据量大时，可以根据预定策略，选择或自动屏蔽信息，保证重要信息的实时上送。系统具备对充电机遥测、遥信、报警事件等实时数据和历史数据的集中存储和查询功能。

（d）事件记录。具备操作记录、系统故障记录、充电运行参数异常记录、电池组参数异常记录等功能。

3）安防监控系统。站内设置安防监控系统1套，主要设备由4台枪机，1台球机，1合硬盘录像机，1台显示器组成，用以实现对站内各区域和关键设备的监视。安防监控系统负责采集站内主要站区实时视频信息并发布到监控平台。安防监控系统主要对全站主要电气设备、关键设备安装地点以及周围环境进行全天候监视，以满足电力系统安全生产所需的监视设备关键部位的要求，同时该系统可实现充换电站安全警卫的要求。安防监控系统监视范围：对充换电站区域内运行设备及车辆的监视；对充换电站区域内场景情况的监视以及周围环境的安防监视；安防系统摄像机（即固定枪机）一般安装于车棚加强构件上，由于现场条件限制，无法安装在构件上的部分摄像机需立杆安装。安防系统配置在线式不间断电源UPS一台，容量3kVA，安装于通信柜内。安防设备及网络通信设备电源正常情况下由市电提供电源，当市电故障停电时自动切换至不间断电源UPS供电。

4）监控系统屏内间隔层设备的布置方案。

（a）充电监控系统：直流充电装置内嵌测控装置。

（b）安防监控系统：摄像头在各区域内就地布置。

（c）计量系统：低压关口表布置于箱式变压器内，充电设施之间的计量计费控制单元布置于直流充电机柜。

5）远方系统通信。充换电站系统通信网络要求接入省电动汽车运营管理系统。考虑到近期内充换电设施的系统通信网络跟不上充换电站的建设进度。因此，现阶段实施过渡通信方案，过渡期内采用租用移动和联通光纤通道，利用充电机内的通信管理单元通过无线通道将信息上传至上级运营管理平台，上级监控系统可通过移动和联通网访问站内监控系统。

第三节　电动汽车非车载充电机监控单元与电池管理系统的通信协议

一、电动汽车非车载充电机监控单元与电池管理系统的通信协议遵循的原则

电动汽车非车载充电机监控单元与BMS的通信协议遵循以下原则：

（1）考虑与道路车辆控制系统的通信网络兼容，在充电机监控单元与电动汽车BMS之间的通信系统中，可采用CAN（控制器局域网）通信协议。

（2）通信协议的物理层和数据链路层应符合SAE J1939《商用车控制系统局域网CAN通信协议》、ISO 11898《道路车辆控制局域网CAN》的规定。

（3）在充电过程中，充电机监控单元与车载BMS协同工作，监测电压、电流和温度等参数，同时BMS根据充电控制算法管理整个充电过程。

二、网络拓扑结构

充电机监控单元与电动汽车BMS之间的CAN 通信网络一般包括两个节点，即充电机监控单元和BMS。充电机与BMS之间的网络拓扑结构示意图如图7-6所示。

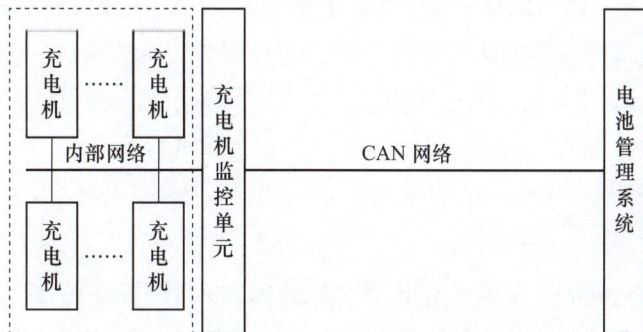

图7-6　充电机与BMS之间的网络拓扑结构示意图

三、物理层

电动汽车充电机通信协议采用的通信物理层，应符合国际标准ISO 11898、SAEJ 1939-11《商用车控制系统局域网CAN 通信协议–物理层》的规定。BMS与充电机的通信使用独立于动力总成之外的CAN接口。位时间推荐采用4μs，对应的位速率250kbit/s。

四、数据链路层

数据链路层处于物理层和网络层之间，其功能是在物理层基础上向网络层提供服务、提供可靠数据传输。

（1）帧格式。BMS与充电机监控单元之间通信协议的帧格式，必须使用CAN 扩展帧的29 bit标识符。具体每个位分配的相应定义符合SAE J1939-21《商用车控制系统局域网CAN 通信协议–数据链路层》的规定。

（2）协议数据单元（PDU）。每个CAN 数据帧包含一个单一的协议数据单元。协议数据单元由七部分组成，分别是优先级、保留位、数据页、PDU格式、特定PDU格式、源地址和数据域。

（3）协议数据单元（PDU）格式。SAE J1939-21规范定义两种PDU格式：PDU1格式（PS 为目标地址）和PDU2 格式（PS 为组扩展）。PDU1格式实现CAN 数据帧定向到特定目标地址的传输。PDU2格式仅用于不指向特定目标地址的传输。考虑到充电机与BMS之间点对点通信方式的数据安全性，可选用PDU1 格式。

（4）参数组编号（PGN）。参数组编号PGN 是一个24 bit的值，用来识别CAN 数据帧的数据域属于哪个参数组，包括保留位、数据页位、PDU格式域（8 bit）和组扩展域（8 bit）。

若PF值小于240，则PGN 的低字节置0。否则将其值设为组扩展域的值。PDU采用PDU1 格式时，PGN 的第二个字节即为PDU 格式（PF）值，高字节和低字节位均为00H。

（5）网址的分配。网络地址是用于保证消息标识符的唯一性以及表明消息的来源。充电机与BMS的地址固定在ECU的程序代码中，包括服务工具在内的任何手段都不能改变其源地址。

五、应用层

（1）应用层是充电机监控单元与电动汽车BMS 之间数据通信的核心。电动汽车充电机监控单元的通信协议应用层的定义主要遵循SAE J1939-71《商用车控制系统局域网CAN 通信协议–车辆应用层》，采用参数和参数组定义的形式。

（2）采用PGN 对参数组进行编号，各个节点根据PGN 来识别数据包的内容。

（3）使用"请求PGN"来主动获取其他节点的参数组。

（4）采用周期发送和事件驱动的方式来发送数据。

（5）如果需发送多个PGN 数据来实现一个功能的，需同时收到该定义的多个PGN报文才能判断此功能发送成功。

（6）定义新的参数组时尽量将相同功能的参数、相同或相近刷新频率的参数和属于同一个子系统内的参数放在同一个参数中。

（7）在修改已定义的参数组时，不应对已定义的字节或位的定义进行修改。新增加的参数要与参数组中原有的参数相关，不应为节省PGN 的数量而将不相关的参数加到已定义的PGN中。对于功能相近的ECU，应利用原来已定义的参数及已定义的PGN中的未定义部分来增加识别位，判断出ECU 的功能。

（8）故障诊断的定义遵循SAE J1939-73《商用车控制系统局域网CAN 通信协议–诊断应用层》中关于CAN总线应用层–诊断的技术要求，适用于充电过程中BMS 和充电机的各种故障诊断。

六、充电机监控单元和BMS 间充电报文规范

1. 充电总体流程

整个充电过程包括四个阶段：充电握手阶段、充电参数配置阶段、充电阶段和充电结束阶段。在各个阶段，BMS和充电机如果在规定的时间内没有收到对方的报文，即判定为超时，超时时间除特殊规定外，均为5s。当出现超时后，BMS或充电机发送错误报文，并进入错误处理状态。充电总体流程如图7-7所示。

2. 充电过程通信报文分类

（1）充电握手阶段。当充电机和BMS物理连接并送上电后，充电机和BMS处于握手阶段，在握手阶段，BMS首先检测低压辅助电源是否正常，如果不正常，BMS向充电机发送错误报文，充电过程中止。如果低压辅助电源正常，双方在该阶段握手，确定电池相关信息和充电机相关信息。充电握手阶段充电工作状态转换流程如图7-8所示。

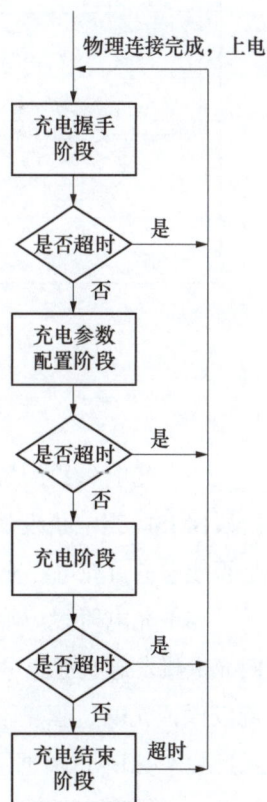

图7-7 充电总体流程

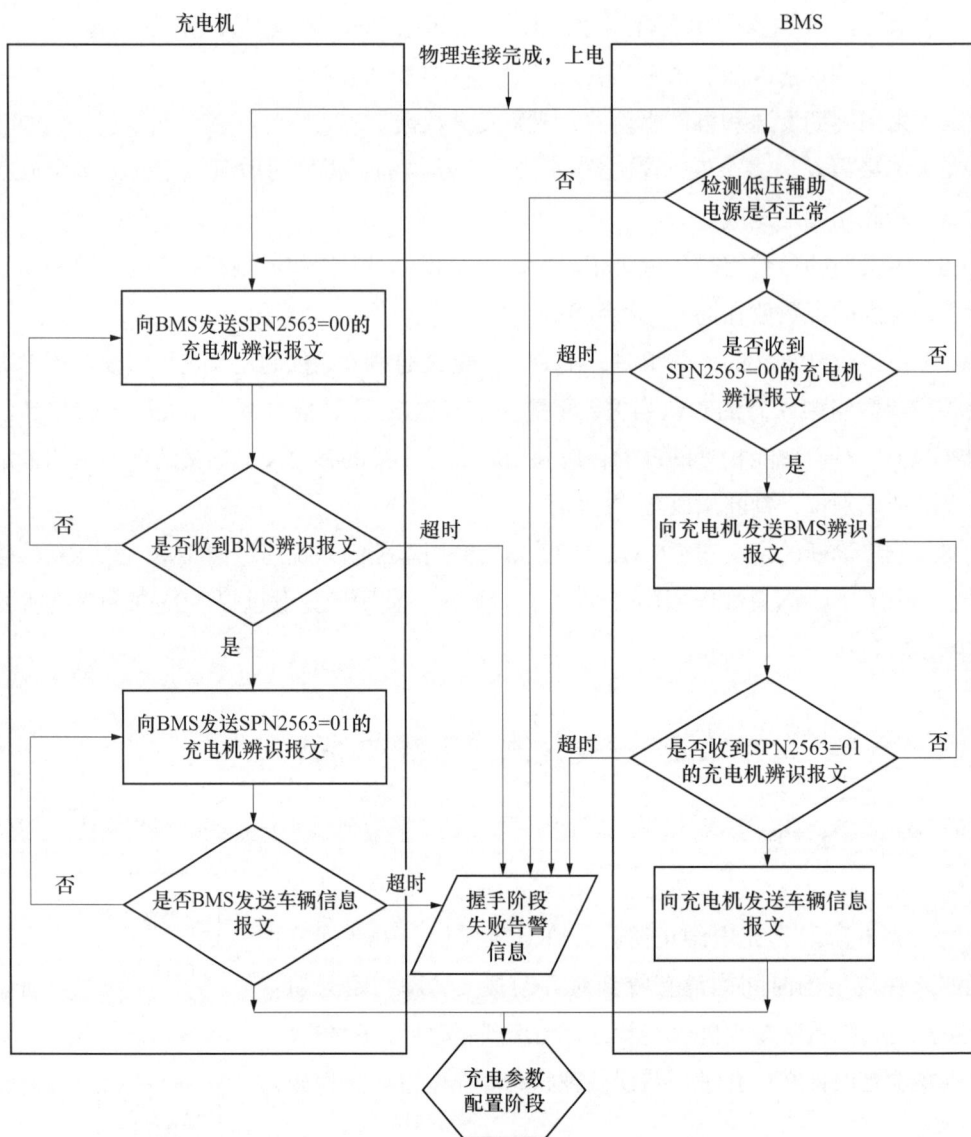

图7-8　充电握手阶段充电工作状态转换流程

（2）充电参数配置阶段。充电握手阶段完成后，充电机和BMS处于配置阶段。在此阶段BMS向充电机发送充电机最大输出能力的报文，BMS根据充电机最大输出能力判断是否能够进行充电。充电参数配置阶段工作状态转换流程如图7-9所示。

（3）充电阶段。充电参数配置阶段完成后，BMS和充电机进入充电阶段。BMS实时向充电机发送电池充电级别需求，充电机根据电池充电级别需求来调整充电电压和充电电流以保证充电过程正常进行。在充电过程中，充电机和BMS相互发送各自的充电状态。除此以外，BMS根据需求向充电机发送电池具体状态信息及模块电压、电池组温度等信息。

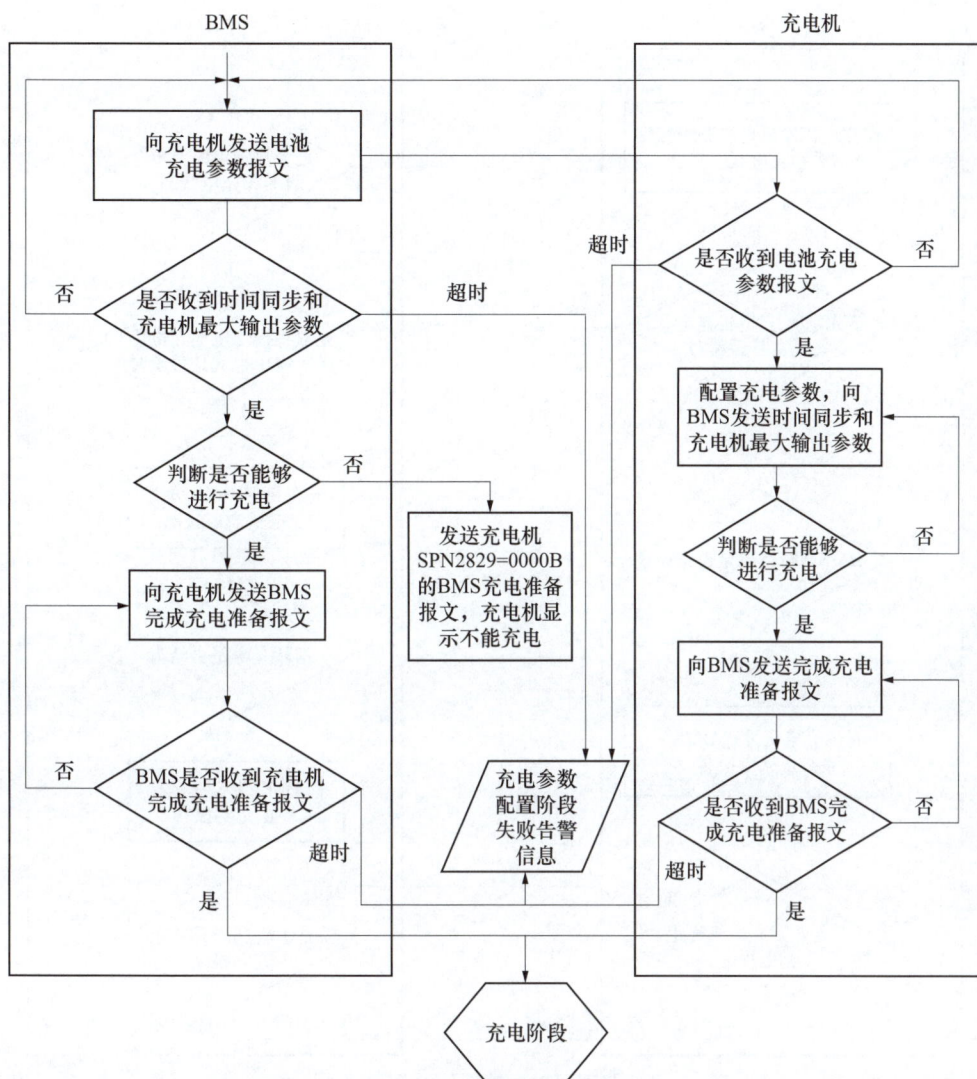

图7-9 充电参数配置阶段工作状态转换流程

BMS根据充电过程是否正常，电池状态是否达到BMS自身设定的充电结束条件，以及是否收到充电机终止报文判断是否结束充电，充电机根据充电过程是否正常，是否达到人为设定的充电参数值以及是否收到BMS终止充电报文来判断是否结束充电。充电阶段充电工作状态转换流程如图7-10所示。

（4）充电结束阶段。当BMS和充电机停止充电后，双方进入充电结束阶段。在该阶段，BMS向充电机发送整个充电过程中的充电统计数据。充电结束阶段工作状态转换流程如图7-11所示。

（5）错误报文。整个充电阶段，BMS和充电机发送的错误信息。

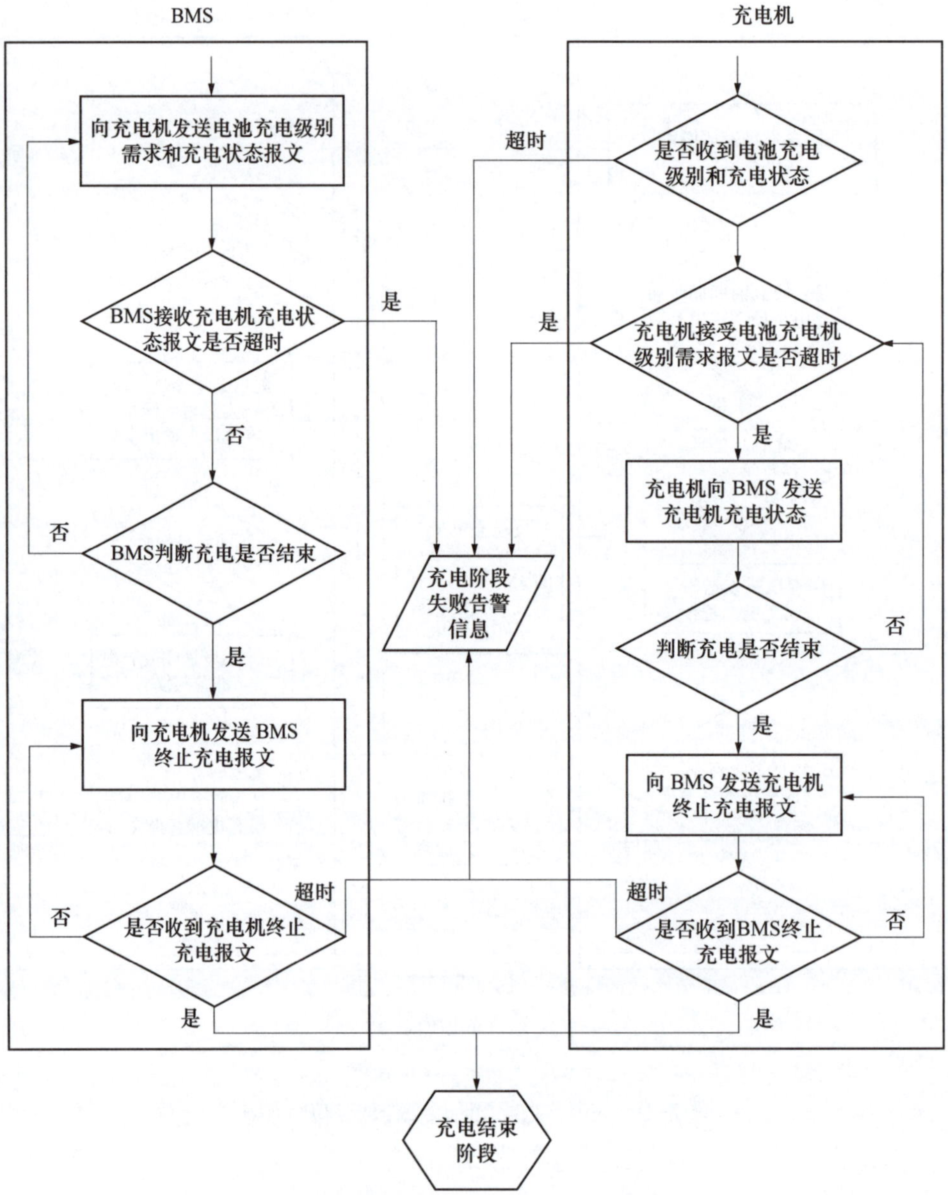

图7-10　充电阶段充电工作状态转换流程

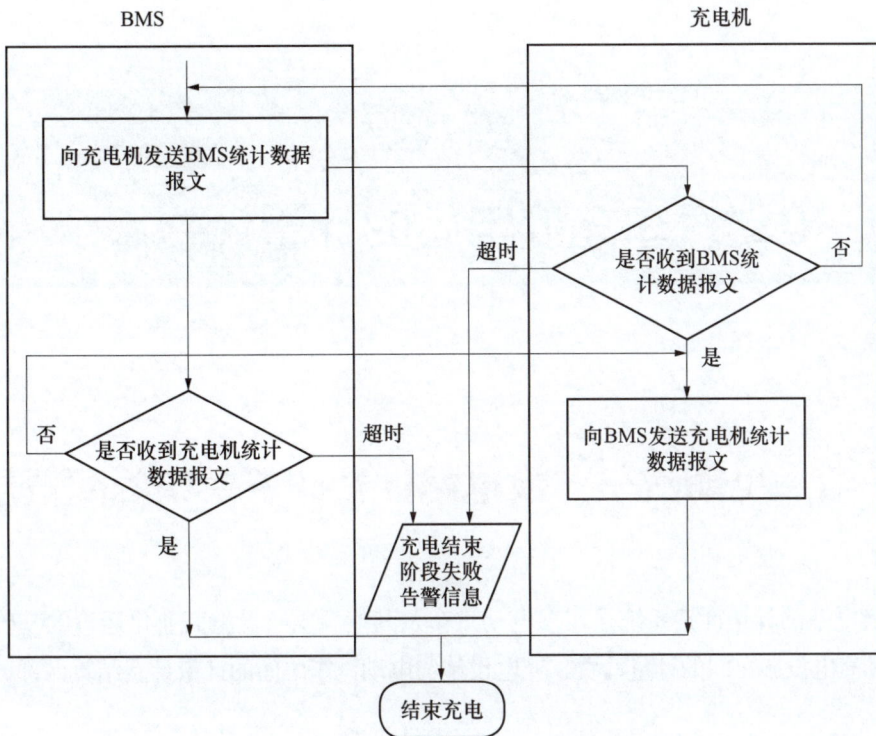

图7-11　充电结束阶段工作状态转换流程

第八章
电动汽车充换电站的计量计费系统

第一节　电动汽车充换电站计量计费系统的配置原则

充换电站的计量计费系统是实现电动汽车及其能源供给设施商业化运营的基础，主要由电网和充电设施之间的计量计费、充电设施与电动汽车之间的计量计费结算两部分组成。

一、电动汽车充换电站的电能计量要求

（1）电动汽车充换电站电能计量通用要求参照GB/T 29781的规定。

1）电动汽车充换电站和电网之间的计量。电动汽车充换电站与电网之间的电能计量由供电单位按照国家标准实施。

2）电动汽车充电设备和电动汽车之间的计量。

（a）交流充电桩应选用符合国家计量标准的交流电能表计量，安装在交流充电桩和电动汽车之间。

（b）非车载充电机应选用符合国家计量标准的直流电能表计量，安装在非车载充电机直流输出端和电动汽车之间。

（2）充电机交流输入端的电能计量，应采用电子式交流有功计量电能表，准确度等级不低于2.0级。

二、电网和充电设施之间的计量

（1）对于交流充电桩和中、小型充换电站可采用低压计量。根据DL/T 448装配三相四线多功能计量电能表，准确等级为有功1.0级和无功2.0级。

（2）对于大型充换电站可采用高压计量。根据DL/T 448装配三相三线多功能双向计量

电能表，准确等级为有功0.5S级和无功2.0级。

三、电动汽车交流充电桩的电能计量

电动汽车交流充电桩的电能计量应符合下列要求：

（1）交流充电桩的电能计量装置应选用静止式交流多费率有功电能表(以下简称交流电能表)，交流电能表应采用直接接入式，其电气和技术参数应符合下列规定：

1）参比电压应为220V。

2）基本电流应为10A。

3）最大电流应大于或等于4倍的基本电流。

4）参比频率应为50Hz。

5）准确度等级应为2.0级。

（2）交流充电桩具备多个可同时充电接口时，每个接口应单独配备交流电能表。

（3）交流电能表宜安装在交流充电桩内部，位于交流输出端与车载充电机之间，电能表与车载充电机之间不应接入其他与计量无关的设备。

（4）交流充电桩应能采集交流电能表数据并计算充电电量，显示充电时间、充电电量及充电费用等信息。

（5）交流充电桩应显示本次充电电量，并可将该项清零。

（6）交流充电桩可至少记录100次充电行为，记录内容包括充电起始时刻、起始时刻电量值，结束时刻、结束时刻电量值和充电电量。

（7）交流充电桩从交流电能表采集的数据应与其对用户的显示内容保持一致。

四、电动汽车非车载充电计量

电动汽车非车载充电计量宜采用直流计量。直流计量应符合下列要求：

（1）采用电子式直流电能表(以下简称直流电能表)和分流器时，应安装在非车载充电装置直流端和电动汽车之间，直流电能表的准确度等级应为1.0级，分流器的准确度等级应为0.2级。根据充电电流的大小，直流电能表的电流线路可采用直接接入方式或经分流器接入方式，电能计量装置的规格配置应符合表8-1的要求。

表8–1　　　　　　　　　　　电能计量装置的规格配置

序号	名称	参数
1	额定电压（V）	（100）、350、500、700
2	额定电流（A）	10、20、50、100、150、200、300、500

注　括号中的100V为经电阻分压得到的电压规格，为减少电能表规格，350V、500V和700V可经分压器转换为100V进行计量，分压器的准确度等级为0.1级。

（2）直流电能表的电流线路可采用直接接入方式或经分流器接入方式。经分流器接入方式的直流电能表的分流器额定二次电压为75mV，直流电能表的电流采集回路应接入分流器电压信号。

（3）充电机具备多个可同时充电接口时，每个接口应单独配置直流电能表。直流电能表应符合国家相关要求。

五、充电设施和电动汽车用户之间的计量结费

充电设施和电动汽车用户之间的计量结费可采用国家电网充电卡充电、二维码充电及"e充电"账号充电等充电支付方式，完成充电费用的结算。电能计量装置应根据电能计量点的位置及充电设备的额定电流选取，电能计量装置配置如下：

（1）交流充电桩应选用智能电能表，安装在电动汽车与交流充电桩之间。在充电桩内预留电能表电气接口和安装空间。交流充电桩计量表计的配置示意图如图8-1所示。

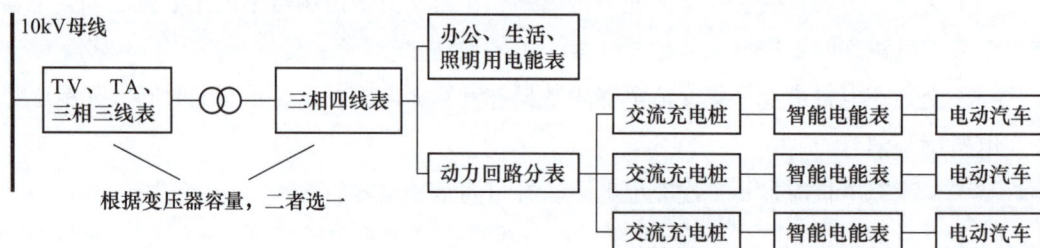

图8-1　交流充电桩计量表计的配置示意图

（2）电动汽车非车载充电机宜选用直流电能表计量，安装在非车载充电机直流输出端和电动汽车之间，在充电机内预留电能表电气接口和安装空间。

（3）选用的直流电能表应符合JJG 842《电子式直流电能表检定规程》的相关要求，智能电能表应符合相关企业标准的要求。充换电站计量表计的配置示意图如图8-2所示。

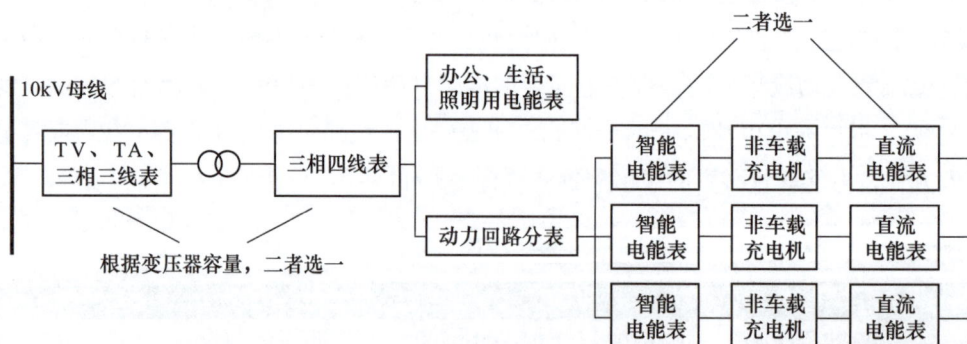

图8-2　充换电站计量表计的配置示意图

第二节　电动汽车充换电站的充电计量和结算管理系统

一、电动汽车充换电站充电计量和结算管理系统的作用

电动汽车充换电站的充电计量和结算管理系统是充换电站与充电用户交流的一个重要环节，而准确、合理、方便、快速地充电计量和结算管理系统也是充换电站准确核算财务收益，提高运营效率的重要手段。

电动汽车充换电站的正常运营需要通过准确的充电计量和结算管理系统来保障。充换电站与充换电站用户之间的交易以可靠、准确、真实的方式进行。同时，智能化的充电计量和结算管理系统也是电动汽车充换电站运营的一个方向。电动汽车充换电站的智能化系统通过对电池的剩余电量进行科学估算核算电量，因此选择合适的充电方法，能提高电动汽车电池的充电效率。

电动汽车充换电站充电费用结算工具、结算手段现代化对提高运营效率具有重要的意义。特别是对于无人值守的充换电站和充电机，智能化的结算系统是保障充换电站正常运营的不可缺少的一个手段。用户可以通过国家电网充电卡、二维码及"e充电"账号三种充电支付方式，即可快速完成充电费用的结算。

二、电动汽车充换电站充电计量和结算管理系统

（1）电动汽车充换电站充电计量和结算管理系统的组成如图8-3所示。充电计量和结算管理系统主要由计量和计费两部分组成。计量部分包括关口计量电能表、直流充电计量电能表、三相交流充电计量电能表、单相交流充电计量电能表以及用电采集终端。计费部分主要由计费工作站和服务器组成。

（2）电动汽车充换电站充电计量和结算管理系统的工作原理。充电计量和结算管理系统运行中，关口计量电能表、直流充电计量电能表、三相交流充电计量电能表、单相交流充电计量电能表将实时电量信息传送至用电采集终端，用电采集终端通过本地以太网与计费工作站通信，将整个电动汽车充换电站的总电量、各充电机的每次充电电量传送到后台进行处理，并把电量和计费信息存储到数据库服务器中，通过用电采集终端完成与用电信息采集系统或上级监控中心的通信，确保上级系统能够实时获取电动汽车充换电站的电量信息。

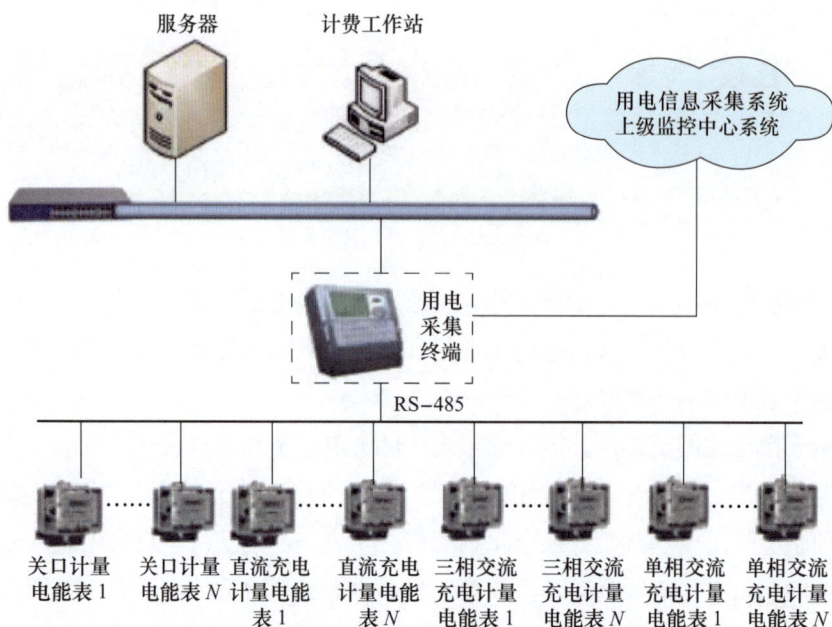

图8-3　电动汽车充换电站的充电计量和结算管理系统

（3）电动汽车充换电站的充电计费方式一般分为以下两种：

1）按电量充电：充电机给电动汽车充电时预先设置充电电量，充电计量和结算管理系统实时采集电动汽车充电电量，当充电电量达到预先设定的数值时，充电机切断输出电源，停止本次充电过程。

2）按金额充电：充电机给电动汽车充电时预先设置充电所用金额，充电计量和结算管理系统实时采集电动汽车充电电量并通过不同时段费率计算出电费，当充电电量的费用达到预先设定的数值时，充电机切断输出电源，本次充电过程停止。

第三节　电动汽车充换电站充电设施的充电计量和结算技术

一、电动汽车充换电站充电设施的电能计量功能

电动汽车充换电站充电设施的电能计量功能如表8-2所示。

表8-2　　　　　　　　　电动汽车充换电站充电设施的电能计量功能

序号	内容
1	显示功能：电能表采用液晶显示，具备背光功能；能显示累计电量、电压、电流、功率、时间、报警等信息
2	存储功能：电能表至少能存储前两个月或前两个结算周期的总电量和各费率电量数据。当电能表电源失电后，所存储的数据应保存至少1年
3	电能计量功能：电能表可单独计量基波有功总电能和各费率有功电能
4	测量及监测功能：能测量当前电能表的电压、电流（包括中性线线电流）、功率、功率因数等运行参数
5	事件记录功能：（1）记录编程总次数，最近10次编程的时刻，操作者代码和编程项。（2）记录校时总次数（不包含广播校时），最近10次校时前、后的时间
6	通信功能：电能表应具有一路调制型红外通信接口和至少一路RS-485通信接口，通信协议应符合DL/T 645《多功能电能表通信协议》
7	时钟、费率时段功能：采用具有温度补偿功能的内置硬件时钟电路，具有日历、计时和闰年自动切换功能；至少具有两套费率时段，可通过预先设置时间实现两套费率时段的自动切换；电能表应具备一路多功能信号输出接口，默认输出为秒信号，可通过软件设置为时段投切信号输出

二、电动汽车充换电站交流充电桩的充电计量装置

（1）电动汽车充换电站交流充电桩的充电计量电能表的功能要求如表8-3所示。

表8-3　　　　电动汽车充换电站交流充电桩的充电计量电能表的功能要求

序号	内容
1	计量功能：电能表应计量有功总电能和各费率有功电能
2	测量及监测功能：能测量当前电压、电流、功率等运行参数，测量误差(引用误差)不超过±1%
3	事件记录功能： （1）记录编程总次数，最近10次编程的时刻，操作者代码和编程项。 （2）记录校时总次数(不包括广播校时)，最近10次校时前、后的时间
4	通信功能：电能表应具有一路调制型红外通信接口和至少一路RS-485通信接口，初始速率为2400bit/s，调制型红外接口通信速率为1200bit/s
5	存储功能： （1）电能表至少存储前两个月或前两个结算周期的总电量和各费率电量数据，数据转存分界时间的默认值为每个月的最后一日的24时或设定每月1~28日的任意时刻。 （2）电能表电源失电后，所存储的数据应保存至少1年。 （3）电量等关键充电信息应存入电能表内置的安全模块中，防止关键数据被篡改

续表

序号	内容
6	时钟校时、时段及费率自动切换功能： （1）采用具有温度补偿功能的内置硬件时钟电路，具有日历、计时和闰年自动切换功能。在参比温度下，时钟准确度不大于±0.5s/天。时钟准确度随温度的改变量每24h应小于0.15s/℃。时钟可在编程状态进行校时，在非编程状态下进行广播校时，但广播校时的时钟误差不得大于5min，每天只允许校时一次。 （2）至少具有两套费率时段，可通过预先设置时间实现两套费率时段的自动切换。每套费率时段全年至少可设置2个时区，24h内至少可以设置8个时段，时段最小间隔15min，时段可跨越零点设置。 （3）电能表应具备一路多功能信号输出接口，默认输出信号为秒信号，可通过软件设置为时段投切信号输出

（2）电动汽车充换电站交流充电桩的充电计量电能表的配置及安装要求如表8-4所示。

表8-4　电动汽车充换电站交流充电桩的充电计量电能表的配置及安装要求

序号	内容
1	配置要求：交流充电桩的充电计量装置应选用静止式交流多费率有功电能表，电能表采用直接接入式，参比电压为220V，基本电流为10A，最大电流大于等于4倍基本电流，参比频率为50Hz，准确度等级为2.0级
2	安装要求：交流充电桩具备多个可同时充电接口时，每个接口应单独配备电能表，电能表宜安装在交流充电桩内部，位于交流输出端与车载充电机之间，电能表与车载充电机之间不应接入其他与计量无关的设备

三、电动汽车充换电站直流充电桩的充电计量和结算

（1）电动汽车充换电站直流充电桩使用直流电能表的功能要求如表8-5所示。

表8-5　　　电动汽车充换电站直流充电桩使用直流电能表的功能要求

序号	内容
1	电能计量功能：电能表可计量总电能及各费率电能
2	测量及监测功能：能测量当前电压、电流、功率等运行参数，测量误差(引用误差)不超过±1%
3	事件记录功能： （1）记录编程总次数，最近10次编程的时刻，操作者代码和编程项。 （2）记录校时总次数(不包括广播校时)，最近10次校时前、后的时间
4	存储功能： （1）电能表至少存储前两个月或前两个结算周期的总电量和各费率电量数据，数据转存分界时间的默认值为每个月最后一日的24时或设定每月1~28日的任意时刻。 （2）电能表电源失电后，所存储的数据应保存至少10年。 （3）电量等关键充电信息应存入电能表内置的安全模块中，防止关键数据被篡改

续表

序号	内容
5	显示功能： （1）电能表显示屏应具备背光功能，可通过按键，红外等触发方式点亮背光，2个自动轮显周期后关闭背光。 （2）电能表应具备自动循环和按键两种显示切换方式。 （3）电能表应能显示累计电量、电压、电流、功率、时间、报警等相关信息。 （4）电量显示位数为8位，出厂默认2位小数，计量单位为kWh。小数点可通过编程在0~3中选定
6	时钟校时、时段及费率自动切换功能： （1）电能表采用具有温度补偿功能的内置硬件时钟电路，具有日历、计时和闰年自动切换功能在参比温度下，时钟准确度不大于 ±0.5s/天。时钟准确度随温度的改变量每24h应小于0.15s/℃。时钟可在编程状态下通过RS-485进行校时，在非编程状态下进行广播校时，但广播校时的时钟误差不得大于5min，每天只允许校时一次。 （2）电能表应具有两套费率时段，可通过预先设置时间实现两套费率时段的自动切换。每套费率时段全年至少可设置2个时区，24h内至少可以设置8个时段，时段最小间隔15min，时段可跨越零点设置

（2）电动汽车充换电站直流充电桩使用直流电能表的性能要求如表8-6所示。

表8-6　　电动汽车充换电站直流充电桩使用直流电能表的性能要求

序号	内容
1	准确度要求： （1）额定电压下电能表的基本误差限值：负载电流值在$0.001I_b \leq I \leq 0.5I_b$时，极限误差应在 ±1.5%之内。负载电流值在$0.5I_b \leq I \leq 1.2I_b$时，极限误差应在 ±1.0%之内。 （2）在参比电压下电能表的基本误差限值：负载额定电压值在$0.1U_N \leq U \leq 0.4U_N$时，极限误差应在 ±1.5%之内。负载额定电压值在$0.4U_N \leq U \leq 1.41U_N$时，极限误差应在 ±1.0%之内。 （3）电能表在输入直流纹波因数不大于2%时，其误差在 ±1%之内。 （4）在额定电压下，当负载电流值在$0.001I_b$时，电能表应能启动。 （5）当电能表电流线路无电流，电压线路上的电压为额定值的80%~110%时，电能表侧输出不应产生多于一个的脉冲
2	机械要求：电能表的机械要求应符合GB/T 17215.211《交流电测量设备通用要求、试验和试验条件　第11部分：测量设备》的规定
3	气候条件要求：电能表的气候条件应符合GB/T 17215.211的规定
4	功率消耗要求： （1）电压线路在额定电压、辅助电源供电情况下，电能表电压线路的功率消耗不应大于1W。 （2）直接接入式电能表，在参比电流下，电能表电流线路的功率消耗不应大于1W。 （3）在交流220V情况下，电能表辅助电源线路的功率消耗不应大于2W

序号	内容
5	绝缘性能要求： （1）脉冲电压耐受试验：额定电压小于等于100V的电能表，用2500V试验脉冲电压；额定电压小于等于100V的电能表，用2500V试验脉冲电压；额定电压小于等于700V的电能表，用6000V试验脉冲电压。 （2）工频电压耐受试验：电能表所有线路对地应能耐受工频4000V交流电压，历时1min的试验。电能表互不相连的线路间应能耐受工频2000V交流电压历时1min的试验。 （3）对地绝缘电阻试验：电能表所有线路对地绝缘电阻不应小于40MΩ
6	输出接口： （1）电能表应具有与其电量成正比的电脉冲和光脉冲测试端口。电脉冲应经光电隔离后输出。光脉冲采用超亮、长寿命LED作为电量脉冲指示。在正常工作条件下，LED的平均无故障间隔时间应大于等于100000h。电量测试脉冲输出应能从正面触及。 （2）时钟信号输出用于测试电能表计时准确度，输出频率为1Hz

（3）电动汽车充换电站直流充电桩使用直流电能表的配置及安装要求如表8-7所示。

表8-7　电动汽车充换电站直流充电桩使用直流电能表的配置及安装要求

序号	内容
1	直流充电桩直流侧电能计量装置包括电子式直流电能表（以下简称电能表）和分流器，电能表准确度等级为1.0级，分流器准确度等级为0.2级。其中额定电压100V为经电阻分压得到的电压规格，为减少电能表规格，350V、500V、700V可经分压器转换为100V进行计量，分压器准确度等级为0.1级
2	根据充电电流大小，电能表电流线路可采用直接接入方式或经分流器接入方式，经分流器接入式电能表，分流器二次额定电压为75mV，电能表电流采集回路接入分流器电压信号
3	直流充电桩具备多个可同时充电接口时，每个接口应单独配备电能计量装置
4	电能计量装置宜安装在直流充电桩内部，位于直流充电桩直流输出端口和电池接口之间，电能计量装置与电动汽车充电接口之间不应接入与电能计量无关的设备
5	直流充电桩内部应预留电能计量装置现场校验用的接口

第四节　电动汽车充换电站的充电计量控制技术

1. 计费控制单元硬件构成

计费控制单元硬件主要由CPU处理器、ESAM模块、非易失存储器、读卡器接口、电能表接口、远程通信接口、显示器接口、充电控制器接口、语音模块、定位模块、开关量输入、开关量输出、实时时钟、电源管理等构成。电动汽车充换电站的计费控制单元硬件结构示意图如图8-4所示。

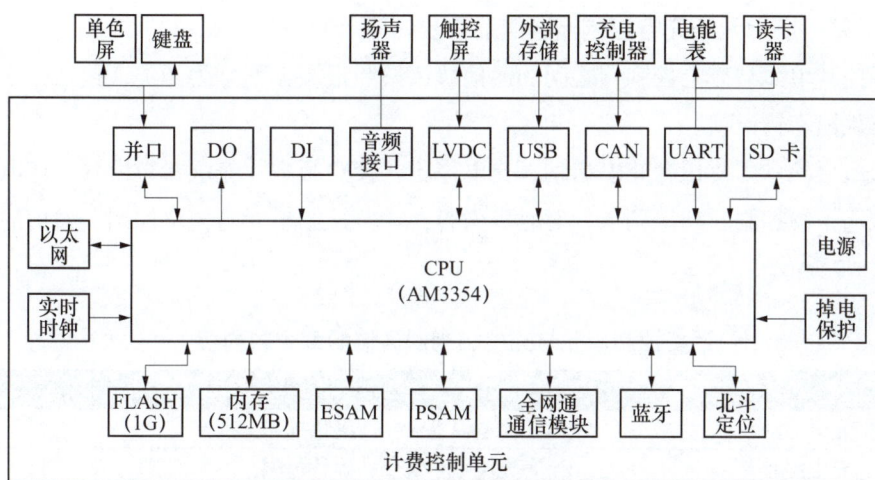

图8-4　电动汽车充换电站的计费控制单元硬件结构示意图

2. 电动汽车充换电站的计量计费控制单元主要功能

计量计费控制单元作为充电设备与车联网平台之间的信息桥梁，是平台实现了数据采集和远程控制的核心部件。电动汽车充换电站计量计费控制单元主要功能如表8-8所示。

表8-8　　　　　　　电动汽车充换电站计量计费控制单元主要功能

序号	内容
1	充电卡操作功能：应具备卡识别功能，能够实现对充电卡的读写操作，具有身份识别，卡内信息读取，对充电卡进行灰锁、解灰、扣款等操作
2	计费结算功能：在充电过程中对每个充电口的输出电量进行计费结算，并具有分时电量计费、充电服务费计费功能
3	显示功能：能通过显示器向用户提供充电操作提示，显示充电桩工作状态、充电过程信息、充电交易信息和用户交互信息等。具有提供充电记录查询、故障记录查询等功能
4	安全认证和数据加解密功能：计费控制单元包含安全模块，具备存储密钥以及进行加解密运算的功能
5	远程升级功能：计费控制单元应具有通过运营监控平台实现远程升级功能
6	通信功能：可通过单独的通信模块与运营监控主站通信或本地组网后通过集中器与主站通信
7	存储功能：包括黑名单存储，交易记录存储，计费模型信息存储、告警和故障记录存储
8	掉电检测功能：计费控制单元应具有掉电检测功能，在掉电瞬间软件应处理一些认证结算存储、通信等工作
9	RTC时钟和校时功能：计费控制单元具备RTC时钟，当外电源停电后，应维持时钟正常工作，同时支持远程校时功能
10	GPS定位功能：计费控制单元通过GPS模块获取当前充电桩坐标，并传给运营监控主站
11	语音功能：计费控制单元应具备语音功能，可在系统出现告警或故障时，发出报警声音提醒用户

3. 计费控制单元与充电控制器通信的主要内容

计费控制单元与充电控制器之间的通信协议按照报文类型分为四类，包括命令帧、数据帧、心跳帧、错误帧。

（1）命令帧。主要包含充电启动、充电停止、校验版本、充电参数设置、充电服务启停控制、电子锁控制、功率调节、对时等内容，计费控制单元与充电控制器通信的命令帧内容如表8-9所示。

表8-9 计费控制单元与充电控制器通信的命令帧内容

序号	报文名称	内容
1	充电启动	充电启动命令、确认标识
2	充电停止	充电停止命令、确认标识
3	校验版本	版本号、设备类型
4	充电参数设置	设备编号设置
5	充电服务启停控制	充电启停命令、确认标识
6	电子锁控制	控制命令、操作序号、结果反馈
7	功率调节	调节指令类型、调节参数、结果反馈
8	对时	时间

（2）数据帧：主要包含遥测和遥信，计费控制单元与充电控制器通信直流充电桩数据帧内容如表8-10所示。

表8-10 计费控制单元与充电控制器通信直流充电桩数据帧内容

序号	报文名称	内容
1	遥测（直流）	充电输出电压、充电输出电流、电池组最低温度、电池组最高温度、单体电池最高温度、单体电池最低温度、充电环境温度、充电引导电压
2	遥信（直流）	工作状态、急停按钮动作故障、烟雾报警告警、交流断路器故障、电子锁故障、风扇故障、避雷器故障、绝缘监测故障、电池反接故障、控制导引告警、过温故障、BSM通信异常、充电模块故障、车辆连接状态、电子锁状态、直流输出接触器状态、其他类型故障

（3）心跳帧：计费控制单元与充电控制器启动后会定时发送心跳帧。

（4）错误帧：主要包括充电桩错误数据和计费控制单元错误数据，计费控制单元与充电控制器通信的错误帧内容如表8-11所示。

表8-11 计费控制单元与充电控制器通信的错误帧内容

序号	报文名称	内容
1	充电桩错误数据	启动确认超时、停止确认超时
2	计费控制单元错误数据	版本校验超时、参数设置超时、启动确认超时、停止确认超时

4. 电动汽车充电设施计量计费的密钥技术

目前许多数据资源能够依靠网络来远程存取，而且越来越多的通信依赖于公共网络，而这些环境并不保证实体间的安全通信，数据在传输过程可能被其他人读取或篡改。加密将防止数据被查看或修改，并在原本不安全的信道上提供安全的通信信道，它能达到以下目的：

（1）保密性，防止用户的标识或数据被读取。

（2）数据完整性，防止数据被更改。

（3）身份验证，确保数据发自特定的一方。

电动汽车充电设施计量计费安全方面对密钥的需求：

（1）计量安全方面的加密要求。电动汽车用户在充换电站、充电桩上进行充电交易时，为了保证计量数据在交互传递过程中安全可靠，存储的数据不被修改，交易信息真实可信，需要对产生的交易数据信息在公共通信网络上传递时进行加密处理。

（2）用户卡充值方面的安全保障。电动汽车用户在售电系统的营业网点办开户业务时，需要将用户的原始身份信息以加密的方式写入用户卡中，用户使用用户卡进行充值，并可凭身份证进行挂失、补卡等业务。

（3）清分结算方面的安全保障。电动汽车车联网平台在全国范围内运营时，清分结算的交易信息上传、下达数据流将很大，还有跨省、地市间交易数据信息交换，需要密钥管理系统对电动汽车清分结算过程的身份信息与交易数据加密处理，确保交易结算过程公平、公正、合法有效。

第九章

电动汽车传导式整车直流充电设备及技术

第一节　电动汽车直流充电机的分类

　　电动汽车直流充电机根据不同的分类标准可以分成多种类型。若按安装位置分，可以分为车载充电机和地面充电机；按输入电源分，可以分为单相充电机和三相充电机；按连接方式分，可以分为传导式充电机和感应式充电机；按充电机的使用功能分，可以分为普通充电机和多功能充电机；若按所采用的功率变换元件及控制原理的不同分，可以分为磁放大型充电机、相控型充电机及高频开关模块型充电机。

1. 车载充电机

　　车载充电机又称交流充电机，是指安装在电动汽车上，采用地面交流电网和车载电源对电池组进行充电的装置。车载充电机由交流输入端口、功率单元、控制单元、低压辅助电源单元、直流输出端口等部分组成。

　　车载充电机一般充电功率较小，采用单相供电方式，充电时间较长（一般5~8h）。车载充电机和BMS、其他低压用电系统都安装在电动汽车上，相互之间可利用电动汽车的内部线路网络进行通信。由于电动汽车车载质量和体积的限制，车载充电机要求尽可能体积小、质量轻。车载充电机与充电电源连接示意图如图9-1所示。

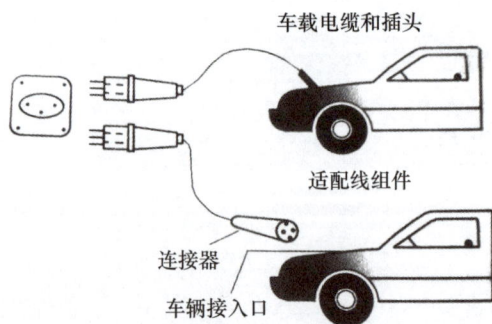

图9-1　车载充电机与充电电源连接示意图

2. 地面充电机

地面充电机又称非车载充电机。地面充电机指采用直流充电模式为电动汽车动力电池总成进行充电的充电机。直流充电模式是以地面充电机输出的可控直流电源直接对动力电池总成进行充电。

地面充电机安装于固定的地点，地面充电机的交流输入电源已事先连接完成。地面充电机的直流输出端是在充电操作时再与电动汽车连接。地面充电机的功率较大，可以提供几百千瓦的充电功率，可以为电动汽车进行快速充电。电动汽车与地面充电机充电连接示意图如图9-2所示。

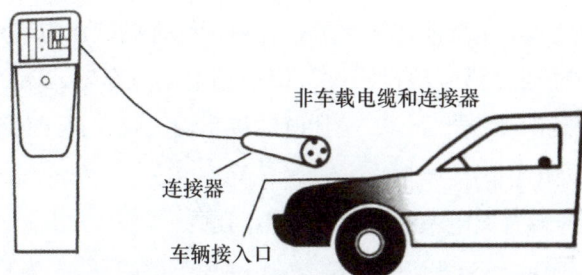

图9-2　电动汽车与地面充电机充电连接示意图

3. 单相充电机

单相充电机的交流输入电源为单相电源，单相充电机的功率较小，一般用于车载充电机。

4. 三相充电机

三相充电机的交流输入电源为三相电源，三相充电机的功率较大，一般用于地面充电机。

5. 传导式充电机

传导式充电机的输出直接连接到电动汽车上，两者之间存在实际的物理连接，电动汽车上不装备电子电路。

6. 感应式充电机

感应式充电机最主要的应用模式是电磁感应耦合方式，它不直接接触电，而是采用由分离的高频变压器通过感应耦合无接触地传输能量。当送电线圈中有交变电流通过时，发送（初级）、接收（次级）两线圈之间产生交替变化的磁束，由此在接收线圈产生随磁束变化的感应电动势，通过接收线圈端子对外输出交变电流，从而将能量从传输端转移到接收端。目前，电磁感应耦合无线充电方式是最为常见的无线充电解决方案，也是最接近实用化的一种无线充电方式。电动汽车感应式充电机原理示意图如图9-3所示。

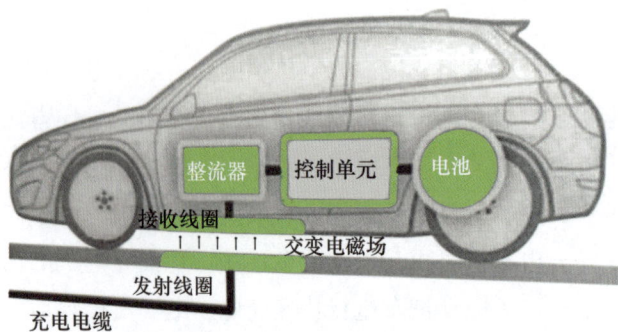

图9-3 电动汽车感应式充电机原理示意图

电动汽车感应耦合充电系统简化功率流程：电网输入的交流电经过整流后，通过高频逆变环节，经电缆传输通过感应耦合器后，传送到电动汽车输入端，再经过整流滤波环节，经电缆传输通过感应耦合器后，传送到电动汽车输入端，再经过整流滤波环节，给电动汽车车载动力电池充电。

目前电动汽车感应耦合充电系统还存在以下问题：

（1）送电距离比较短。

（2）功率大小受线圈尺寸影响大。

（3）存在耦合辐射和磁场泄漏。

（4）线圈之间异物进入引发安全隐患。

7. 普通充电机

普通充电机只提供对电池的充电功能，无自动控制、对电网谐波的抑制及无功补偿等功能。对电池的充电由人工手动控制。

8. 多功能充电机

多功能充电机除提供对电池的充电功能外，还能够提供诸如对电池进行容量测试，对电网谐波的抑制、无功补偿等功能及负载平衡等功能。

9. 磁放大型充电机

它由饱和电抗器和整流变压器构成，利用饱和电抗器的调整绕组进行调压，接线简单，调试方便，但容量较小。

10. 相控型充电机

由接在隔离变压器二次绕组上的晶闸管整流器进行调压，接线较复杂，容量较大。

11. 高频开关模块型充电机

将高频开关频率结合脉宽调制技术应用在开关电源上，取消了庞大的隔离变压器，在高频化、小型化及模块化上有很大进展，具有输出稳流、稳压精度高、纹波系数小等优点。该充电机至少能为以下三种类型动力电池中的一种充电：锂电池、铅酸电池、镍氢电池。

第二节　电动汽车直流充电机的性能标准及技术要求

一、电动汽车直流充电机的性能标准

1. 电动汽车直流充电机的电源要求

（1）电动汽车直流充电机输入电压和电流的要求。电动汽车直流充电机输入电压和电流要求如表9-1所示。输入电压的允许波动范围为额定值的±15%。

表9–1　　　　　　　　电动汽车直流充电机对输入电压和电流要求

输入方式	输入电流额定值I_N（A）	输入电压额定值（V）
1	$I_N \leq 16$	单相220
2	$16 < I_N \leq 32$	单相220/三相380
3	$I_N > 32$	三相380

（2）电动汽车直流充电机额定输入频率50Hz，频率变化范围不超过±2%。

2. 电动汽车直流充电机的耐环境要求

（1）电动汽车直流充电机的防护要求。充电机的外壳防护等级不应低于GB 4208《外壳防护等级（IP代码）》中IP30（室内）或IP54（室外）的等级要求。

（2）电动汽车直流充电机的三防（防潮湿、防霉变、防盐雾）保护。充电机内印刷板、接插件等电路应进行防潮湿、防霉变、防盐雾处理。

（3）电动汽车直流充电机的防氧化保护。充电机的铁质外壳和暴露在外的铁质支架、零件应采取双层防锈措施，非铁质的金属外壳应具有防氧化保护膜或进行防氧化处理。

（4）电动汽车直流充电机的防盗保护。户外安装运行的充电机应具有必要的防盗措施。

3. 电动汽车直流充电机的温升要求

电动汽车直流充电机各部件的极限温升如表9-2所示。电动汽车直流充电机在额定负荷长期连续运行，内部各发热元件及各部件的温升不应超过表9-2中的规定值。

表9–2　　　　　　　　电动汽车直流充电机各部件的极限温升

部件或器件	极限温升（K）
功率器件	70
变压器、电抗器的B级绝缘绕组	80
与半导体器件连接处	55
与半导体器件连接处的塑料绝缘线	25

续表

部件或器件	极限温升（K）
母线连接处： 铜—铜 铜搪锡—铜搪锡	50 60

4. 电动汽车直流充电机的防护要求

（1）在40℃环境温度下，直流充电机可用手接触的部分，允许的最高温度：

1）金属部分：50℃。

2）非金属部分：60℃。

（2）直流充电机可用手接触但不必紧握的部分，在同样条件下允许的最高温度：

1）金属部分：60℃。

2）非金属部分：85℃。

5. 电动汽车直流充电机的绝缘性能

（1）绝缘电阻测试。电动汽车直流充电机绝缘试验的电压等级如表9-3所示。用表9-3中的规定值对直流充电机的非电气连接的各带电回路之间、各独立带电回路与地（金属外壳）之间绝缘电阻进行测试，其绝缘电阻不应小于10MΩ。

表9-3　　　　　　　　电动汽车直流充电机绝缘试验的电压等级

额定绝缘电压U_i（V）	绝缘电阻测试仪器的电压等级（V）	工频耐压试验的电压（kV）	冲击耐压试验的电压（kV）
$U_i \leq 60$	250	1.0	1
$60 < U_i \leq 300$	500	2.0	5
$300 < U_i \leq 700$	1000	2.5	12

（2）工频耐压试验。用表9-3中的规定值对直流充电机的非电气连接的各带电回路之间、各独立带电回路与地（金属外壳）之间按其工作电压进行耐压试验，应能承受历时1min的工频耐压试验。试验过程中应无绝缘击穿和闪络现象。

（3）冲击耐压试验。用表9-3中的规定值对直流充电机的非电气连接的各带电回路之间、各独立带电回路与地（金属外壳）之间按标准雷电波的短时冲击电压试验。试验过程中应无击穿放电现象。

6. 电动汽车直流充电机的输出要求

（1）电动汽车直流充电机的输出电压范围。根据电池组电压等级的范围，电动汽车直流充电机的输出电压分为三级：150～350V、300～500V、450～700V。

（2）稳压精度。当交流电源在标称值的±15%范围内变化，输出直流电流在额定值的0～100%范围内变化时，输出直流电压在规定值相应调节范围内任一数值上应保持稳定，直流充电机输出电压稳压精度不应超过±0.5%。

（3）稳流精度。当交流电源在标称值的±15%范围内变化，输出直流电压在规定值相应范围内变化时，输出直流电流在额定值的20%～100%范围内任一数值上应保持稳定，直流充电机输出电流稳流精度不应超过±1%。

（4）纹波系数。当交流电源在标称值的±15%范围内变化，输出直流电流在额定值的0～100%范围内变化时，输出直流电压在规定值相应调节范围内任一数值上应保持稳定，输出纹波有效值系数不应超过±0.5%，纹波峰值不应超过±1%。

（5）输出电流误差。电动汽车直流充电机在恒流状态下运行，输出直流电流设定在额定值的20%～100%范围内，在设定的输出直流电流大于等于30A时，输出电流整定误差不应超过±1%；在设定的输出直流电流小于30A时，输出电流整定误差不应超过±0.3A。

（6）输出电压误差。电动汽车直流充电机在恒压状态下运行，输出直流电压在规定值相应范围内，输出电压整定误差不应超过±0.5%。

（7）输出限流、限压特性。

1）电动汽车直流充电机在恒压状态下运行时，当输出直流电压超过限压整定值时，应能自动限制其输出直流电压的增加，转换为恒压充电运行。

2）电动汽车充电机在恒流状态下运行时，当输出直流电流超过限流整定值时，应能立即进入限流状态，自动限制其输出直流电流的增加。

（8）直流充电机的效率与功率因数。当输出功率为额定功率的50%～100%时，直流充电机的功率因数应大于等于0.90，效率不应小于90%。

（9）均流不平衡度。多台同型号的高频电源模块并机工作时，直流充电机的各模块应能按比例均分负荷，当各模块平均输出直流电流为50%～100%的额定电流值时，其均流不平衡度不应超过±5%。

（10）谐波电流。直流充电机产生的谐波电流不应超过GB/T 19826《电力工程直流电源设备通用技术条件及安全要求》中的规定限值。

（11）噪声。在额定负载和周围环境噪声不大于40dB的条件下，距直流充电机水平位置1m处，测得的噪声最大值不应大于65dB（A级）。

（12）可靠性指标。平均故障间隔时间不应小于8760h。

二、电动汽车直流充电机的功能要求

（1）通信功能。

直流充电机应具有与电动汽车BMS通信的功能，获得电动汽车BMS充电参数和充电实时数据。

（2）人机交互功能。

1）显示功能。显示信息包括以下内容：

（a）直流充电机应显示的信息：

a）电池类型、充电电压、充电电流、电能计量信息。

b）电池单体最高、最低电压。

c）故障及报警信息。

d）在手动设定过程中应显示人工输入信息。

（b）直流充电机可显示信息：电池温度、充电时间、设定参数、单体电池电压。

2）输入功能。直流充电机应具有实现手动输入和控制的功能。

（3）计量功能。直流充电机应具有对输出电能计量的功能。

（4）低压辅助电源。直流充电机应为电动汽车提供低压辅助电源，用于充电过程中为电动汽车BMS供电。

三、电动汽车直流充电机的技术要求

电动汽车直流充电机的技术要求如表9-4所示。

表9-4 　　　　　　　　　电动汽车直流充电机的技术要求

序号	内容
1	直流充电机应具有为电动汽车动力电池系统安全自动充满电的能力，直流充电机依据BMS提供的数据，动态调整充电参数，执行相应动作，完成充电过程
2	直流充电机应具备通过CAN网络与BMS通信的功能，用于判断动力电池类型，获得动力电池系统参数，充电前和充电过程中动力电池的状态参数；直流充电机通过CAN或以太网与充电监控系统通信，上传直流充电机和动力电池的工作状态、工作参数、故障报警等信息，接收控制命令
3	直流充电机应具有良好的人机界面，直流充电机应显示的信息包括动力电池类型、充电电压、充电电流；在手动设定过程中应显示人工输入信息；直流充电机应具有实现外部手动控制的输入设备，以便对直流充电机参数进行设定，并按照参数完成对充电过程的自动控制；在直流充电机的保护系统动作，引起充电中断，此时应能显示故障类型，对比较容易排除的故障提供简单的处理方法
4	直流充电机在脱离BMS的情况下，应自动停止充电
5	直流充电机应具备计量表计预留电气接口和安装空间
6	直流充电机的监控系统应具备事件记录功能，为事故分析和运行测试提供历史数据。同时，直流充电机还需要为充换电站的监控系统提供事件记录数据
7	直流充电机应具有故障报警功能，能主动向监控系统发送故障信息

四、电动汽车直流充电机应具备的安全防护功能

电动汽车直流充电机应具备的安全防护功能如表9-5所示。

表9-5　　　　　　　　电动汽车直流充电机应具备的安全防护功能

序号	内容
1	直流充电机应具备电源输入侧的过电压保护功能
2	直流充电机应具备电源输入侧的欠电压告警功能
3	直流充电机应具备直流输出侧过电流、过电压保护功能
4	直流充电机应具备绝缘监察及直流系统接地故障报警
5	直流充电机应具备软启动功能，软启动时间为3～8s。启动冲击电流不大于额定电流的110%
6	直流充电机应具备急停开关，能通过手动或远方通信指令紧急停止充电
7	直流充电机在启动充电时应需人工确认启动
8	直流充电机应具备防输出短路功能
9	直流充电机应能够判断充电连接器、充电电缆是否正确连接。当直流充电机与电动汽车动力电池系统正确连接后，直流充电机才能允许充电。当直流充电机检测到与电动汽车动力电池系统的连接不正常时，必须立即停止充电
10	直流充电机应具有联锁功能，以保证与电动汽车分开以前车辆不能启动
11	在充电过程中，直流充电机应保证动力电池的温度、充电电压和充电电流不超过允许值
12	在充电过程中，直流充电机应具有明显的状态指示和文字指示，防止人员误操作
13	直流充电机应具有阻燃功能

五、电动汽车直流充电机的功能检验规则

（1）出厂试验。出厂设备应逐台进行出厂试验，试验合格后方可给予出厂试验合格证。

（2）型式试验。设备属于下列情况者应进行型式试验：

1）新研制或转厂生产的直流充电机。

2）当设计、工艺、材料、主要元器件改变而影响直流充电机性能时。

3）停产两年以上再次生产时。

4）在正常生产情况下，每三年进行一次型式试验。

（3）电动汽车直流充电机的功能试验包括电气性能试验、通信性能试验和保护功能试验等。电动汽车直流充电机的功能试验项目如表9-6所示。

表9-6　　　　　　　　电动汽车直流充电机的功能试验项目

序号	试验项目	型式试验	出厂试验	到货验收
1	一般检查	√	√	√
2	电击防护试验	√	√	—
3	电气间隙爬电试验	√	—	—

续表

序号	试验项目	型式试验	出厂试验	到货验收
4	绝缘电阻试验	√	√	√
5	介电强度试验	√	√	—
6	冲击耐压试验	√	—	—
7	输出电压误差试验	√	√	√
8	输出电流误差试验	√	√	√
9	稳压精度试验	√	√	√
10	稳流精度试验	√	√	√
11	纹波系数试验	√	√	√
12	效率试验	√	—	—
13	功率因数试验	√	—	—
14	均流不平衡度试验	√	√	—
15	限压特性试验	√	√	—
16	限流特性试验	√	√	—
17	功能试验		√	√
18	显示功能试验	√	√	√
19	输入功能试验	√	√	√
20	通信功能试验	√	√	√
21	协议一致性试验	√	√	√
22	输入过电压保护试验	√	√	√*
23	输入欠电压保护试验	√	√	√*
24	输出过电压保护试验	√	√	—
25	输出短路保护试验	√	√	
26	绝缘接地保护试验	√	√	—
27	冲击电流试验	√	√	—
28	软启动试验	√	√	
29	电池反接试验	√	√	
30	连接异常试验	√	√	√
31	急停功能试验	√	√	√
32	控制导引试验	√	—	—
33	噪声试验	√	—	—
34	温升试验	√	—	—
35	机械强度试验	√	—	—

序号	试验项目	型式试验	出厂试验	到货验收
36	防护等级试验		—	—
37	防止异物进入试验	√	—	—
38	防止水进入试验	√	—	—
39	低温试验	√	—	—
40	高温试验	√	—	—
41	交变湿热试验	√	—	—
42	静电放电抗扰度试验	√	—	—
43	射频电磁场辐射抗扰度试验	√	—	—
44	电快速瞬变脉冲群抗扰度试验	√	—	—
45	浪涌（冲击）抗扰度试验	√	—	—
46	电压暂停、短时中断抗扰度试验	√	—	—
47	骚扰限值试验	√		
48	辐射骚扰限值试验		—	—
49	传导骚扰限值试验	√	—	—
50	谐波电流发射试验	√	—	—

注　"√"为必检项目；√*为选检项目。

第三节　电动汽车直流充电机的工作原理和技术特点

　　电动汽车直流充电机的主电路按其工作原理、工作方式的不同，可以有多种电路结构原理，综合当前电动汽车充电机的使用情况，本节重点介绍电动汽车高频开关电源充电机的工作原理及系统组成，电动汽车高频开关电源充电机的电路原理及系统组成图如图9-4所示。

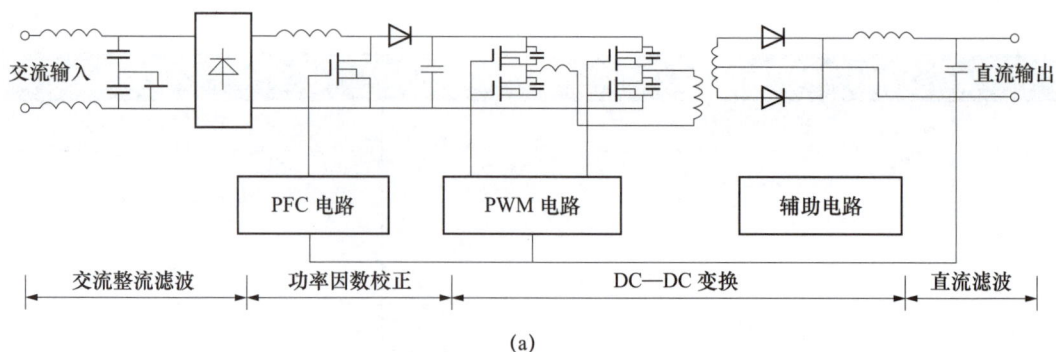

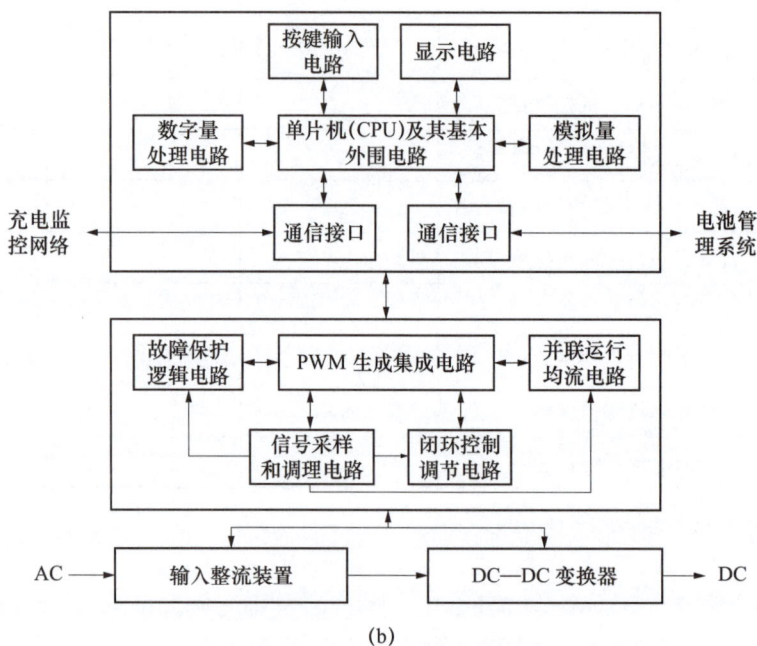

图9-4 电动汽车高频开关电源充电机的电路原理及系统组成图

（a）原理接线图；（b）充电系统框图

电动汽车高频开关电源充电机由：①整流电路；②调整控制电路；③功率因数校正网络；④辅助电路；⑤充电机控制管理单元（CPU）；⑥人机接口单元；⑦远程通信单元；⑧电能计量单元等部分组成。

（1）整流电路。整流电路由交流整流滤波、DC—DC变换（高频变换）器等元器件组成，其作用是从单相或三相交流电网取得交流电，并将其转换为符合要求的直流电。

（2）调整控制及保护电路。调整控制电路采用PWM脉宽调制电路，它包括输出采样、信号放大、控制调节、基准比较等单元，其作用是对输出电压进行检测和取样，并与基准定值进行比较，从而控制高频开关功率管的开关时间比例，达到调节输出电压的目的。电动汽车高频开关电源充电机调整控制电路原理结构图如图9-5所示。信号输入及故障保护原理结构图如图9-6所示。

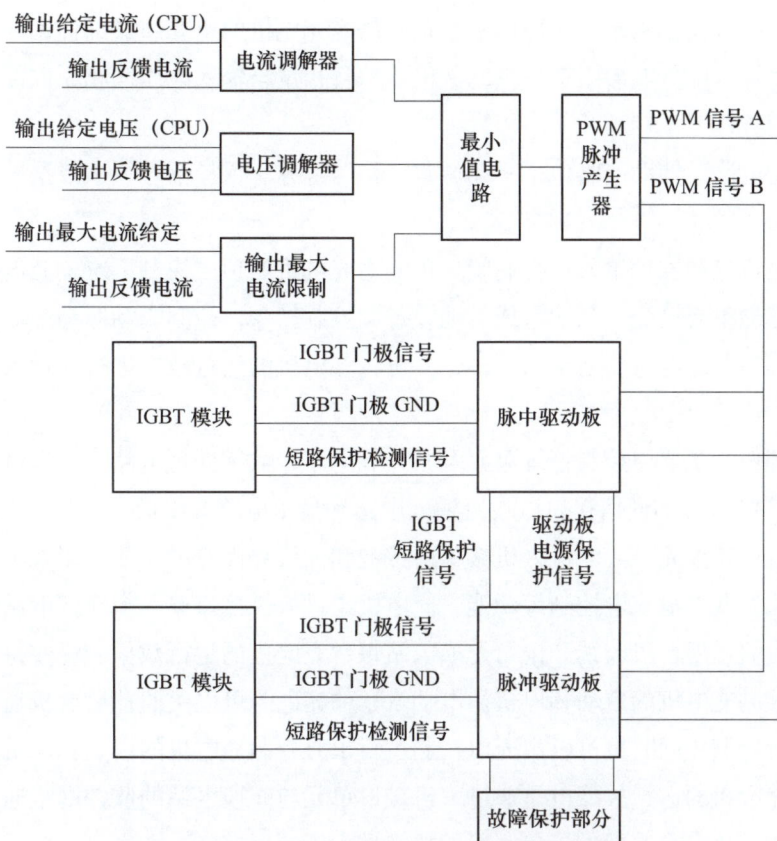

图9-5　电动汽车高频开关电源充电机调整控制电路原理结构图

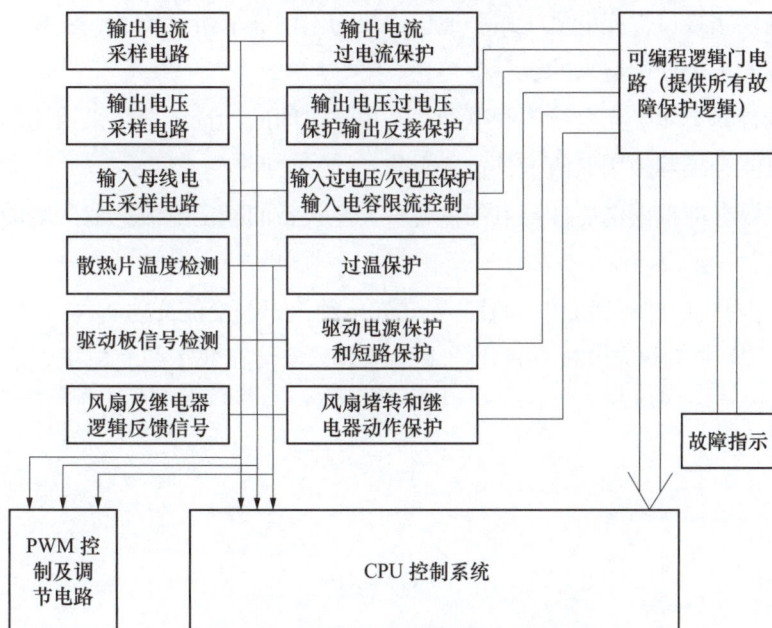

图9-6　信号输入及故障保护原理结构图

（3）功率因数校正网络。功率因数校正网络是充电机的重要组成部件，其功能是通过控制过程，使输入电流波形跟踪正弦基波电流，且相位与输入电压同相，以保持输出电压稳定和功率因数接近于1.0。

（4）辅助电路。辅助电路包括手动调整、稳压电源、保护信号、事故报警以及通信接口等。

（5）充电机控制管理单元。控制管理单元为充电机的顶层控制系统，充电机在充电操作时，控制管理单元接受人工输入或其他设备的控制指令，控制驱动脉动生成系统的启动与停止，从而控制充电机的启动与停机，并可将充电机的运行数据进行显示或传输给上层监控计算机。

控制管理单元主要由控制管理单元及其外围电路、数字处理电路、模拟量处理电路、RS-485通信接口、CAN通信接口、按键输入电路和显示电路等组成。

（6）人机接口单元。充电机人机接口由按键和人机界面彩屏（或数码管）组成，具有计算机远程监控及电池充电控制等功能。充电机通过人机接口单元与充换电站的监控网络接口通信，由监控后台机监视和记录充换电站每台充电机的运行数据、修改每台充电机的运行参数、控制充电机的启动和停机。电动汽车的充电既可以由监控后台机通过通信接口对充电机进行控制，同时也可以由充电控制逻辑单元控制充电机的启动和停机。

另外，充电机的运行故障也是通过人机接口单元与充换电站的监控网络通信，由监控后台机显示故障信息，并提供简单明了的故障排除指示。

（7）远程通信接口单元。充电机（站）远程通信接口单元（Internet接口）作用是与电网调度通信网络接口，充电机（站）通信协议与电网通信协议统一，实现充电机（站）的远程监控及无人值守站数据的统一上传。

（8）电能计量单元。充电设施和电动汽车用户之间的计量结费是采用现场缴费和储值卡预付费等方式，推荐使用储值卡预付费方式。

电能计量装置应根据电能计量点的位置及充电设备的额定电流选取。电能计量装置配置如下：

1）交流充电桩应选用智能电能表，安装在电动汽车与交流充电桩之间。

2）电动汽车非车载充电机宜选用直流电能表，安装在非车载充电机直流输出端和电动汽车之间。

第四节　电动汽车的直流充电机设备

一、电动汽车传导式整车充电一机一桩充电机设备

分体式一机一桩充电机由整流柜和直流充电桩两部分组成，它们之间通过电缆连接组成一套完整的充电机。形式为一机一桩（一套整流柜连接直流充电桩）。

电动汽车传导式整车充电一机一桩充电机设备种类繁多，本节以ZCD系列非车载电动汽车高频开关电源充电机为例进行讲述。

1. ZCD系列非车载电动汽车高频开关电源充电机原理结构

ZCD系列非车载充电机为模块化设计，单个充电模块的输出功率为10kW。10kW以上充电机采用2个或2个以上的充电模块并联工作，满足整机输出功率需求。

（1）ZCD20充电模块。ZCD20充电模块输入采用无源功率因数校正电路，ZCD20充电模块原理拓扑图如图9-7所示，ZCD20充电模块实物图如图9-8所示。

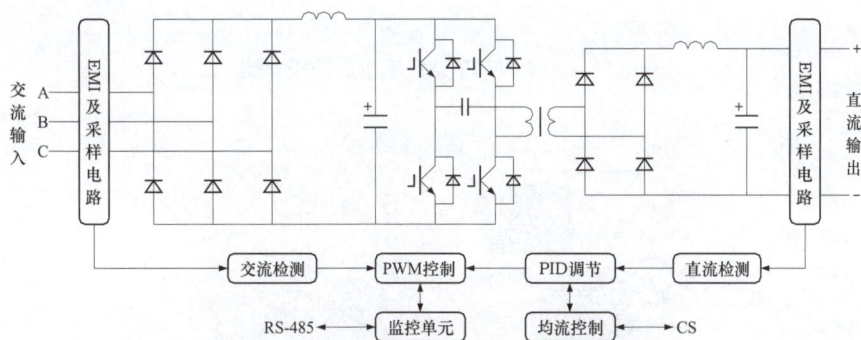

图9-7　ZCD20充电模块原理拓扑图

图9-8　ZCD20充电模块实物图

（2）10kW非车载充电机（ZCD11、ZCD21系列）。10kW非车载充电机是采用1个ZCD20充电模块单机工作，并通过RS-485连接监控与通信管理单元，具备人机交互、与BMS通信等非车载充电机的全部功能，10kW非车载充电机原理拓扑图如图9-9所示，10kW充电机实物图如图9-10所示。

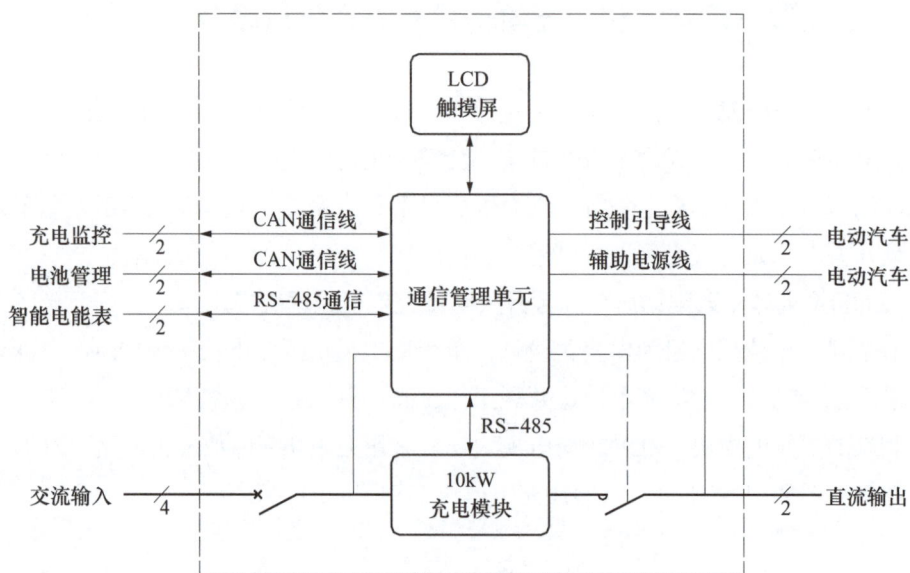

图9-9　10kW非车载充电机原理拓扑图

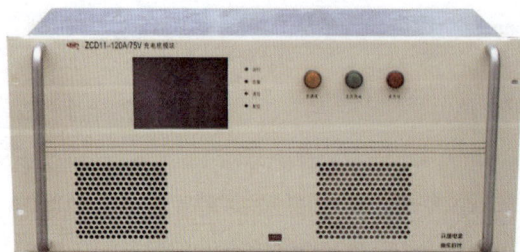

图9-10　10kW充电机实物图

（3）20～200kW非车载充电机（ZCD1X、ZCD2X系列，X为并联模块个数）。20～200kW非车载充电机是采用2～20个ZCD10或ZCD20充电模块并机工作，并通过RS-485连接监控与通信管理单元，具备人机交互、与BMS通信等非车载充电机的全部功能，20～200kW非车载充电机原理拓扑如图9-11所示，20～200kW非车载充电机实物图如图9-12所示。

2. ZCD系列非车载电动汽车高频开关电源充电机功能特点

ZCD系列非车载电动汽车高频开关电源充电机具有为电动汽车动力电池安全、自动充满电的能力，ZCD系列非车载电动汽车高频开关电源充电机依据BMS提供的数据，能动态调节充电电流或电压参数，执行相应的动作，完成充电过程。ZCD系列非车载电动汽车高频开关电源充电机典型的充电程序流程如图9-13所示。

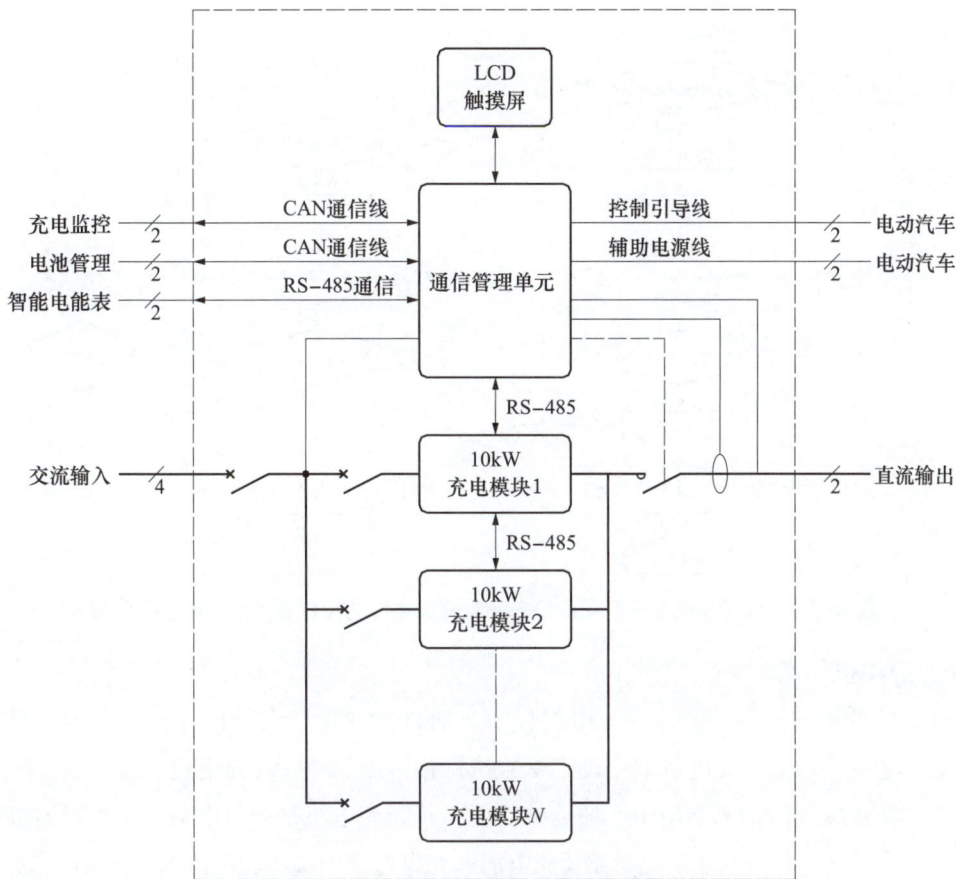

图9-11　20～200kW非车载充电机原理拓扑图

图9-12　20～200kW非车载充电机实物图

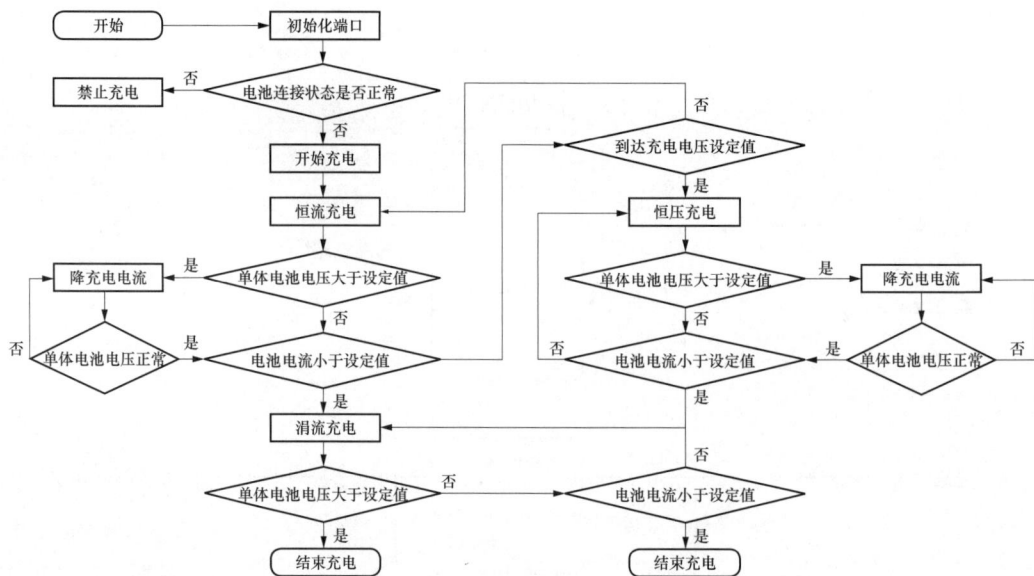

图9-13 ZCD系列非车载电动汽车高频开关电源充电机典型的充电程序流程

3. 充电机特点

（1）具备手动充电功能，在充电过程中，通过专业操作人员设置充电方式、充电电压、充电电流等参数，充电机根据设定参数执行相应操作，完成充电过程。

（2）具备高速CAN网络与BMS通信的功能，判断充电机是否与电动汽车正确连接，判断动力电池类型，获得电池系统参数及充电前和充电过程中整组和单体电池的实时数据。

（3）可通过高速CAN网络或以太网与充电监控系统通信，上传充电机和动力电池的工作状态、工作参数和故障告警信息，接受启动充电或停止充电控制命令。

（4）彩色触摸屏显示与输入人机交互界面，可显示当前电池类型、充电方式、充电电流、充电电压、充电时间、充电电量及计费信息；在手动设定过程中能显示输入和帮助信息；在出现故障时能显示相应告警内容；通过触摸屏可对充电机的参数进行设定或对充电机进行启动或停止控制。

（5）完备的安全防护措施：

1）紧急停止充电按钮。

2）人工确认启动充电。

3）交流输入过电压保护功能。

4）交流输入欠电压告警功能。

5）交流输入过电流保护功能。

6）直流输出过电流保护功能。

7）直流输出短路保护功能。

8）直流输出防止反接功能。

9）在充电过程中，充电机能保证动力电池的温度、充电电压和电流不超过允许值。

10）具有单体电池电压限制功能，自动根据BMS的电池信息动态调整充电电流。

11）自动判断充电连接器、充电电缆是否正确连接。当充电机与电动汽车正确连接后，充电机才能允许启动充电过程；当充电机检测到与电动汽车连接不正常时，立即停止充电。

12）具有充电联锁功能，保证充电机与电动汽车连接分开以前车辆不能启动。

13）具有阻燃功能。

4．技术指标

（1）环境条件：

1）工作温度：-20～50℃。

2）相对湿度：5%～95%。

3）海拔高度：小于等于2000m。

（2）交流输入：

1）交流工作电压：380V（1±15）%（三相四线）。

2）交流工作频率：50Hz±1Hz。

3）满载功率因数：ZCD10系列大于等于0.99，ZCD20系列大于等于0.94。

4）谐波电流总畸变率：ZCD10系列小于等于5%，ZCD20系列小于等于26%。

（3）直流输出：

1）稳流精度：不超过±1%。

2）稳压精度：不超过±0.5%。

3）纹波系数：小于等于0.5%。

4）满载效率：ZCD10系列大于等于92%，ZCD20系列大于等于94%。

5）最高电压：1.05×电池充电限制电压×电池串联个数。

6）最低电压：电池放电限制电压×电池串联个数。

7）最大电流：按电池厂家要求的最大充电电流确定。

8）最大功率：最高输出电压×最大输出电流，按10kW的倍数确定。

（4）结构防护：

1）外壳防护等级：室内IP32、室外IP54，结构上防止手触及带电部分。

2）充电机金属外壳和零件采用双层防锈处理，非金属外壳具有防氧化保护膜或进行防氧化处理。

3）充电机内部印制电路板、接插件进行防潮湿、防霉变、防烟雾处理。

（5）平均无故障时间大于等于50000h。

二、电动汽车传导式整车直流充电一机双桩分体式充电机设备

图9-14 电动汽车传导式整车直流充电一机双桩分体式充电机基本构成示意图

（1）一机双桩分体式充电机基本构成。分体式充电机由整流柜和直流充电桩两部分组成，它们之间通过电缆连接组成一套完整的充电机。一机双桩指一套整流柜连接两个直流充电桩，两个直流充电桩同时输出电流，具备直流输出功率自动分配功能。一套完整的分体式充电机电气二次电缆接线包括充电桩与整流柜控制模块CAN总线通信，整流柜与充电桩的电源，急停装置，整流柜由控制模块与充电桩车载BMS接线。电动汽车传导式整车直流充电一机双桩分体式充电机基本构成示意图如图9-14所示。

（2）分体式充电机工作原理。分体式充电机集充电模块、充电控制、计量计费、通信等功能于一体，充电终端放置于室外，采用模块化设计可以灵活配置。

电动汽车分体式充电机由380V交流供电，经过整流模块将交流转换成直流输出，由分体式充电机控制系统与BMS共同控制电压、电流输出，为车载电池充电。正常情况下分体式充电机处于待机状态，当正确连接充电插件后启动充电，系统会检查与BMS的通信情况，只有在通信正常的情况下方可启动充电过程。电动汽车传导式整车直流充电一机双桩分体式充电机根据充电需要，可以单桩对电动汽车充电，也可以双桩同时对电动汽车充电。双桩同时对电动汽车充电时充电机控制系统对功率自动分配。

电动汽车传导式整车直流充电一机双桩分体式充电机工作原理示意图如图9-15所示。

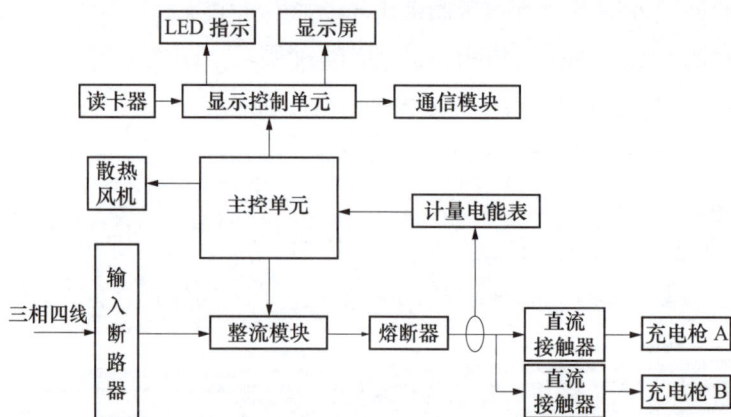

图9-15 电动汽车传导式整车直流充电一机双桩分体式充电机工作原理示意图

（3）电动汽车一机双桩分体式充电机主要功能如表9-7所示。

表9-7　　　　　　　　电动汽车一机双桩分体式充电机主要功能

序号	功能
1	完善的保护功能：具有交流输入过、欠电压，直流输出过、欠电流，短路，防雷，过充电，过热等保护功能
2	灵活的通信方式：采用以太网、GPRS、RS-485、CAN等通信接口，可以进行充电桩集中管理，支持本地和远程升级
3	人性化设计：人机交互界面采用高性能ARM芯片和7寸液晶显示屏操作简单方便
4	模块化设计：充电桩各功率单元采用模块化设计，方便扩容和维护，维护简单方便无须断电
5	多模式充电：充电方式采用多样化设计具有自动充满、按时间、按功率、按金额、按电量等多样式操作。具备非接触式IC卡和手机App扫码等充电支付方式，同时可以进行微信支付
6	双输送功率自动分配功能：若A枪先充电，B枪后充电，则当A枪需求总功率均分值时，充电桩半功率输出；当B枪需求总功率均分值时，充电桩半功率输出

（4）电动汽车一机双桩分体式充电机功能特点如表9-8所示。

表9-8　　　　　　　　电动汽车一机双桩分体式充电机功能特点

序号	特点
1	智能型充电模块具有休眠功能，可以根据负荷电流的大小自动选择启动的模块数量，使模块高效运行，实现智能化效能管理
2	能提供单、双充电接口输出，充电方式多样化
3	支持双充电接口同时充电输出，支持交、直流充电输出
4	支持离线及联网运行充电模式
5	支持以太网、GPRS、3G/4G后台通信
6	支持预约充电、二维码识别功能
7	支持自动充电、限时充电、限量充电等多种充电方式
8	具有实时计量计费功能，支持本地或后台计费
9	实时语音配合界面操作，直观准确指导充电步骤
10	具有完善的安全防护功能：急停功能，交流输入过、欠电压，直流输出过、欠电压（保护值可设置），过负荷，短路，漏电，防雷，过热，绝缘，电池反接，电池过电压，电池故障等保护功能
11	故障记录功能：检测充电设备故障，保存故障发生时间、类型，供用户查询
12	充电记录功能：保存每次充电的卡号、充电开始与结束时间、电量、充电时长、金额等
13	具有与站内监控系统通信的功能，实现充电信息上传

三、一体式直流充电机

图9-16 电动汽车传导式整车直流充电一体式直流充电机实物图

（1）一体式直流充电机基本构成。一体式，即是将充电模块、充电控制、计量计费、通信、充电枪等所有构成单元集中于一体的电动汽车充电设备。电动汽车传导式整车直流充电一体式直流充电机实物图如图9-16所示。

（2）一体式直流充电机工作原理。电动汽车一体式充电机由380V交流电源供电，经过整流模块将交流电转换成直流电输出，由充电机控制系统与BMS共同控制电压、电流输出，为车载电池充电。正常情况下一体式充电机处于待机状态，当正确连接充电插件后启动充电，系统会检查与BMS的通信情况，只有在通信正常的情况下方可启动充电过程。

（3）一体式直流充电机主要功能如表9-9所示。

表9-9　　　　　　　电动汽车一体式直流充电机主要功能

序号	功能
1	具备恒流恒压充电功能，适用于对车载高压锂电池系统进行充电
2	一体式直流充电机具备CAN总线接口，用于和BMS通信，在设置为BMS充电方式时，充电系统根据BMS的控制命令，实时调整充电电压、电流，且当BMS发出停止或异常信息后能自动停止充电
3	充电方式支持GB/T 27930或用户定制协议
4	设备具备输入欠电压、输入过电压、输出短路、输出过电压、输出过电流、电池反接、绝缘检测、通信故障等保护功能。外部装有运行指示灯，能够实时显示充电系统状态
5	配置高压直流充电枪，能够有效保证充电安全
6	配置真彩触摸屏作为人机操作界面，同时可使用新型充电手机客户端扫描二维码进行充电
7	具有开放、共享的数据服务平台和管理平台（云平台）
8	充电系统能够确保在室外环境正常使用，防护级别为IP54

（4）电动汽车一体式直流充电机特点如表9-10所示。

表9-10　　　　　　　电动汽车一体式直流充电机特点

序号	特点
1	智能型充电模块具有休眠功能，可以根据负载电流的大小自动选择启动的模块数量，使模块高效运行，实现智能化效能管理
2	支持离线及联网运行充电模式
3	支持以太网、GPRS、3G/4G后台通信
4	支持预约充电、二维码识别功能

序号	特点
5	支持自动充电、限时充电、限量充电等多种充电方式
6	具有实时计量计费功能，支持本地或后台计费
7	实时语音配合界面操作，直观准确指导充电步骤
8	具有完善的安全防护功能：急停功能、交流输入过、欠电压，直流输出过、欠电压（保护值可设置），过负荷，短路，漏电，防雷，过热，绝缘，电池反接，电池过电压，电池故障等保护功能
9	故障记录功能：检测充电设备故障，保存故障发生时间、类型，供用户查询
10	充电记录功能：保存每次充电的卡号、充电开始和结束时间、电量、充电时长、金额等
11	具有与站内监控系统通信的功能，实现充电信息上传

第五节　电动汽车充电机的现场调试

一、电动汽车充电机上电调试前的检查

1. 电动汽车充电机的外观与组成部件检查

首先确认所有产品及附件齐全，对照安装设计图纸，检查总体外观，要求无明显色差，柜内各部件安装位置、外观、标识、接地排接地是否良好无误。电动汽车充电机整流柜组成部件外观检查要求如表9-11所示。

表9-11　　　　电动汽车充电机整流柜组成部件外观检查要求

序号	检查要求
1	接地警示等标识齐全
2	整流柜铭牌齐全完整
3	外壳应平整，无明显凹凸痕、划伤、变形等缺陷
4	表面涂镀层均匀、无脱落
5	零部件紧固可靠，无锈蚀、毛刺、裂纹等缺陷和损伤
6	整流柜内接地符合规范要求
7	柜内螺钉紧固完好
8	端子及布线无裸露
9	产品技术资料及其他附件按照发货清单确认

2. 电动汽车充电桩组成部件外观检查

电动汽车充电桩组成部件外观检查项目如表9-12所示。

表9-12 电动汽车充电桩组成部件外观检查项目

序号	检查项目
1	充电桩铭牌
2	充电枪及接线
3	屏幕
4	前置
5	TCU计量计费
6	急停按钮及M板
7	桩体内螺钉、端子及接线
8	天线及GPS
9	辅助电源
10	熔断器
11	分流器准确度等级0.2级
12	电能表1级
13	其他部件及外观

3. 电动汽车充电桩标识检查

电动汽车充电桩标识检查项目如表9-13所示。

表9-13 电动汽车充电桩标识检查项目

序号	检查项目
1	带电标识
2	充电接口标识
3	充电操作步骤标识
4	接地标识
5	产品技术资料及其他附件按照发货清单确认

二、电动汽车充电机上电调试及功能检测

要求上电前确认无裸露接线错误、短路等危险后，整流柜与充电机各部件依次上电后无异常，再检查各功能是否正常。电动汽车充电机上电调试及功能检测内容如表9-14所示。

表9-14 电动汽车充电机上电调试及功能检测内容

序号	项目	上电调试及功能检测内容
1	显示功能	能否显示正确信息，并且显示字符清晰、完整、没有缺损，无变色
2	触摸功能	屏幕点击是否准确、灵敏
3	状态指示灯	电源灯是否常亮，待机状态其余灯不亮
4	软件版本	版本号、日期、校验码是否与现场需求版本相符
5	整流柜与充电机通信	各部件通信是否正常，有无告警

序号	项目	上电调试及功能检测内容
6	充电模块	状态是否正常，是否可正常输出
7	急停开关	按钮是否可正常操作
8	滑放	是否可进行泄放
9	充电枪	充电枪锁枪、反馈、辅助电源、正负极输出、连接确认等功能是否正常
10	接触器	闭合、断开及反馈是否正常
11	加热器及风扇	对加热器温度进行人工设定，风扇是否正常运作
12	电操	脱扣是否可控
13	避雷器	是否报警，安装是否牢固
14	刷卡功能	读卡器读取是否正确，有无异常
15	CPS功能	GPS数据是否正确
16	天线	设备是否在线
17	其他	界面有无故障，红灯有无报警，其他可能异常的状况

三、电动汽车充电机TUC注册调试

要求安装客户提供的物联卡，确保TCU在线后，在注册界面进行注册，3min重启，确定TCU成功注册，正确记录物联网卡号、注册码、资产码、GPS数据、TCU内部DB文件、MAC地址等信息。电动汽车充电机TUC注册调试内容如表9-15所示。

表9-15 　　　　　　　　　　电动汽车充电机TUC注册调试内容

序号	项目	TUC注册调试内容
1	上线	安装天线、GPS、物联卡、加密芯片
2	注册	使用客户提供注册码注册并记录
3	重启	等待足够时间后重启

四、电动汽车充电机联车测试

要求确保3种充电方式可正常充电，各参数显示正常，电量计费等功能正常，为接入车辆网后台做准备。电动汽车充电机联车测试内容如表9-16所示。

表9-16 　　　　　　　　　　电动汽车充电机联车测试内容

序号	项目	联车测试内容
1	刷卡充电	使用国网充电卡进行充电
2	扫二维码充电	使用"e充电"App二维码功能充电
3	使用账号密码充电	使用"e充电"App账号及支付密码充电

五、车联网数据校验

要求按照车联网后台要求进行现场充电，配合车联网后台完成充电桩接入车联网工作。

六、调试完成

要求完成接入工作后，编写调试报告，确保所有标示正常、柜门是否锁紧、现场无物品遗漏等工作后方可离开现场。

第十章
电动汽车传导式整车交流充电设备及技术

第一节 电动汽车交流充电技术概述

一、交流充电技术的特点

交流充电技术也称常规充电或慢速充电，需外部提供220V或380V交流电源向电动汽车车载充电机供电，由车载充电机给动力电池充电。交流充电技术有以下特点：

（1）交流充电电流一般较小，大约15A，充电时间较长。

（2）交流充电设备的制造和安装成本较低，可单独或配合直流充电机广泛配置于居民小区，停车场或充换电站。

二、电动汽车发展对交流充电技术的要求

电动汽车发展对交流充电技术的要求如表10-1所示。随着电动汽车的逐步推广和产业化，电动汽车对充电桩技术的要求表现出了一致的趋势，即要求充电桩尽可能向表10-1所示的各项目标靠近。

表10-1　　　　　　　　　电动汽车发展对交流充电技术的要求

序号	内容
1	高安全性：影响电动汽车安全性的主要因素是电池的充电过程，所以对于电动汽车充电桩，必须具备必要的安全防护技术措施，以提高电动汽车充电过程的安全性
2	充电通用化：目前电动汽车呈现多个品牌、多种车型共存的局面，因此对于公共场所的充电桩，必须具有适应不同车型的能力，即充电系统需要具有通用性
3	充电集成化：随着充电系统向小型化和多功能化方向发展，以及对充电过程可靠性和稳定性要求的提高，充电桩应采用体积更小、集成化更高的解决方案，从而大大降低系统成本，并可优化充电效果
4	操作简单化：目前充电桩大部分是处于无人值守的状态，而服务对象是广大群众，为了使所有用户都能独立完成操作，电动汽车充电桩的操作过程必须简单方便。如果充电装置的操作复杂，势必需要更多的高素质技术人员，增加管理成本

第二节　车载充电机

车载充电机是指安装在电动汽车上，采用地面交流电网和车载电源对电池组进行充电的装置。车载充电机由交流输入端口、功率单元、控制单元、低压辅助电源单元、直流输出端口等部分组成。

车载充电机一般采用单相供电方式，充电功率较小，充电时间较长（一般5～8h）。车载充电机和BMS、其他低压用电系统都安装在电动汽车上，相互之间可利用电动汽车的内部线路网络进行通信。由于受电动汽车车载质量和体积的限制，车载充电机要求尽可能体积小、质量轻。

车载充电机充电功率较小，主要为小型电动汽车进行补充电能，因此可利用建在路边、小区等的交流充电桩为电动汽车充电，并充分利用低谷时段充电。

一、车载充电机的工作原理

电动汽车充电机的主电路按其工作原理、工作方式的不同，可以有多种电路结构，电动汽车车载高频开关电源充电机的原理拓扑图如图10-1所示。图中，电动汽车车载高频开关电源充电机主要由交流检测与整流电路、功率因数校正网络(APFC)、调整控制及保护电路、辅助电路及充电机控制管理单元组成。

（1）交流检测与整流电路。整流电路由交流整流滤波、DC—DC变换（高频变换）器等元器件组成，其作用是从单相或三相交流电网取得交流电，并将其转换为符合要求的直流电。

（2）功率因数校正网络。功率因数校正网络是充电机的重要组成部件，其功能是通过控制过程，使输入电流波形跟踪正弦基波电流，且相位与输入电压同相，以保持输出电压稳定和功率因数接近于1.0。

（3）调整控制及保护电路。调整控制电路采用PWM脉宽调制与PID调节电路，它包括输出采样、信号放大、控制调节、基准比较等单元，其作用是对输出电压进行检测和取样，并与基准定值进行比较，从而控制高频开关功率管的开关时间比例，达到调节输出电压的目的。

（4）辅助电路。辅助电路包括手动调整、稳压电源、保护信号、事故报警以及通信接口等。

（5）充电机控制管理单元。控制管理单元为充电机的顶层控制系统，充电机在充电操作时，控制管理单元接受人工输入或其他设备的控制指令，控制驱动脉动生成系统的启动与停止，从而控制充电机的启动与停机，并可将充电机的运行数据进行显示或传输给上层监控计算机。

电动汽车车载高频开关电源充电机的实物图如图10-2所示。

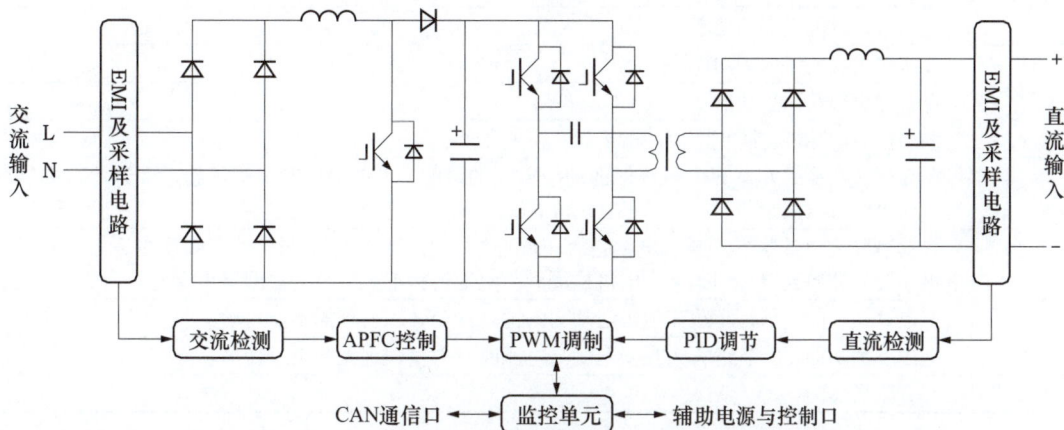

图10-1　电动汽车车载高频开关电源充电机的原理拓扑图

图10-2　电动汽车车载高频开关电源充电机的实物

二、车载充电机的功能特点

（1）具有为电动汽车动力电池安全、自动充满电的能力，车载充电机依据BMS提供的数据，能动态调节充电电流或电压参数，执行相应的动作，完成充电过程。

（2）具备高速CAN网络与BMS通信的功能，判断电池连接状态是否正确，获得电池系统参数及充电前和充电过程中整组和单体电池的实时数据。

（3）可通过高速CAN网络与车辆监控系统通信，上传车载充电机的工作状态、工作参数和故障告警信息，接受启动充电或停止充电控制命令。

三、车载充电机具备的安全防护措施

车载充电机具备的安全防护措施如表10-2所示。

表10-2 车载充电机具备的安全防护措施

序号	内容
1	交流输入过电压保护功能
2	交流输入欠电压告警功能
3	交流输入过电流保护功能
4	直流输出过电流保护功能
5	直流输出短路保护功能
6	输出软启动功能，防止电流冲击
7	在充电过程中，车载充电机应保证动力电池的温度、充电电压和电流不超过允许值，并具有单体电池电压限制功能，自动根据BMS的电池信息动态调整充电电流
8	自动判断充电连接器、充电电缆是否正确连接。当车载充电机与电池正确连接后，车载充电机才允许开始充电。当车载充电机检测到与电池连接不正常时，立即停止充电
9	充电联锁功能，保证车载充电机与动力电池连接分开以前车辆不能启动
10	高压互锁功能，当有危害人身安全的高电压时，模块锁定无输出
11	具有阻燃功能

四、车载充电机的技术指标

（1）环境条件。

1）工作温度：-30～70℃（50℃以上限制输出功率为50%）。

2）相对湿度：5%～95%。

3）海拔高度：小于等于2000m。

（2）交流输入。

1）交流工作电压：220V（1±20%）（单相三线）。

2）交流工作频率：50Hz±1Hz。

3）满载功率因数：大于等于0.99。

4）谐波电流总畸变率：小于等于5%。

（3）直流输出。

1）稳流精度：不超过±0.5%。

2）稳压精度：不超过±0.5%。

3）纹波系数：小于等于0.5%。

4）满载效率：大于等于94%。

5）电压范围：140～350V。

6）电流范围：1～8A。

7）最大功率：2.5kW。

（4）结构防护。

1）全封闭结构，外壳防护等级IP54。

2）车载充电机金属外壳和零件采用双层防锈处理，非金属外壳具有防氧化保护膜或进行防氧化处理。

3）对车载充电机内部印制电路板、接插件进行防潮湿、防霉变、防烟雾处理。

五、车载充电机的正确使用

车载充电机正确使用的注意事项如表10-3所示。

表10-3　　　　　　　　　　车载充电机正确使用的注意事项

序号	注意事项
1	将车载充电机的输入线与供电系统相连接
2	将输出端与电池的充电母线相连接，注意正负极
3	确认供电系统供电是否满足本产品输入电的参数，然后闭合交流供电电源
4	当车载充电机收到BMS开机指令时开始工作，面板指示灯的工作灯和电源灯会亮，这时车载充电机的输出电压和电流为BMS设置的电压、电流值
5	车载充电机的工作参数是通过CAN通信线BMS设定的，电源的参数监控是通过CAN总线与系统内部的控制器相连接，能将电源工作时的参数上报给系统，作为系统监视车载充电机运行的依据

第三节　电动汽车交流充电桩

交流充电桩是指固定安装在电动汽车外，与电网连接，为电动汽车车载充电机提供交流电源的供电装置。

按照安装方式的不同，交流充电桩可分为壁挂式和落地式两种。壁挂式交流充电桩适合在空间拥挤、周边有墙壁等固定建（构）筑物外实行壁挂安装。落地式交流充电桩适合在地下停车场或车库等各种停车场和路边停车位进行地面安装。

按提供的充电接口数量不同，交流充电桩可分为一桩一充式和一桩多充式两种。一桩一充式交流充电桩提供一个充电接口，适用于停车密度不高的停车场和路边停车位。一桩多充式交流充电桩提供多个充电接口，可同时为多辆电动汽车充电，适用于停车密度较大的停车场所。

一、交流充电桩结构原理

交流充电桩的基本构成包括桩体、控制电源、控制单元、电气模块、动力电源接口、充电接口、人机交互界面，以及计量计费单元等。交流充电桩的结构原理示意图如图10-3所示。

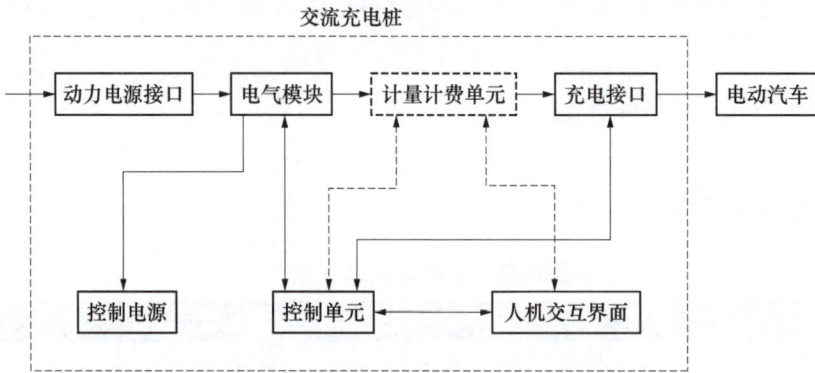

图10-3 交流充电桩的结构原理示意图

交流充电桩原理拓扑图如图10-4所示。落地式交流充电桩实物图如图10-5所示。壁挂式交流充电桩实物图如图10-6所示。

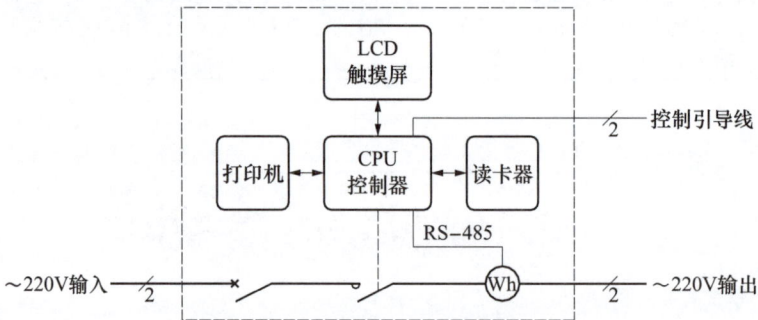

图10-4 交流充电桩原理拓扑图

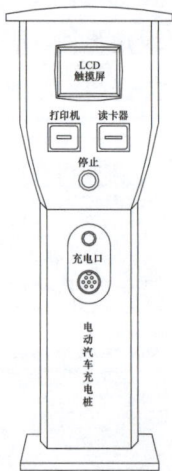

图10-5 落地式交流充电桩实物图   **图10-6** 壁挂式交流充电桩实物图

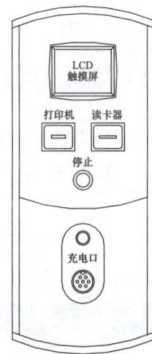

二、交流充电桩的技术条件

（1）交流充电桩应具备的功能。交流充电桩的系统简单、占地面积小、操作方便，主要应具备控制导引、远程通信人机交互、计量计费等功能。交流充电桩应具备的功能如表10-4所示。

表10-4　　　　　　　　　　交流充电桩应具备的功能

序号	内容
1	控制导引功能：交流充电桩具备与电动汽车之间传输信号或通信的功能
2	远程通信功能：具备与上级监控管理系统通信的功能
3	人机交互功能：交流充电桩应能显示其在各状态下的相关信息，交流充电桩可具有实现手动输入和控制的功能
4	计量计费功能：公用型交流充电桩应具有对充电电能进行计量的功能，计量功能应符合GB/T 28569的要求
5	锁止功能：在额定电流大于16A的情况下，供电插座应安装锁止装置，避免充电过程中拔出供电插头
6	急停功能：交流充电桩可安装急停装置来切断供电设备和电动汽车之间的联系，以防电击、起火或爆炸。启动急停装置时应切断交流充电桩的动力电源输入，急停装置应具备防止误操作的措施
7	安全防护功能：交流充电桩具备过负荷保护、短路保护、漏电保护、防雷击保护、带负荷分合功能，可有效保证使用人员和充电车辆的使用安全

（2）交流充电桩应满足的技术要求。交流充电桩作为电动汽车电能补给的一 种重要方式，通常安装于公共建筑和居民小区停车场或充换电站内，可以固定在地面或墙壁上，为各种型号的电动汽车充电。为了保证用户的充电过程顺利进行，交流充电桩应满足的技术要求如表10-5所示。

表10-5　　　　　　　　　　交流充电桩应满足的技术要求

序号	内容
1	硬件设计符合功能完善理念：电气回路应包括防雷器、交流熔断器、空气断路器（带漏电保护）、交流接触器、充电连接器、急停按钮等元器件，且材料配件选用阻燃材料
2	安全防护措施完备：具有过负荷、过电流、过温、防雷及交直流漏电保护功能
3	性能优化升级：配置具有嵌入式芯片的主控制器，支持电动汽车充电卡支付、通信协议、充电接口管理、联网监控、预约充电等功能的优化升级
4	友好的人机交互：界面显示信息完备、充电流程简易化，自动安全检测、操作简单，控制方便且操作上具有较强的容错性
5	高安全性、可靠性：交流充电桩壳体坚固、防护等级达标（室内IP32，室外IP54）、防潮湿、防霉变、防锈（防氧化）

（3）交流充电桩的功能特点如表10-6所示。

表10-6 交流充电桩的功能特点

序号	内容
1	人机交互界面采用大屏幕LCD彩色触摸屏，充电可选择定电量、定时间、定金额、自动（充满为止）四种模式。显示当前充电模式、时间（已充电时间和剩余充电时间）、电量（已充电电量、待充电电量）及当前计费信息
2	交流充电桩应具备输出侧漏电保护，输出侧过电流保护，以及短路、过、欠电压保护等功能，具备急停开关等安全防护功能
3	自动判断充电连接器、充电电缆是否正确连接，当交流充电桩与电动汽车正确连接后，交流充电桩才能允许启动充电过程。当交流充电桩检测到与电动汽车连接不正常时，立即停止充电
4	具有阻燃功能

（4）交流充电桩技术指标。

1）环境条件。

（a）工作温度：-20 ~ 50℃。

（b）相对湿度：5% ~ 95%。

（c）海拔高度：小于等于1000m。

（d）特殊环境下由厂家和用户协商确定。

2）工作电源。

（a）交流工作电压：220V（1±15%）。

（b）交流工作频率：50Hz±1Hz。

（c）额定电流：32A。

3）结构防护。

（a）交流充电桩壳体坚固，防护等级应不低于IP32（室内）或IP54（室外），结构上防止手触及带电部分。

（b）交流充电桩铁质外壳和暴露在外的铁质零件采用双层防锈处理，非金属外壳具有防氧化保护膜或进行防氧化处理。

（c）交流充电桩内部印制电路板、接插件进行防潮湿、防霉变、防盐雾处理。

（d）平均无故障时间大于等于50000h。

三、交流充电桩检验和试验分类

交流充电桩的检验和试验主要包括型式试验、出厂检验和到货验收。

（1）在下列情况下，产品必须进行型式试验：

1）连续生产的产品应每三年对出厂验收合格的产品进行一次型式试验。

2）当设计、工艺、材料、主要元器件改变而影响充电机性能时，均应对首批投入生产的合格品进行型式试验。

3）当设计投产的产品（包括转厂生产），在生产鉴定前应进行新产品的定型型式试验。

4）停产两年以上的产品，再次生产前应进行型式试验。

（2）出厂设备应逐台进行出厂检验，检验合格后方可给予出厂检验合格证。

（3）收货单位需要对收到的每台产品在使用前进行到货验收，产品验收合格后方能投入使用。

对于型式试验、出厂检验和到货验收的项目，当每个类别的所有要求试验项目都符合要求后，才能判定此类别合格，否则判定为不合格。

（4）电动汽车交流充电桩功能试验包括电气性能、通信性能和保护功能等。电动汽车交流充电桩的功能试验项目如表10-7所示。

表10-7 电动汽车交流充电桩的功能试验项目

序号	试验项目	型式试验	出厂检验	到货验收
1	充电连接方式检查	√	—	—
2	桩体检查	√	√	√
3	电气模块检查	√	—	—
4	电能表检查	√	√	—
5	绝缘电阻试验	√	√	√
6	介电强度试验	√	√	—
7	冲击耐压试验	√	—	—
8	漏电电流试验	√	—	—
9	带负荷分合电路试验	√	√	—
10	连接异常试验	√	√	√
11	显示功能试验	√	√	√
12	输入功能试验	√	√	√
13	通信功能试验	√	√	√
14	控制导引试验	√	—	—
15	过电流保护试验	√	—	—
16	剩余电流保护功能试验	√	√	—
17	急停功能试验	√	√	√
18	电击防护试验	√	—	—
19	计量数据一致性试验	√	√	√
20	机械强度试验	√	—	—
21	防止异物进入试验	√	—	—
22	防止水进入试验	√	—	—
23	低温试验	√	—	—

序号	试验项目	型式试验	出厂检验	到货验收
24	高温试验	√	—	—
25	恒定湿热试验	√	—	—
26	浪涌（冲击）抗扰度试验	√	—	—
27	电快速瞬变脉冲群抗扰度试验		—	—
28	射频电磁场辐射抗扰度试验	√	—	—
29	电压暂停、短时中断抗扰度试验	√	—	—
30	静电放电抗扰度试验	√	—	—

注 "√"为必检项目。

第十一章
电动汽车的充换电作业

第一节　电动汽车的充换电作业方式

一、电动汽车的充换电作业流程

充换电站的服务对象是各种类型的电动汽车，不同种类电动汽车的充电需求和运行特点决定了其采用不同的能量补给方式。根据电动汽车补充充电时动力电池是否与车体分离，充换电站充电系统可分为整车充电和电池更换充电两种电能补给方式。电动汽车充换电站运行流程如图11-1所示。电动汽车进入充换电站按照它的需求，选择电能补给方式。

若要采用整车充电方式进行能量补给，则连接整车充电系统，由该系统进行故障诊断，出具状态检测报告。充电系统以检测报告为依据，采用不同充电方式进行能量补给。

如果是需要更换电池的车辆进站，则该车驶入电池更换区进行故障诊断，出具状态检测报告，然后更换电池库内的整组电池。对于更换下的电池组要进行故障排查和故障电池分离。对无故障的电池组直接送充电区进行电池补充电，在电池充满电后就地编组，送电池存储间储存待用；对有故障的电池组送电池维护区进行检测、筛选、维护、充电和装箱。

```
                              ┌──────────┐
                              │  车进站前  │
                              └────┬─────┘
                                   │
   ┌──────────┐      NO      ◇─────┴─────◇      YES    ┌──────────┐
   │车进充电区准├──────────────│ 是否更换电池 │──────────────│调度并通知 │
   │备整车充电  │              ◇───────────◇              │电池存储间 │
   └────┬─────┘                                         └────┬─────┘
        │                                                    │
        │                                               ┌────┴─────┐
        │                                               │  准备电池  │
        │                                               └────┬─────┘
        │                                               ┌────┴─────┐
        │                                               │ 车进电池  │
        │                                               │ 更换区    │
        │                                               └────┬─────┘
        │                                               ┌────┴─────┐
        │                                               │  故障诊断  │
        │                                               └────┬─────┘
        │                       YES          ◇────────┴────◇      YES
        │                  ┌─────────────────│   是否故障    │──────────────┐
        │              ┌───┴────┐            ◇──────┬──────◇              │
        │              │车更换掉  │                  │ NO                  │
        │              │故障电池  │             ┌────┴─────┐                │
        │              └────────┘             │卸电池到   │                │
   ┌────┴─────┐                               │充电平台   │                │
   │  故障诊断  │                               └────┬─────┘                │
   └────┬─────┘                               ┌────┴─────┐                │
        │                                     │   充电     │                │
   ◇────┴────◇      YES                       └────┬─────┘                │
   │ 是否故障  ├──────────────┐            ◇────────┴────◇      YES         │
   ◇────┬────◇              │            │   是否故障    │──────┐          │
        │ NO                │            ◇──────┬──────◇      │          │
   ┌────┴─────┐             │                  │ NO     ┌─────┴─────┐    │
   │   充电     │             │             ┌────┴─────┐  │记录故障类型 │    │
   └────┬─────┘             │             │  充电结束  │  └─────┬─────┘    │
        │                   │             └────┬─────┘  ┌─────┴─────┐    │
        │                   │        ┌─────────┴──────┐ │送电池维护区 │    │
        │                   │        │送电池存储间进    │ │进一步处理   │    │
        │                   │        │行编组等处理      │ └───────────┘    │
        │                   │        └────────────────┘                  │
        └────────┬──────────┘                                            │
            ┌────┴─────┐                                                 │
            │  车出站    │                                                 │
            └──────────┘                                                 │
```

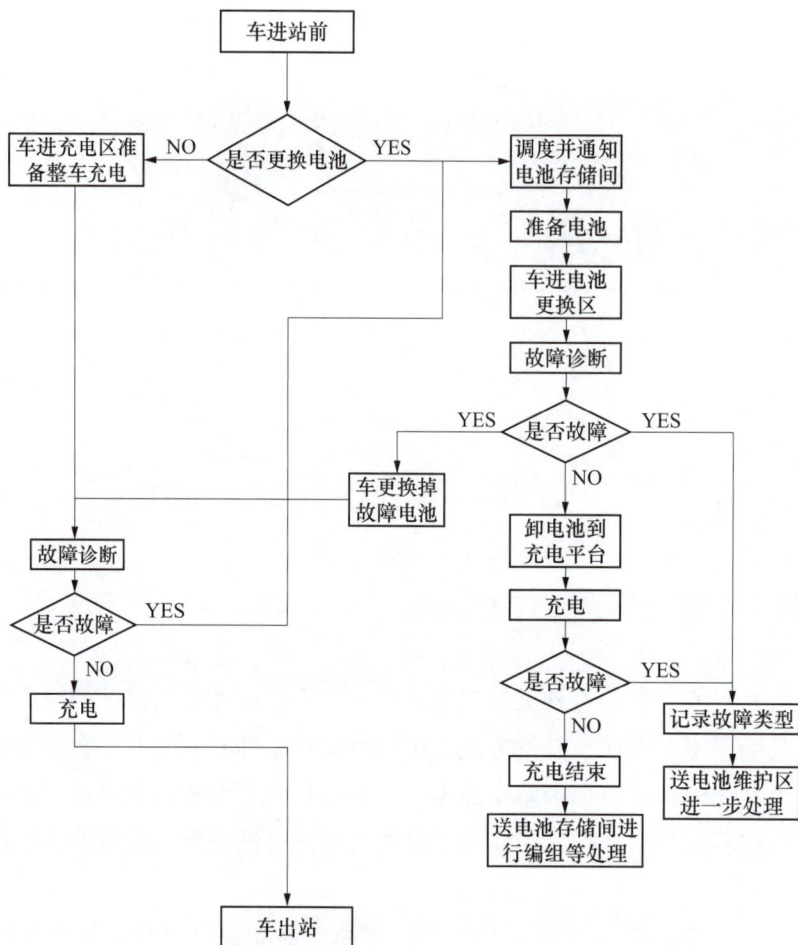

图11-1 电动汽车充换电站运行流程

二、电动汽车电池充电过程

电动汽车电池充电是一个相对比较复杂的过程，充电过程中，电能转化为化学能在电池的正负两级形成材料堆积。由于电池的构造特性，在充电过程中，随着电池电量的不断提升，电池正负极两端的电压也随之上升，充电电流的大小由充电机输出电压与电池电压的压差决定，称之为充电压差。由于电池组的整体电阻相对很小，如果固定充电电压，在电池充电初期，电池电压较低，充电压差较大，这时充电电流非常大，会导致电池过热甚至电池损伤。在电池电量不断上升之后，电池电压逐渐升高，充电压差不断缩小，会导致充电电流很小，无法满足充电要求。这就要求充电机有一个合理的充电安排，并要求在电池电压较低的时候控制电流以一个较为恒定的电流充电。电池电压达到一定高度接近充满的时候，又要保障电池电压以一定的速度缓慢上升，保证电池能够充满。因此充电过程大致可分为三个阶段，分别是恒流阶段、恒压阶段和截止阶段。

（1）电动汽车电池充电恒流阶段。恒流阶段是电池充电的前期阶段，这个阶段占充电过程的绝大多数时间，一般达到整个充电过程的80%以上。在这个过程中，充电机首先根据电动汽车电池的电压设定充电初始电压，然后电压随电池的电压变化不断进行调整，使充电压差基本保持不变，从而保证充电的过程能够以一个相对恒定的电流进行，因而称之为恒流阶段。

（2）电动汽车电池充电恒压阶段。随着电池电量的不断增加，电池的电压也会随之上升。在达到一定的电池电压之后，如果再继续保持稳定的充电压差，则会损坏电池。因此在此阶段，通过控制电池的电压，将充电电压提升到充满状态并保持恒定，以合理的电压控制充电电流，因而称之为恒压阶段。

（3）电动汽车电池充电截止阶段。截止阶段实际上在电池充电过程中属于对电池是否已充满的判断过程。电池在最后的恒压充电阶段内，充电的电流不断降低，如果不去管理，电流将持续降低。当电流降低到一定阶段，电压压差非常小，再继续充电，电流变化和充电压差变化都变得非常缓慢，如果持续充电到电流变为零，理论上需要无穷长的时间，因而再继续充电变得毫无意义。

将判断充电结束的阶段称之为截止阶段，是为了保证充电的效率，减少不必要的浪费。当电动汽车电池充电的电流降低到一定的数值时，认为该电池组接近充满，可以结束充电。在这个阶段，需要对充电机进行参数设置，通过合适的充电电流作为充电结束标志，对充电机发出充电结束指令。

三、国家电网有限公司充电设施充电支付方式及操作方法

（1）国家电网有限公司充电设施充电支付方式。国家电网有限公司充电设施主要有充电卡充电、二维码充电及"e充电"账号充电三种充电支付方式，具体为：

1）充电卡充电。电动汽车充电卡由国家电网有限公司发卡机构统一公开发行，分为实名制卡和非实名制卡，是用户需要输入电动汽车充电卡密码并选择预设金额，将电动汽车充电卡放在卡片感应区进行刷卡，直到界面切换跳转的充电支付方式。

2）二维码充电。是用户选择二维码支付方式后，根据需要选择预设金额，充电桩屏幕会跳转到扫描二维码界面，采用手机App扫码进行充电支付方式。

3）"e充电"账号充电。是用户选择账号充电方式后，进入金额选择界面及输入账号密码界面，通过后台进行验证的充电支付方式。

（2）采用充电卡充电方式的操作方法。电动汽车充电卡充电操作流程如图11-2所示。用户需要持国家电网有限公司统一发行的电动汽车充电卡到国家电网有限公司充电桩（以下简称国网充电桩）进行充电操作：

图11-2 电动汽车充电卡充电操作流程

1）充电前确认车辆停稳后断开电源。

2）把充电枪正确插入电动汽车充电接口。

3）在充电桩上选择电动汽车充电卡充电，设置所需的充电金额。

4）首先进行第一次刷卡，预扣充电金额，激活充电桩，开始充电。

5）结束充电第二次刷卡，确认充电完整性，完成扣款流程。

6）将充电枪归位。

（3）采用二维码方式进行充电的操作方法。二维码充电操作流程如图11-3所示。使用二维码方式为电动汽车充电时，用户需要到充电桩进行充电操作：

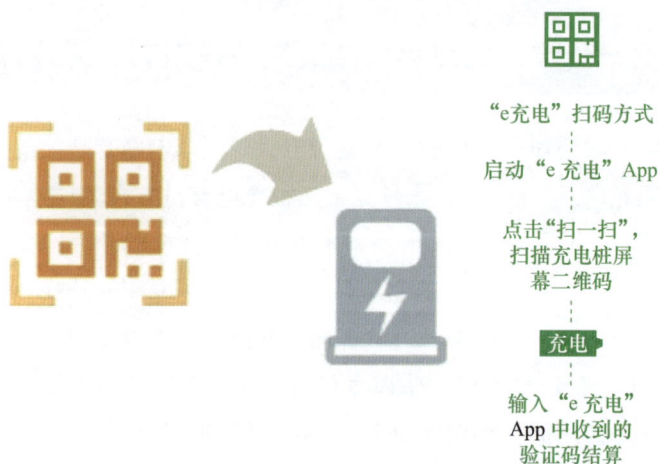

图11-3 二维码充电操作流程

1）充电前确认车辆停稳后断开电源。

2）把充电枪正确插入电动汽车充电接口。

3）在确定插枪正确后，在充电桩上操作，选择二维码充电，选择预充金额生成二维码（充电桩需网络在线）。

4）打开"e充电"App，点击地图右上方"扫一扫"图标，进入扫描界面。

5）对准充电设备上的二维码进行扫描，激活充电桩，锁定充电枪，开始充电。"e充电"App扫描成功，后台会同时发送包含6位的验证码短信。

6）在充完指定的金额后自动停止充电，输入扫码后的验证码，系统验证成功后，结束充电。

7）若想提前结束充电，点击充电桩充电界面上的"停止充电"按钮，输入扫码后返回的验证码并验证成功后，结束充电。

8）将充电枪归位。

（4）采用"e充电"账号方式进行充电的操作方法。"e充电"账号充电操作流程如图11-4所示。使用"e充电"账号方式为电动汽车充电时，用户需到国网充电桩进行充电操作：

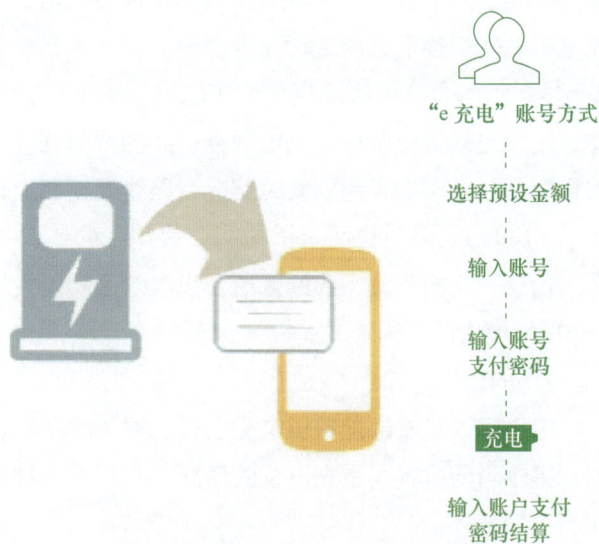

"e充电"账号方式

选择预设金额

输入账号

输入账号
支付密码

充电

输入账户支付
密码结算

图11-4 "e充电"账号充电操作流程

1）充电前确认车辆停稳后断开电源。

2）把充电枪正确插入电动汽车充电接口。

3）在确定插枪正确后，在充电桩上操作选择"e充电"账号充电（充电桩需网络在线）。

4）在充电桩上选择预充金额，并输入"e充电"账号和6位支付密码，启动充电。

5）在充满后自动停止充电，输入交易密码并验证成功后，结束充电。

6）若想提前结束充电，点击充电桩充电界面上的"停止充电"按钮，输入交易密码并验证成功后，结束充电。

7）将充电枪归位。

四、无卡充电服务应用软件——"e充电"App

继互联网、物联网之后，车联网成为未来智慧城市的一个重要标志。国家电网有限公司采用大数据、云计算等技术，建成了开放、高效的智慧车联网平台，实现了全国绝大部分充电桩的统一接入和统一支付。用户下载"e充电"App，就可一键式找桩充电。车联网不只方便用户充电，还利用分时充电电价和服务费激励，智能引导用户充电行为，推进用电负荷削峰填谷。据统计，自车联网平台上线以来，累计充电量中约20%是低谷时段充电，有力促进了清洁能源消纳。智慧车联网最主要是基于与充电运营平台、车企车辆管理平台的数据共享。车、桩、网数据融合后，通过充电、用电、驾驶等大数据分析，为用户提供更多服务。

1."e充电"App用途

（1）"e充电"App是由国网电动汽车服务有限公司为广大电动汽车车主推出的一款无卡充电服务的应用软件。车主可下载一个"e充电"App，通过微信、支付宝给账户充值，在能用车联网卡的充电桩上，扫描二维码进行无卡充电。

（2）"e充电"App是一款汽车充电服务应用的车联网服务平台，为用户提供便捷的电动汽车充电服务功能，主要包括查找服务、充电服务、我的钱包三大功能模块。其中地图服务基本功能分为路径规划、充电桩查询、实时路况、路线导航四个子功能模块；充电服务基本功能分为扫码充电和充电码预购两个子功能模块；我的钱包基本功能分为我的钱包、我的充电卡、个人信息、我的收藏、我的账单及设置等子功能模块。

（3）"e充电"App功能模块的作用。

1）查找服务功能模块的作用。

（a）路径规划：为用户提供当前位置到指定充电柱的推荐线路和合理化建议。

（b）充电桩查询：提供当前位置周边充电桩的情况，包括充电桩数量、类型、距离、费率及开放服务时间。

（c）实时路况：展示当前的实时路况，为用户出行提供合理化建议，规避拥堵路段。

（d）路线导航：为用户提供实时导航语音功能。

2）充电服务功能模块的作用。

（a）扫码充电：充电桩根据用户选择的充电桩编号、充电接口和六位随机数产生二维码显示到充电桩屏幕，用户通过"e充电"App手机扫描二维码进行充电操作。

（b）充电码预购："e充电"App为用户提供在线购买充电码功能，提供实际充电量扣除费用，多余费用退还，充电码不可再用。

3）我的钱包功能模块的作用。

（a）我的钱包：用户可在我的钱包中查看资金信息、余额明细，并可办理账户充值业务。

（b）我的充电卡：用户可在"e充电"App查看个人充电卡信息，包括充电卡的绑定、解绑及充电卡的具体信息。

2. "e充电"App下载网站

（1）"e充电"App支持iOS和安卓系统。

（2）用户可在苹果应用商店、主流安卓应用市场和"e充电"网站下载。

3. "e充电"App服务功能

（1）官方服务和增值服务功能。

（2）英大财险服务功能。

（3）违章查询功能。

五、电动汽车充电现场服务人员充电操作的注意事项

充电现场服务人员充电操作的注意事项如表11-1所示。

表11-1　　　　　　　　充电现场服务人员充电操作的注意事项

序号	内容
1	执行充电操作应严格按照充电桩上的设备操作说明进行操作，操作前检查充电设备和周围环境是否有异常，如发现设备故障、线缆裸露等异常时，应停止充电操作
2	在拔插充电插头前须确保手部及插头处干燥，以免发生漏电，并确认充电插头与车辆、充电桩连接牢固后，再启动充电
3	充电过程中充电操作人员不要靠近变压器和充电机设备，禁止在充电过程中突然断开电源或负载电源插头，如充电过程中发生故障，应立即按下充电桩上的急停按键
4	按键操作时不要用力过大，严禁用硬物涂刮充电机外壳和液晶屏
5	充电机在充电过程中其功率器件的温升将提高，充电设备主要依靠强制风冷散热，充电时应确保其周围通风正常，并定期检查风扇是否正常工作
6	注意监控充电设备的运行状态，包括充电电流、充电电压和电池温度等信息，关注单体电池电压变化情况。在电池充电接近饱和后电压上升较快，应密切观测电池荷电量变化情况
7	及时发现充电异常：充电时若发现充电机内部声响异常、电流电压显示异常、允电机内有不正常气味或烟雾产生，液晶显示异常以及各信号指示灯显示异常、电流电压显示异常等现象，应立即停机处理，以免造成更多的元器件损坏。同时，应记录故障情况，并及时反馈给工作人员，待相关专业人员处理
8	如遇雷电、大雨等恶劣天气，为保证充电人员和设备安全，建议停止充电。雨后天气充电，因空气湿度较大，宜将充电机先接通电源，待机工作一段时间后再开始充电
9	现场发生故障时，严禁非专业人员拆开充电机。为避免充电机电容剩余电荷危及人身安全，发生故障后请勿立即拆开充电机，维修时应做好防静电措施
10	充电服务人员应注意保持现场环境卫生，严禁在充电机或充电桩上堆放杂物，充电现场应配备相应的灭火器材

第二节　电动汽车快充充电的操作

一、电动汽车快充充电的操作原理

当车辆采用快充充电方式进行电能补给时，直流充电桩与车辆通过专用充电插头上的CAN网络连接线进行连接，并与车载电池管理主机通信，自动完成充电控制。整车充电系统的结构原理框图如图11-5所示。

快充充电方式电池无须从车辆上卸下，可直接进行充电，其优点是充电操作过程简单，不涉及电池更换、储存等过程，设备成本低。缺点是车辆的充电时间占用了部分运营时间，车辆利用率低，而且不利于保持电池组的均衡性以及延长电池的使用寿命。

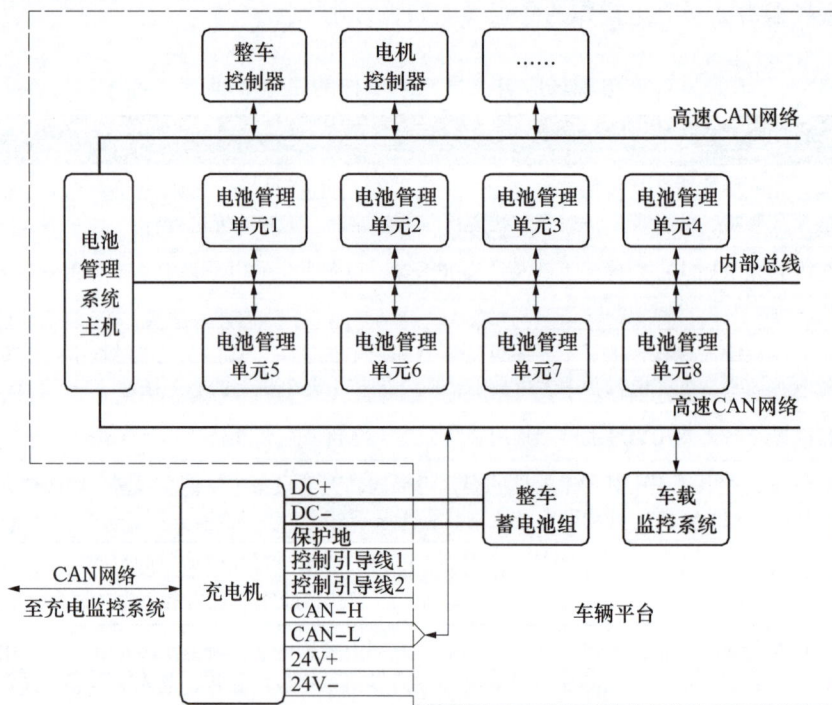

图11-5　整车充电系统的结构原理框图

二、直流充电桩充电安全事项

（1）充电操作的安全事项。

1）直流充电桩为高电压、大功率设备。为确保设备及人身安全，在操作前应认真阅读操作说明，并按说明步骤进行操作。

2）保持手指、触摸笔干燥。

3）不要使用尖锐物品触击触摸屏。

4）操作过程中按界面提示正确操作。

5）操作前对充电桩的充电插座进行检查：①确认充电桩的充电插座不带电；②确认电动汽车上的插头定义与充电桩插座的插孔定义一致；③确认充电枪充电接口内无积水。

6）操作前必须确认电动汽车电源已经关闭。

7）确认车辆停靠在正确的车位。

8）充电过程中勿强行拔下充电枪，必须在充电结束后才能拔下。

9）当充电桩出现故障时，立即通知相关专业人员进行解决，操作人员不可任意处理。

（2）充电过程中出现突发或紧急情况时，充电操作人员应立即按下充电桩上的急停按钮停止充电，具体情况为：

1）充电过程中发生故障，通过正常操作无法停止充电。

2）充电过程中发生充电桩或车辆的内部短路问题。

3）充电过程中发生人员触电事故。

4）充电桩或充电桩与车辆接触部位发生漏电、起火等状况。

5）其他危害人身、设备安全的紧急情况。

6）直流充电桩故障运行，如发现设备内部异响，电池电压显示异常，机内有不正常气味或烟雾产生，液晶屏显示异常，各信号指示灯显示异常等故障现象应立即停机处理，以免造成更多的元件损害。

三、直流充电桩充电

（1）直流充电桩充电前的准备。

1）充电操作前对充电连接线进行检查，检查项目包括下列内容：

（a）目测充电线外观是否有破损、裂痕。

（b）进行充电测试，检测充电线是否导通。

（c）在充电过程中充电线会产生热量，如有破损，应及时更换，避免产生危险。

2）操作前必须确认充电桩的充电插座不带电，并确认电动汽车上的插头定义与充电桩插座的插孔定义一致。

3）操作前必须确认电动汽车电源已经关闭。

4）确认车辆停靠在正确的车位。

（2）直流充电桩充电流程。当电动汽车以快充充电方式进行电能补充时，其基本的操作流程为：

1）操作前的检查：

（a）检查确认电动车辆已停至直流充电桩指定停车地点，启动开关已关闭，启动钥匙已取下。

（b）检查确认直流充电桩插头不带电。

（c）检查确认车上充电插座不带电。

（d）检查确认动力电池参数与充电机参数匹配。

（e）充电桩上充电插头和车上充电插座的插针和插孔定义正确、一致。

2）插上充电插头。此时，车载设备（包括车载监控、BMS）由车载电池供电，正常运转。

3）闭合充电机控制电源。

4）确认充换电站监控系统与充电机、车载监控、BMS之间CAN网络已经建立。

5）客户根据国网电动汽车充电桩支持的三种充电方式，选择充电付款方式。根据充电桩界面提示，完成相应的操作。

6）确认车载电池状态正常后，设置充电参数，参数设置确认成功后启动充电机开始充电。

7）充电程序由BMS控制。

8）电动汽车在充电过程中的显示：

（a）仪表盘上的显示：充电状态指示灯点亮，车外温度、充电电压、充电电流以及剩余电量。

（b）车辆指示灯的显示：前部充电呼吸灯会呈明暗交替的呼吸效果。当高压电池包开始均衡充电，前部充电呼吸灯会保持常亮。

9）充电完成时，充电状态指示灯和前部充电呼吸灯熄灭。解锁后，先拔掉7脚/3脚充电插头，再断开充电手柄与车身慢速充电口充电插座的连接。

10）将车身快速充电口盖、充电口盖板依次合上盖好。

第三节　电动汽车慢充充电的操作

一、交流充电桩充电安全事项

（1）充电操作的安全事项。

1）交流充电桩为高电压、大功率设备，为确保设备及人身安全，在操作前应认真阅读操作说明，并按说明步骤进行操作。

2）保持手指、触摸笔干燥。

3）不要使用尖锐物品触击触摸屏。

4）操作过程中按界面提示正确操作。

5）操作前对充电桩的充电插座进行检查：

（a）确认充电桩的充电插座不带电。

（b）确认电动汽车上的插头定义与充电桩插座的插孔定义一致。

（c）确认充电枪充电接口内无积水。

6）操作前必须确认电动汽车电源已经关闭。

7）确认电动汽车是交流单相220V充电，且功率不大于5kW。

8）确认车辆停靠在正确的车位。

9）充电过程中勿强行拔下充电枪，必须在充电结束后才能拔下。

10）下雨天也可以进行充电，但要注意对插拔充电手柄和充电口的遮雨防护，如果遇到雷雨等极端天气建议停止充电作业。

11）当充电桩出现故障时，立即通知相关专业人员进行解决，操作人员不可任意处理。

（2）充电过程中出现突发或紧急情况的安全处理。充电过程中出现突发或紧急情况时，充电操作人员应立即按下充电桩上的急停按钮停止充电，具体情况为：

1）充电过程中发生故障，通过正常操作无法停止充电。

2）充电过程中发生充电桩或车辆的内部短路问题。

3）充电过程中发生人员触电事故。

4）充电桩或充电桩与车辆接触部位发生漏电、起火等状况。

5）其他危害人身、设备安全的紧急情况。

6）交流充电桩故障运行，如发现设备内部异响，电池电压显示异常，机内有不正常气味或烟雾产生，液晶屏显示异常，各信号指示灯显示异常等故障现象应立即停机处理，避免造成更多的元件损害。

二、交流充电桩充电

（1）交流充电桩充电前的准备。

1）充电操作前对充电连接线进行检查，检查项目包括下列内容：

（a）目测充电线外观是否有破损、裂痕。

（b）进行充电测试，检测充电线是否导通。

（c）在充电过程中，充电线会产生热量，如有破损，应及时更换，避免产生危险。

2）操作前必须确认充电桩的充电插座不带电，并确认电动汽车上的插头定义与充电桩插座的插孔定义一致。

3）操作前必须确认电动汽车电源已经关闭。

4）确认电动汽车是交流单相220V充电，且功率不大于5kW。

5）确认车辆停靠在正确的车位。

（2）交流充电桩充电操作流程。通过充电连接线将车辆与交流充电桩相连，实现交流充电即时充电方法：

1）电源挡位位置为OFF挡。

2）打开交流充电口盖。

3）连接车辆端车辆插头，通过互锁或者其他控制措施使车辆处于不可行驶状态。

4）客户根据国网电动汽车充电桩支持的三种充电方式（充电卡充电、二维码充电及"e充电"账号充电），选择充电付款方式。根据充电桩界面提示完成相应的操作，开始充电。

5）连接充电桩端供电插头，控制盒点亮"Ready"指示灯，同时"Charger"指示灯闪烁。

6）组合仪表点亮充电连接指示灯。

7）充电过程中，组合仪表显示相关充电参数，同时显示充电动画。

8）停止充电，充电桩设置结束充电；或充电已完成，充电桩会自动结束充电。

9）按下开关，拔出车辆插头。

10）按下开关，拔出充电桩端供电插头。

11）整理充电设备，并妥善设置。

12）关闭交流充电口盖，关闭充电口盖板。

13）充电桩交流充电结束。

三、使用交流适配器电源充电

（1）交流适配器电源充电安全事项。

1）充电操作前对充电连接线进行检查，检查项目包括下列内容：

（a）目测充电线外观是否有破损、裂痕。

（b）进行充电测试，检测充电线是否导通。

（c）在充电过程中，充电线会产生热量，如有破损应及时更换，避免产生危险。

2）操作前必须确认充电插座不带电，并确认电动汽车上的插头定义与充电插座插孔的定义一致。

3）操作前必须确认电动汽车电源已经关闭。

4）确认电动汽车是交流单相220V充电，且功率不大于5kW。

5）确认车辆停靠在正确的车位。

6）充电过程中勿强行拔下充电枪，必须在充电结束后才能拔下。

7）下雨天也可以进行充电，但要注意对插拔充电手柄和充电口的遮雨防护，如果遇到雷雨等极端天气建议停止充电作业。

（2）交流适配器电源充电操作流程：

1）电动汽车充电作业前关闭点火开关。

2）整车解锁，然后按下车标弹起一点，手往上抬，打开充电口盖板。

3）充电口盖板与中控锁系统相连接，在整车解锁状态下，按下车标，盖板轻微弹起一点，将盖板继续往上抬，即可打开盖板。按箭头方向按压充电口盖手柄，即可打开充电口盖。

4）从随车工具箱中取出7脚/3脚交流充电线。

5）将充电手柄与车身慢速充电口的充电插座相连接。

6）将7脚/3脚充电插头接入家用三眼插座，并锁止车辆。

7）当7脚/3脚充电线连接完成后，仪表上红色充电连接指示灯"s"会点亮，前部充电呼吸灯会点亮并保持5s。

8）电动汽车在充电过程中的显示：①仪表盘上的显示：充电状态指示灯点亮，车外温度、充电电压、充电电流以及剩余电量。②车辆指示灯的显示：前部充电呼吸灯会呈明暗交替的呼吸效果，当高压电池包开始均衡充电，前部充电呼吸灯会保持常亮。

9）充电完成时，充电状态指示灯和前部充电呼吸灯熄灭。解锁后先拔掉7脚/3脚充电插头，再断开充电手柄与车身慢速充电口充电插座的连接。

10）将车身慢速充电口盖、充电口盖板依次合上盖好。

第四节　电动汽车电池更换充电方式的操作

一、电池更换充电方式操作原理

电池更换充电方式的操作原理示意图如图11-6所示。当车辆采用电池更换充电方式进行电能补给时，电动汽车驶入电池更换区后，用电池组更换设备将电池从车上卸下，再安装已充满电的电池组。这种更换设备可以选用叉式升降装卸车，工作时更换设备从原地伸出工作臂，把叉式升降装卸臂伸入电池组底部的槽内，然后将电池移到正确的位置上。对于更换的电池组，可以根据BMS的电池故障记录，先清除故障。然后将已清除故障的电池通过充电架平台与充电机进行连接，并与电池管理单元通信，自动完成充电控制。电池的充电可采用单箱或整组方式进行。

电池更换充电方式的操作过程可以在10min内完成，与现有的燃油车加油时间大致相同，电池更换完毕，车辆可随即离开，继续运营。采用电池更换充电方式有利于提高车辆使用率，提高电池的使用寿命，但对车辆及电池更换设备提出了更高的要求。

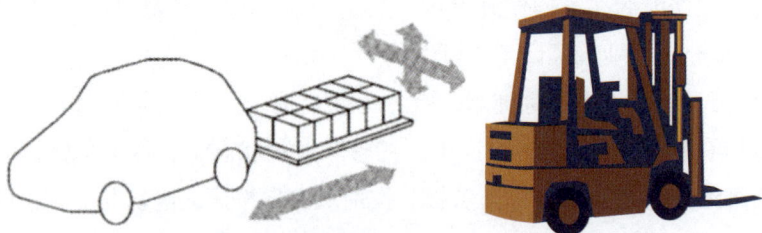

图11-6 电池更换充电方式的操作原理示意图

二、电池更换方式的操作

电动汽车进入充换电站按照它的需求，选择电池更换方式进行电能补给时，其基本的操作流程如图11-7所示。

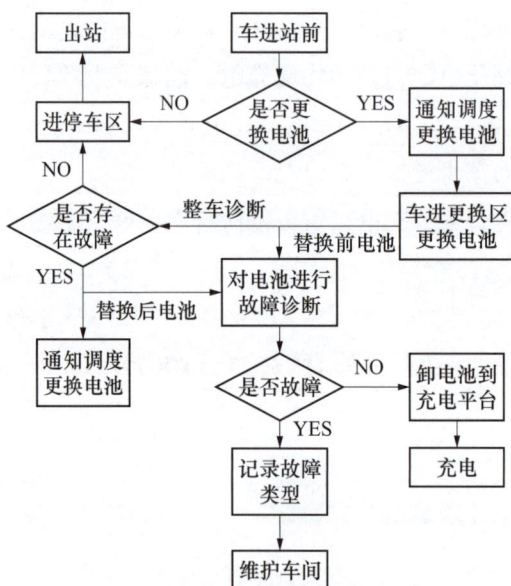

图11-7 电动汽车电池更换方式的操作流程

（1）更换请求。电动汽车进入充换电站前应向充换电站提出电池更换请求，充电调度安排停车挡位，通知电池存储间准备更换电池并运抵电池更换区，准备装卸设备。

（2）电动汽车进入更换区。已经提出电池更换申请的车辆进入充换电站后，按照调度指令开到电池更换区的停车位置，准备电池更换。

（3）电池更换前的故障检查。电池更换前，应检查车载BMS是否有关于电池故障的记录，若有电池故障记录，则应记录故障位置和类型，然后清除故障记录。

（4）电池更换。电池更换前应断开整车的高低压电路后，方可卸载电池。对卸载下的电池，应进行检查、筛选，将故障电池、无故障电池分类摆放。电池卸载完毕，更换上已充满电的电池组。

（5）电池更换后的故障排查。电动汽车更换上新的电池组后，应接通整车的高低压电源，由车载BMS对新装的电池组进行再一次故障排查，以确保更换电池组后的电动汽车正常行驶。若检查正常，在电动汽车驶离电池更换区后，将更换下的故障电池和无故障电池运抵相关区域做相应处理。若检查发现新装的电池组仍有故障，则应进行故障排除，待一切检查正常后，电动汽车方可驶离现场。

（6）电池更换后的处理流程如图11-8所示。对于卸载的电池，先进行故障诊断。对于故障电池箱，将故障电池及其故障记录送电池维护区进行故障排除。对于无故障电池箱则送充电区进行充电。

（7）故障排除。对从电动汽车上卸载的电池，要根据车载BMS故障记录，查找原因进行故障排除。如果是明显故障，则应立即排除。如果是电池箱内部故障，则根据车载BMS故障记录的电池箱类型、编号、故障位置分别进行故障排除。

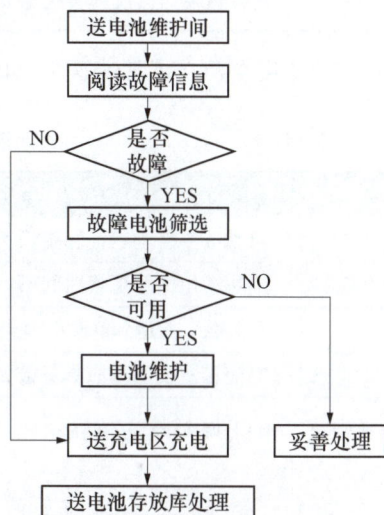

图11-8　电池更换后的处理流程

三、电池充换电设备的技术要求

（1）电动汽车电池模块的技术要求如表11-2所示。

表11-2　　　　　　　　　　电动汽车电池模块的技术要求

序号	技术要求
1	电池模块结构设计标准化，易更换和装卸方便
2	电池模块外壳坚固，进行防锈（防氧化）处理
3	电池模块与充电架之间具有自动对接的接口
4	电池模块具备电池电压、电流、温度及绝缘监测功能
5	内置电池管理单元，具备风机冷却控制与通信功能

（2）电动汽车电池箱更换设备的技术要求如表11-3所示。

表11-3　　　　　　　　电动汽车电池箱更换设备的技术要求

序号	技术要求
1	除手动式设备外，商用车的电池箱更换时间不应大于600s；乘用车的电池箱更换时间不应大于300s
2	全自动更换设备应具备与监控系统的通信接口
3	各个动作连续、可靠、平稳，动作衔接流畅
4	更换设备应具备必要的安全保护措施
5	更换设备应具备掉电时的手动解锁功能
6	更换设备对电池箱安装位置误差应具备一定的适应能力
7	更换设备对车辆停靠位置及停靠姿态应具备一定的适应能力

（3）电动汽车电池快换工具的技术要求如表11-4所示。

表11-4　　　　　　　　电动汽车电池快换工具的技术要求

序号	技术要求
1	自动或半自动电池箱更换设备应具备手动操作及紧急停机功能
2	乘用车电池箱更换时间不宜大于300s，商用车电池更换时间不宜大于600s
3	在装载、搬运和卸载电池箱过程中，电池箱更换设备应保证操作人员、车辆和设备的安全
4	电池箱更换设备应具备最大功率限制和防倾倒等功能

（4）电动汽车电池箱转运设备的技术要求如表11-5所示。

表11-5　　　　　　　　电动汽车电池箱转运设备的技术要求

序号	技术要求
1	电池箱转运设备应具有安全、快捷移动和运输电池的能力
2	在转运电池箱的过程中，应保证操作人员和设备的安全

（5）电动汽车车辆导引系统的技术要求如表11-6所示。

表11-6　　　　　　　　电动汽车车辆导引系统的技术要求

序号	技术要求
1	充换电站宜配备车辆导引系统
2	车辆导引系统应具有车辆导引和定位功能
3	车辆导引系统可由机械构件、传感设备和控制设备等组成

（6）电动汽车分箱式充电机。

1）电动汽车分箱式充电机的技术要求如表11-7所示。

表11-7　　　　　　　　　　电动汽车分箱式充电机的技术要求

序号	技术要求
1	充电机输出技术参数应满足所充电电池箱的充电要求
2	充电机应具备与监控系统通信及与BMS通信的功能
3	充电机在站内应合理布置，以利于通风和散热
4	充电机应具备必要的保护功能以保证电池箱充电安全
5	充电机的功能和技术指标应参照NB/T 33001相关要求
6	充电机与充电架之间的电缆连接应采用规定方式
7	充电机应具备待机、充电、充满等状态指示，宜具备输出电压、输出电流等运行参数显示

2）电动汽车分箱式充电机的功能要求如表11-8所示。

表11-8　　　　　　　　　　电动汽车分箱式充电机的功能要求

序号	功能要求
1	充电自动设定方式：在充电过程中，充电机依据电池电子控制单元提供的数据动态调整充电参数，执行相应操作，完成充电过程
2	充电手动设定方式：在充电过程中，通过专业人员设置的充电方式、充电电压、充电电流等参数，充电机根据设定参数执行相应操作，完成充电过程。充电机采用手动设定方式时，应具有明确的操作提示信息
3	人机交互显示功能：显示待机、充电、充满运行状态；显示充电电压、充电电流、充电电量；显示故障及报警信息；显示在手动设定过程中的交互信息；可显示充电时间、设定参数、电池温度、单体电压
4	人机交互输入功能：具备外部手动设置充电参数和实现手动控制的功能和界面
5	通信功能：充电机应具有与电池电子控制单元通信的功能，同时应具有与上级监控管理系统通信的功能
6	状态指示功能：宜具有为电池架提供"待机""充电""充满""异常"状态指示的功能
7	对外接口：具有交流输入接口，能够外接单相或三相交流电；具有正、负两极直流输出接口，能够外接动力回路；具有两路通信接口，能够外接电池电子控制单元和上级监控；宜提供多路开入和开出节点

3）电动汽车分箱式充电机的安全防护要求如表11-9所示。

表11-9　　　　　　　　　　电动汽车分箱式充电机的安全防护要求

序号	安全防护要求
1	充电机应具备电源输入侧的过电压保护、欠电压保护功能。当出现交流输入过电压、欠电压时，充电机应能自动切断直流输出并发出告警提示
2	充电机应具备直流输出侧的过电压、短路保护功能。当出现直流输出过电流、过电压时，充电机应能自动切断直流输出并发出告警信号；当直流输出短路时，充电机应能自动进入限流状态

续表

序号	安全防护要求
3	充电机应具备过温保护功能。当出现功率单元过温时，充电机应能自动切断直流输出并发出告警信号
4	充电机在充电过程中，当电池的电压、温度超过允许值时，充电机应停止充电
5	充电机应具有明显的状态指示和文字提示，防止人员误操作
6	充电机在充电过程中，应保证电池箱的充电电压、充电电流不超过允许值
7	充电机应具备电池极性检测功能，当充电机与电池箱连接时，检测到电池极性正确后，才允许充电机的直流输出与电池箱的动力回路相连
8	充电机在充电完成后，充电机的直流输出与电池箱的动力回路应断开
9	充电机在充电过程中，当检测到与电池电子控制单元的通信中断时，充电机应停止充电
10	充电机应具备电池连接确认功能，当充电机与电池箱连接时，检测到电池连接正确后，充电机才允许启动充电；当充电机检测到与电池箱的连接不正确时，应立即切断直流输出

（7）电动汽车电池箱的技术要求如表11-10所示。

表11-10　　　　　　电动汽车电池箱的技术要求

序号	技术要求
1	电池箱的内部安装结构件应保证单体电池间的可靠串并联
2	电池箱应具备与充电机、电动汽车控制单元进行通信的功能
3	电池箱应具备与充电架、电动汽车准确对接的接口，并能保证连接安全可靠和更换便捷
4	电池箱应具备温度调节功能
5	电池箱应具备必要的机械强度和防护等级

（8）电动汽车电池箱连接器的技术要求如表11-11所示。

表11-11　　　　　　电动汽车电池箱连接器的技术要求

序号	技术要求
1	电池箱连接器应采用必要的措施，以确保使用过程中电气连接安全可靠
2	电池箱连接器应具备必要的位置修正功能，以确保端子准确可靠连接
3	电池箱连接器正常使用情况下的使用寿命应不小于10000次
4	电池箱连接器应包含正极、负极、接地极、通信、导引、辅助电源等端子
5	电池箱连接器宜采用强电与弱电分离的结构，并具有防误插的功能

（9）电动汽车电池充电架的技术要求如表11-12所示。

表11-12　　　　　　电动汽车电池充电架的技术要求

序号	技术要求
1	充电架的机械强度应满足电池箱承载要求

序号	技术要求
2	充电架应具备电池箱就位、充电和充满等状态显示功能
3	充电架宜配置相应的装置，与电池箱配合实现对电池温度调节功能
4	充电架应具备对电池箱的导向功能，并带有电池箱限位、锁止装置
5	充电架应具备必要的安全报警功能
6	充电架应与电池箱相匹配，宜采用框架组合

（10）电动汽车电池箱存储架的技术要求如表11-13所示。

表11-13　　　　　　　　电动汽车电池箱存储架的技术要求

序号	技术要求
1	电池箱存储架的机械强度应满足电池箱承载要求
2	电池箱存储架应带有电池箱限位、锁止装置，宜具备对电池箱的导向功能
3	电池箱存储架应与电池箱相匹配

（11）电动汽车电池箱检测与维护设备的技术要求如表11-14所示。

表11-14　　　　　　　电动汽车电池箱检测与维护设备的技术要求

序号	技术要求
1	电池箱检测与维护设备宜具备电池箱内阻检测功能，应能检测各单体电池内阻
2	电池箱检测与维护设备应具备电池均衡功能
3	电池箱检测与维护设备应具备电池箱总体电压及各单体电压、电池箱内部电芯温度、电池箱容量的检测功能
4	电池箱检测与维护设备应具备电池箱绝缘性能检测功能，应能检测各单体蓄电池或蓄电池模块绝缘性能

第十二章
电动汽车充换电站充换电设施的运行与维护

第一节 电动汽车充换电站工程的竣工交接验收

当电动汽车充换电站设备安装调试完毕后，应进行投产前的交接试验，在所有试验项目达到技术要求后才能投入试运行。试运行正常后，运行单位方可签字接收。

一、电动汽车充换电站工程竣工交接验收的基本要求

（1）充换电设施的竣工验收必须符合电力建设施工、验收及质量检验评价标准和规范的有关要求，确保充换电设施投运后稳定、安全可靠地运行。

（2）交流充电桩、直流充电机、电池箱更换设备、电缆等所有设备及其他相关设施的型号、配置、数量、功能和性能指标等应满足项目合同、联络会会议纪要等文件的要求，并符合相关国家标准和技术规范的规定。

（3）充换电设施的竣工验收包括施工质量验收、非通电设备质量验收和通电设备运行验收三个方面。

（4）通电设备通电验收前，应进行各回路的绝缘检查并做好记录，绝缘电阻应符合设计要求和相关标准、规范的规定。绝缘电阻测量时，应有防止弱电设备及电子元件被损坏的措施。进行电气绝缘电阻值测量时，测量用的绝缘电阻表电压等级应符合GB 50150《电气装置安装工程电气设备交接试验标准》的有关规定。

（5）通电设备通电验收前，应对设备的接地保护线连接进行可靠性检查。对带有剩余电流保护装置的线路应做模拟动作试验，并做好记录。

（6）竣工验收时无法测试的项目可由制造单位提供经国家权威部门认可的检验检测机构出具的检验报告或型式试验报告进行验收。

（7）电动汽车充换电设施竣工验收应在施工单位自检基础上进行，并符合下列规定：

1）工程施工质量应符合NB/T 33004—2013的有关规定。

2）工程施工质量应符合工程勘察、设计等文件的要求。

3）参加工程施工质量验收的各方人员应具备相应资质。

4）隐蔽工程在隐蔽前应由施工单位通知监理等单位进行验收，并形成验收文件。

（8）竣工验收前，相关单位应完成工作并递交申请文件，达到如下验收条件。

1）制造单位已向建设单位提交产品说明书、合格证件以及装配图等技术文件。

2）制造单位已向建设单位提交产品工厂验收报告。

3）施工单位完成全部设备的现场安装及调试工作，并已向建设单位提交安装工作记录和安装调试报告。

4）施工单位已向建设单位提交验收申请报告。

5）施工单位已向建设单位提交竣工图纸。

（9）验收条件具备后，验收工作组由建设管理单位组建，工作组由建设、运行、设计、施工、监理、安检等单位的专家代表组成，并进行必要的分工。

（10）验收过程中，验收工作组可按照验收流程和验收大纲进行验收工作，并在验收工作结束后完成验收报告的编制、上报和审批工作。

（11）验收完成后，验收工作组确认发现的工程遗留问题，发出整改通知书或提出限期整改意见，并对整改情况进行跟踪和反馈，可根据需要再次组织验收，直至验收合格，并完成验收报告文件。

二、交接验收应具备的条件

（1）充换电站电气设备已安装调试完成。充换电站电气设备的硬件和软件系统已安装、调试完成。电气设备的硬接点及通信接口等信息采集已全部接入监控系统并调试完毕。

（2）施工单位设备初验已完成，初验报告、缺陷处理报告已完成。

（3）验收资料整理已完成，相关竣工草图、电缆清册等草图已完成，其他设备验收资料已准备。

三、交接验收应提交的申请文件

电动汽车充换电站工程竣工验收前相关单位应完成工作并递交的申请文件清单如表12-1所示。

表12-1　电动汽车充换电站工程竣工验收前相关单位应完成工作并递交的申请文件清单

序号	资料名称	数量	结论
1	制造单位已向建设单位提交产品说明书、合格证件以及装配图等技术文件		
2	制造单位已向建设单位提交产品工厂验收报告		
3	施工单位完成全部设备的现场安装及调试工作，并已向建设单位提交安装工作记录和安装调试报告		
4	施工单位已向建设单位提交验收申请报告		
5	施工单位已向建设单位提交竣工图纸		

四、电动汽车充换电站供电系统的交接验收

（1）电动汽车充换电站供电系统工程施工的技术要求如表12-2所示。

表12-2　　电动汽车充换电站供电系统工程施工的技术要求

序号	技术要求
1	供电系统应按照设计图纸进行安装施工
2	供电设备的安装应牢固可靠、标识明确、内外清洁
3	同类电气设备的安装高度，在设计无规定时应一致
4	电缆的敷设应排列整齐、捆扎牢固、标识清晰，端接处长度应留有适当富余量，不得有扭绞、压扁和保护层断裂等现象。电缆接入供电和用电设备柜时应捆扎固定，不应对柜内端子或连接器产生额外应力

（2）电动汽车充换电站的供电系统工程竣工验收技术要求如表12-3所示。

表12-3　　电动汽车充换电站的供电系统工程竣工验收技术要求

序号	技术要求
1	变压器的类型、主接线、安装方式等应符合GB 50053和GB 50255《电气装置安装工程电力变流设备施工及验收规范》的有关规定
2	变流柜、控制柜等盘柜的安装应符合GB 50171《电气装置安装工程　盘、柜及二次回路接线施工及验收规范》的有关规定
3	低压配线的接线和相序等应符合GB 50575《1kV及以下配线工程施工与验收规范》的有关规定
4	低压隔离电器和导体的选择、配电设备布置、配电线路的保护、配电线路的敷设应符合GB 50054的有关规定
5	供电系统电能质量应符合GB/T 29316的有关规定
6	供电系统电能计量应符合DL/T 448的有关规定

（3）电动汽车充换电站的供电系统交接验收内容如表12-4所示。

表12-4　　　　　　　　电动汽车充换电站的供电系统交接验收内容

序号	验收内容	验收方法	验收记录	验收结论
1	变压器	检查变压器的型号、配置和数量，核对变压器技术参数及实际施工结果与合同、设计图纸等技术文件是否相符，检查施工记录应符合GB 50053和GB 50255的有关规定		
2	变流柜及控制柜等盘柜	检查供电系统盘柜的型号、配置和数量，核对盘柜技术参数及实际施工结果与合同、设计图纸等技术文件是否相符，检查施工记录，应符合GB 50053和GB 50171的有关规定		
3	低压配电	检查低压配线的接线和相序、配备设备布置、配电线路的保护、配电线路的敷设等，核对配电设备技术参数及实际施工结果与合同设计图纸是否相符，检查施工记录应符合GB 50575和GB 50054的有关规定		
4	电缆	检查电缆的型号、配置和数量，核对电缆技术参数及实际施工结果与合同、设计图纸等技术文件是否相符，检查施工记录应符合GB 50168《电气装置安装工程　电缆线路施工及验收标准》和GB 50303《建筑电气工程施工质量验收规范》的有关规定		
5	电能计量	检查供电系统电能计量装置的型号、配置和数量，核对计量装置的技术参数及实际施工结果与合同、设计图纸等技术文件是否相符，检查施工记录应符合DL/T 448的有关规定		
6	电能质量	检测供电系统电压偏差、电压不平衡度、谐波限值等参数，应符合GB/T 29316的有关规定		

注　验收结论中如该项合格，则在验收结论中打"√"；不合格打"×"，后文此同处理。

五、电动汽车充换电站监控系统的交接验收

（1）电动汽车充换电站监控系统工程施工的技术要求如表12-5所示。

表12-5　　　　　　电动汽车充换电站监控系统工程施工的技术要求

序号	技术要求
1	计算机、网络和通信等设备应按照施工图纸进行安装施工
2	管槽的预埋、安装、接头、封口、桥架应符合GB 50303及GB 50093《自动仪表工程施工及质量验收规范》的有关规定

（2）电动汽车充换电站监控系统工程竣工验收的技术要求如表12-6所示。

表12-6 电动汽车充换电站监控系统工程竣工验收的技术要求

序号	技术要求
1	监控系统应具备的功能： （1）对供电状况、电能质量、供电设备运行状态等进行监视和控制。 （2）对充电设备的充电过程进行监视和控制。 （3）对电池箱更换设备的过程进行监视和控制。 （4）对充换电设施进行视频监控、出入口控制等。 （5）与上级监控管理系统进行通信，接受上级监控管理系统的指令。 （6）对供电、充电、电池更换等子系统和设备的运行数据进行存储和管理，并根据需要上传到上级监控管理系统
2	监控系统与充换电设备之间的通信协议应符合NB/T 33007《电动汽车充电站/电池更换站监控系统与充换电设备通信协议》的有关规定
3	监控系统线缆敷设、引入、接续应符合GB 50093及GB 50312《综合布线系统工程验收规范》的有关规定
4	监控系统各设备房间的设备布置、线缆布放与其他设备或障碍物的距离必须满足检修、维护、消防及设计文件的要求

（3）电动汽车充换电站监控系统的交接验收内容如表12-7所示。

表12-7 电动汽车充换电站监控系统的交接验收内容

序号	验收内容		验收方法	验收记录	验收结论
1	型号		检查监控系统的型号、配置、数量，按照合同和技术协议等相关文件进行验收		
	配置				
	数量				
2	技术参数		检查监控系统的产品图纸与实物，按照合同和技术协议等相关文件进行验收		
3	功能		检查监控系统的产品图纸与实物，按照合同和技术协议等相关文件进行验收。应符合NB/T 33004—2013的有关规定		
4	与充换电设备间的通信协议		检查通信协议参数，按照合同和技术协议等相关文件进行验收。应符合NB/T 33004—2013的有关规定		

六、充电系统的交接验收

（1）电动汽车充换电站充电系统工程施工的技术要求如表12-8所示。

表12-8 电动汽车充换电站充电系统工程施工的技术要求

序号	技术要求
1	充电设备安装和施工应符合设计要求，并严格按照施工图安装接线
2	充电设备应可靠接地
3	充电设备安装好后电缆沟（管）应可靠封堵

（2）电动汽车充换电站充电系统工程竣工验收的技术要求。

1）电动汽车充换电站交流充电桩竣工验收的技术要求如表12-9所示。

表12-9　　　　　电动汽车充换电站交流充电桩竣工验收的技术要求

序号	技术要求
1	基本构成、外观和结构应符合NB/T 33002的有关规定
2	桩体应在醒目位置标识相关操作的说明文字及图形
3	人机交互、刷卡付费、通信、安全防护和自检等功能，应符合NB/T 33002的有关规定
4	环境条件、电源要求、耐环境性能、电击防护、电气间隙和爬电距离、电气绝缘性能、电磁兼容性能、平均故障间隔时间等性能参数，应符合NB/T 33002的有关规定
5	充电插座应符合GB/T 20234.1及GB/T 20234.2的有关规定
6	交流充电桩的电能计量应符合GB/T 28569的有关规定
7	交流充电桩与监控系统之间的通信协议应符合NB/T 33007的有关规定
8	交流充电桩应考虑分散布点安装的要求，桩体应安装牢固，安装高度应保证电气连接和人机交互操作方便，并采取必要的防盗、防撞、防恶意破坏措施

2）电动汽车充换电站非车载充电机竣工验收的技术要求如表12-10所示。

表12-10　　　　　电动汽车充换电站非车载充电机竣工验收的技术要求

序号	技术要求
1	基本构成、外观和结构应符合NB/T 33001的有关规定
2	充电、通信、人机交互、历史记录与查询、保护和报警等功能应符合NB/T 33001的有关规定
3	环境条件、电源要求、耐环境性能、电击防护、电气间隙和爬电距离、电气绝缘性能、电磁兼容性能、平均故障间隔时间等性能参数，应符合NB/T 33001的有关规定
4	非车载充电机与BMS之间的通信协议应符合GB/T 27930的有关规定
5	非车载充电机与监控系统之间的通信协议应符合NB/T 33007的有关规定
6	充电连接器应符合GB/T 20234.1及GB/T 20234.3的有关规定
7	非车载充电机的电能计量应符合GB/T 29318的有关规定

3）电动汽车电池充换电站用充电机竣工验收的技术要求如表12-11所示。

表12-11　　　　　电动汽车电池充换电站用充电机竣工验收的技术要求

序号	技术要求
1	充电机技术参数应与所充电电池箱相匹配
2	充电机与充电架之间的电缆连接应采用固定方式
3	充电机应具备待机、充电、充满等状态指示，以及输出电压、输出电流等运行参数显示功能
4	充电机应具备输入过、欠电压，输入过电流，输出过电压，输出过电流，过温保护等功能，具备对电池箱异常状态做出判断并自动调整工作模式的能力

序号	技术要求
5	充电机的环境条件、电源要求、耐环境性能、电击防护、电气间隙和爬电距离、电气绝缘性能、电磁兼容性能、平均故障间隔时间等性能参数，可参考NB/T 33001的有关规定进行验收
6	充电机应具备与监控系统通信及通过充电架与BMS通信的功能，与监控系统之间的通信协议应符合NB/T 33007的有关规定
7	充电机在站内应合理布置，以利于通风和散热

（3）电动汽车充换电站充电系统的交接验收内容。

1）电动汽车充换电站交流充电桩交接验收内容如表12-12所示。

表12-12　　　　　　电动汽车充换电站交流充电桩交接验收内容

序号	验收内容	验收方法	验收记录	验收结论
1	型号	检查交流充电桩的型号、配置、数量，按照合同和技术协议等相关文件进行验收		
	配置			
	数量			
2	基本构成	检查交流充电桩图纸与实物，核对充电桩技术参数，按照合同和技术协议等相关文件进行验收，应符合NB/T 33004—2013中4.2.1的有关规定		
	结构			
	标志与标识			
	技术参数			
3	人机交互功能	按照合同和技术协议等相关文件进行验收，应符合NB/T 33004—2013中4.2.1的有关规定		
	计量功能			
	刷卡付费功能			
	通信功能			
	安全防护功能			
	自检功能			
4	充电插座的结构、物理尺寸、端子定义	检查充电插座的结构、物理尺寸、端子定义，应符合GB/T 20234.1和GB/T 20234.2的有关规定		

2）电动汽车充换电站非车载充电机交接验收内容如表12-13所示。

表12-13　　　　　　电动汽车充换电站非车载充电机交接验收内容

序号	验收内容	验收方法	验收记录	验收结论
1	型号	检查非车载充电机的型号、配置、数量，按照合同和技术协议等相关文件进行验收		
	配置			
	数量			
2	基本构成	检查非车载充电机图纸与实物，核对充电桩技术参数，按照合同和技术协议等相关文件进行验收，应符合NB/T 33004—2013中4.2.2的有关规定		
	结构			
	标志与标识			
	技术参数			

序号	验收内容	验收方法	验收记录	验收结论
3	充电功能	按照合同和技术协议等相关文件进行验收，应符合NB/T 33004—2013中4.2.2的有关规定		
	通信功能			
	人机交互功能			
	保护和报警功能			
	电能计量			
	与BMS的通信协议			
	与监控系统的通信协议			
4	充电连接器的结构、物理尺寸、端子定义	检查充电连接器的结构、物理尺寸、端子定义，应符合GB/T 20234.1和GB/T 20234.3的有关规定		

3）电池更换站用充电机的交接验收内容如表12-14所示。

表12-14　　　　　电池更换站用充电机的交接验收内容

序号	验收内容	验收方法	验收记录	验收结论
1	型号	检查充电机的型号、配置、数量，按照合同和技术协议等相关文件进行验收		
	配置			
	数量			
2	基本构成	检查充电机图纸与实物，核对设备技术参数，按照合同和技术协议等相关文件进行验收，应符合NB/T 33004—2013中4.2.2的有关规定		
	结构			
	标志与标识			
	技术参数			
3	充电功能	按照合同和技术协议等相关文件进行验收，应符合NB/T 33004—2013中4.2.2的有关规定		
	通信功能			
	人机交互功能			
	保护和报警功能			
	与监控系统的通信协议			

七、电池更换系统的交接验收

（1）电动汽车充换电站电池更换系统工程施工的技术要求如表12-15所示。

表12-15　　　电动汽车充换电站电池更换系统工程施工的技术要求

序号	技术要求
1	充电架、电池存储架、电池箱更换设备等设备应按照施工图纸的要求进行施工和安装
2	充电架、电池存储架、电池箱更换设备、电池箱检测和维护等设备安装应有足够的空间，基础承重应满足设计要求
3	施工场地应无油污，防止人员滑跌

（2）电动汽车充换电站电池更换系统工程竣工验收的技术要求。

1）电池更换系统电池箱工程竣工验收的技术要求如表12-16所示。

表12-16　　　　电池更换系统电池箱工程竣工验收的技术要求

序号	技术要求
1	应具备标准的机械尺寸和电气参数，并满足设计要求
2	应具备与充电机、电动汽车进行通信的功能
3	宜具备温度调节功能
4	电池箱连接器宜采用强电与弱电分离的结构，并具有防误插的功能
5	电池箱连接器应具备必要的位置修正功能，以确保端子准确可靠连接

2）电池更换系统充电架工程竣工验收的技术要求如表12-17所示。

表12-17　　　　电池更换系统充电架工程竣工验收的技术要求

序号	技术要求
1	应采用框架组合结构，且无变形、污渍、倾斜，牢固可靠
2	应可靠接地
3	应与电池箱匹配，并能与电池箱实现安全可靠连接
4	应具有对电池箱的限位固定功能及导向功能
5	应具备电池箱就位、充电和充满等状态显示功能
6	宜配置温度调节装置，并具备烟雾报警功能

3）电池更换系统电池箱更换设备工程竣工验收的技术要求如表12-18所示。

表12-18　　　　电池更换系统电池箱更换设备工程竣工验收的技术要求

序号	技术要求
1	全自动电池箱更换设备应具有自动、半自动、手动等多种可选的操作模式
2	电池箱更换设备中涉及起重等特种作业的，应符合GB/T 3811《起重机设计规范》的有关规定
3	电池箱更换时间应符合GB/T 29772的有关规定
4	电池箱更换设备应具有可靠固定电池箱的机构，确保电池箱的安全转运
5	自动或半自动电池箱更换设备应具备异常状态的自动检测和停机功能，应在明显位置配备手动控制急停装置
6	电池箱更换设备与监控系统之间的通信协议应符合NB/T 33007的有关规定
7	应配备必要的电池箱应急更换设备

4）电池箱存储架、电池箱转运设备、电池箱检测与维护设备和车辆导引装置等应符合GB/T 29772的有关规定。

（3）电池更换站电池更换系统的交接验收内容如表12-19所示。

表12-19　　　　　　电池更换站电池更换系统的交接验收内容

序号	验收内容	验收方法	验收记录	验收结论
1	电池箱	检查电池箱的型号、配置和数量，核对电池箱技术参数，按照合同和技术协议等相关文件进行验收，应符合NB/T 33004—2013中5.2.1及GB/T 29772的有关规定		
2	充电架	检查充电架的型号、配置和数量，核对充电架技术参数，按照合同和技术协议等相关文件进行验收，应符合NB/T 33004—2013中5.2.2及GB/T 29772的有关规定		
3	电池箱更换设备	检查电池箱更换设备的型号、配置和数量，核对设备技术参数，按照合同和技术协议等相关文件进行验收，应符合NB/T 33004—2013中5.2.3及GB/T 29772的有关规定		
4	电池箱存储架	检查电池箱存储架等设备的型号、配置和数量，核对设备技术参数，按照合同和技术协议等相关文件进行验收，应符合GB/T 29772的有关规定		
5	电池箱转运设备			
6	电池箱检测与维护设备			
7	车辆导引装置			

八、土建及其他配套设施的交接验收

（1）电动汽车充换电站土建及其他配套设施工程施工的技术要求如表12-20所示。

表12-20　电动汽车充换电站土建及其他配套设施工程施工的技术要求

序号	技术要求
1	工程测量应符合GB 50026《工程测量规范（附条文说明）》的有关规定
2	土建工程的施工应符合GB 50202《建筑地基基础工程施工质量验收标准》的有关规定
3	站房及其他附属建（构）筑物的基础、构造柱、圈梁、模板、钢筋、混凝土等施工应符合GB 50202和GB 50204《混凝土结构工程施工质量验收规范》的有关规定
4	防渗混凝土的施工应符合GB 50108《地下工程防水技术规范》的有关规定
5	建（构）筑物和钢结构防火涂层的施工应符合设计文件和产品使用说明书的规定
6	钢结构的制作、安装应符合GB 50205《钢结构工程施工质量验收规范》的有关规定

（2）电动汽车充换电站土建及其他配套设施工程竣工验收的技术要求如表12-21所示。

表12-21 电动汽车充换电站土建及其他配套设施工程竣工验收的技术要求

序号	技术要求
1	站房及其他附属建（构）筑物的砖石工程应符合GB 50203《砌体结构工程施工质量验收规范》的有关规定
2	站房及其他附属建（构）筑物的屋面工程应符合GB 50207《屋面工程质量验收规范》的有关规定
3	站房及其他附属建（构）筑物的地面工程应符合GB 50209《建筑地面工程施工质量验收规范》的有关规定
4	站房及其他附属建（构）筑物的建筑装饰工程应符合GB 50210《建筑装饰装修工程质量验收规范》的有关规定
5	站区建（构）筑物的采暖和给排水应符合GB 50242《建筑给水排水及采暖工程施工质量验收规范》的有关规定
6	消防应急照明和疏散指示系统应符合GB 17945《消防应急照明和疏散指示系统》的有关规定
7	消防系统应符合GB 50016和GB 50140的有关规定
8	防雷接地装置应符合GB 50057和GB 50343《建筑物电子信息系统防雷技术规范》的有关规定
9	站区的醒目位置应设置导引、安全警告等标识

（3）电动汽车充换电站土建及其他配套设施交接验收内容如表12-22所示。

表12-22　　电动汽车充换电站土建及其他配套设施交接验收内容

序号	验收内容	验收方法	验收记录	验收结论
1	砖石工程	核对站房及附属建（构）筑物砖石工程实际施工结果与设计图纸等相关文件是否相符，检查施工记录应符合NB/T 33004—2013中7.2.1的有关规定		
2	屋面工程	核对站房及附属建（构）筑物屋面工程实际施工结果与设计图纸等相关文件是否相符，检查施工记录应符合NB/T 33004—2013中7.2.2的有关规定		
3	地面工程	核对站房及附属建（构）筑物地面工程实际施工结果与设计图纸等相关文件是否相符，检查施工记录应符合NB/T 33004—2013中7.2.3的有关规定		
4	建筑装饰工程	核对站房及附属建（构）筑物装饰工程实际施工结果与设计图纸等相关文件是否相符，检查施工记录应符合NB/T 33004—2013中7.2.4的有关规定		
5	采暖和给排水	核对站房及附属建（构）筑物采暖和给排水实际施工结果与设计图纸等相关文件是否相符，检查施工记录应符合NB/T 33004—2013中7.2.5的有关规定		
6	防雷接地装置	核对站房及附属建（构）筑物防雷接地装置实际施工结果与设计图纸等相关文件是否相符，检查施工记录应符合NB/T 33004—2013中7.2.8的有关规定		
7	电器照明装置	核对站房及附属建（构）筑物电器照明装置实际施工结果与设计图纸等相关文件是否相符，检查施工记录应符合NB/T 33004—2013中7.2.9的有关规定		

续表

序号	验收内容	验收方法	验收记录	验收结论
8	站区标识	核对站区标识实际施工结果与设计图纸等相关文件是否相符，检查施工记录应符合NB/T 33004—2013中7.2.10的有关规定		

九、文档资料验收

（1）电动汽车充换电站竣工验收应提供的申请文件如表12-23所示。

表12-23　　　　　电动汽车充换电站竣工验收应提供的申请文件

序号	文件名称
1	制造厂提供的产品说明书、调试大纲、试验方法、试验记录、合格证件及安装图纸等技术文件
2	相关设备的出厂验收报告（包括出厂合格证和质量证明书）
3	安装记录
4	现场安装调试报告
5	根据合同提供的备品备件清单
6	验收申请书

（2）电动汽车充换电站竣工验收应提供的验收技术文件如表12-24所示。

表12-24　　　　　电动汽车充换电站竣工验收应提供的验收技术文件

序号	文件名称
1	设计联络会会议纪要
2	设计文件和设计变更书（设计有变动的情况下有效，由设计单位提交）
3	工程竣工图
4	安装技术交底记录
5	调整试验记录

（3）电动汽车充换电站竣工验收应提供的验收报告文件如表12-25所示。

表12-25　　　　　电动汽车充换电站竣工验收应提供的验收报告文件

序号	文件名称
1	验收结论
2	验收测试记录（含测试大纲）
3	验收测试统计及分析报告
4	验收差异汇总报告
5	设备及文件资料现场验收报告（附现场设备验收清单和文件资料清单）

十、验收评价

电动汽车充换电站通过竣工验收的要求如表12-26所示，电动汽车充换电站竣工验收达到表12-26要求时，可认为验收通过。

表12-26　　　　　　　　电动汽车充换电站通过竣工验收的要求

序号	要求
1	项目的文档资料齐全
2	所有软、硬件设备型号、配置、数量和技术参数均满足项目合同等技术文件的要求
3	验收结果满足NB/T 33004—2013及相关国家和行业标准规范的要求
4	无缺陷项或差异项属于偏差，不影响系统正常运行或安全，系统可按"合格"处理

十一、电动汽车充换电站竣工验收文件的编写

现场验收完成之后，由验收小组确定验收结论、整理现场验收文件，并完成验收文件的编写。电动汽车充换电站竣工验收文件编写的主要内容如表12-27所示。

表12-27　　　　　　电动汽车充换电站竣工验收文件编写的主要内容

序号	内容
1	对施工单位竣工草图的修改意见
2	电动汽车充换电站的电气设备运行环境评价
3	编写电动汽车充换电站的电气设备及辅助设备与站内监控系统联调测试的验收报告
4	现场验收遗留问题说明
5	验收完毕后，验收组出具验收报告，并由验收组成员签字

十二、电动汽车充换电站的投运条件

（1）电动汽车充换电站投运的一般条件如表12-28所示。

表12-28　　　　　　　　电动汽车充换电站投运的一般条件

序号	内容
1	电动汽车充换电站投运工作的启动、系统调试已经投运启动验收委员会批准
2	工程质量监督机构已对工程进行检查，并出具了工程质量认可文件
3	工程验收检查的缺陷项目已经整改，并经验收合格
4	电动汽车充换电站的各项投运前的准备工作已经完成，充换电站已具备投运条件

（2）电动汽车充换电站投运的必备条件如表12-29所示。

表12-29 电动汽车充换电站投运的必备条件

序号	内容
1	充换电站的生产运行人员已配齐，经培训考试合格，并持有相关岗位的相应资质
2	投运启动验收委员会已将启动调试方案向参加启动调试人员交底
3	相关单位已将充换电站的运行所需规程、制度、系统图表、记录表格、安全用具等准备到位，投运的设备已有运行命名和编号
4	基建已经完成，充换电站的内外道路、上下水、防火、防洪工程等均已按设计完成并经验收合格。生产区域的场地平整、道路通畅。建筑材料、施工器具、建筑垃圾等已经清除。带电区域已设立明显标志
5	所有配电、充电、二次设备以及相应的辅助设施均已安装完成，调试合格且调试记录齐全。电器设备的各项试验项目已经完成，试验数据符合规程、规范要求。带电部位的接地线已全部拆除
6	充电主棚架已安装完成，提供有专业部门的验收报告，并通过相关部门专项检测合格
7	充换电站的电源、照明、安防、采暖、通风等已按设计要求完成施工，并经验收合格
8	充换电站的防小动物措施已经完善，并经验收合格
9	充换电站运行必备的备品备件、工具及有关标示牌已备齐
10	火灾报警系统已安装完成，消防设施齐全，已通过相关部门专项检测合格，并提供有专业部门的验收报告
11	安防系统已按设计要求完成施工，并经验收合格
12	充换电站已经具备生产运行人员必需的生活福利设施

（3）电动汽车充换电站送电线路投运的必备条件如表12-30所示。

表12-30 电动汽车充换电站送电线路投运的必备条件

序号	内容
1	电动汽车充换电站送电线路施工已经完成，并经验收符合设计及规程、规范要求
2	线路上的障碍物与施工临时装设的接地线已全部拆除
3	经确认在线路上施工的工作人员已全部离开工作现场，危及人身安全和安全运行的一切作业已经停止
4	线路保护装置的安装、调试、试验符合要求，并经验收合格
5	线路工程的各种图纸、资料、试验报告等齐全。运行所需要规程、制度、记录表格、安全用具等准备到位。投运的线路已有运行命名和编号

第二节　充换电设施运行管理

一、电动汽车充换电站安全管理

电动汽车充换电站安全管理的主要内容如表12-31所示。

表12-31　　　　　　电动汽车充换电站安全管理的主要内容

序号	内容
1	操作人员随时监控本充换电站的设备运行状况，发现异常情况应及时上报并做详细记录
2	非本站人员未经许可不得擅自上机操作或运行设备及更改各种配置
3	严格执行密码管理制度，对操作密码定期更改，超级用户密码由系统管理员掌握
4	监控中心工作人员应恪守保密制度，不得擅自泄露本中心的各种信息资料和数据
5	监控中心及换电站内严禁吸烟、吃食物、嬉戏和进行剧烈运动，保持监控中心的安静，水杯应放置在远离电气设备的地方
6	定期对消防器材、监控设备进行检查，以保证其有效性
7	严禁携带任何易燃、易爆、腐蚀性、强电磁、辐射性、液体物质等对设备正常运行构成威胁的物品进入充换电站

二、充换电设施的运维管理

（1）充换电设施运维值班人员的工作职责及注意事项如表12-32所示。

表12-32　　　　　　充换电设施运维值班人员的工作职责及注意事项

序号	内容
1	充换电设施运维人员必须按有关规定进行安全知识、岗位技能的培训、学习，经考试合格后方能上岗值班
2	充换电设施运维值班人员的职责： （1）负责充换电设施的日常值班工作，保证设备正常运行。 （2）负责充换电设施的正常运营管理及维护保养。 （3）负责对充换电设施运行数据的例行记录。 （4）运维资料的整理及归档。 （5）严格执行岗位责任制及安全责任制，确保人身和设备安全。 （6）如遇突发事件，采取必要的应急措施并及时向主管领导及专业人员报告
3	值班人员应穿着统一的值班工作服并佩戴值班岗位标志
4	值班人员在当值期间，不应进行与工作无关的其他活动
5	值班人员不得擅自变更值班方式和交接班时间

（2）充换电设施运维交接班的主要内容如表12-33所示。

表12-33　　　　　　充换电设施运维交接班的主要内容

序号	内容
1	当值充换电设施运行相关记录；设施发生的异常、缺陷、事故处理及检修情况
2	上级对安全管理方面的部署和要求；充换电设施维护工作情况；充换电站的环境卫生情况
3	接班人员应重点查阅上一个运维工作人员的各种记录
4	检查运行监控设备运行是否正常；检查各种信号、信息是否正常；检查室内外卫生
5	充换电设施运维单位在下列情况下不得进行或应停止交接班工作： （1）在处理故障时，不得进行交接班。 （2）在交接班过程中发生故障，应停止交接班，由交班人员负责处理，接班人员可在交班班长指挥下协助工作

（3）电动汽车充换电站的运行记录。

1）电动汽车充换电站应建立的运行记录名称如表12-34所示。

表12-34　　　　　电动汽车充换电站应建立的运行记录名称

序号	记录名称
1	运行日志
2	巡视检查记录
3	设备缺陷记录
4	设备检验记录
5	安全活动记录
6	运行分析记录
7	防小动物措施检查记录
8	两票管理记录
9	充电登记记录
10	电池检查记录
11	事故、障碍及异常运行记录

2）电动汽车充换电站运行记录应符合的要求如表12-35所示。

表12-35　　　　　电动汽车充换电设施运行记录应符合的要求

序号	内容
1	充换电设施运行记录应符合资料齐全、存放得当、有序完善及格式规范
2	充换电设施应具备各类完整的记录，包括设计、施工、验收、投运等建设全过程资料以及投运后的运营记录等
3	各种记录至少保存一年，重要记录应长期保存。运营管理单位应设置专门档案柜存放充换电设施档案资料，确保资料保存完好
4	充换电设施可以根据生产实际情况，逐步添加、完善有关记录，确保充换电设施档案资料的完整性
5	各种记录按格式要求填写，并保证清晰、准确、无遗漏

（4）电动汽车充换电站应备有的技术资料名称如表12-36所示。

表12-36　　　　　　　电动汽车充换电站应备有的技术资料名称

序号	资料名称
1	设备说明书及使用手册
2	技术规范书（技术协议书）
3	设备图纸
4	设备合格证
5	现场试验报告（全检报告）
6	设备调试报告
7	设备安装报告
8	原理接线图（竣工图）
9	安装接线图（竣工图）
10	电缆清册及材料明细（竣工图）

三、电动汽车充换电站充换电设施的运行管理

（1）充换电设施的运行状态。一般而言，充换电设施运行状态有充电、待机、离线及故障状态，其运行状态如表12-37所示。

表12-37　　　　　　　　充换电设施的运行状态

序号	内容
1	充电状态：充换电设施正在运行，输出功率，充电状态下充电指示灯闪亮
2	待机状态：充换电设施处于待机状态，与控制后台连接稳定，可以随时通过三种充电方式启动充电桩，待机状态下电源指示灯常亮
3	离线状态：充换电设施与控制后台连接断开，但可以通过线下方式（刷电动汽车充电卡）启动充电桩
4	故障状态：充换电设施由于各种原因发生故障而无法启动，故障状态下故障指示灯亮

（2）充换电设施的故障等级定义。充换电设施的故障等级可分为一般故障和严重故障两类：

1）一般故障是指不影响充电的情况。

2）严重故障是指设备由于部分硬件损坏或软件异常造成设备不能使用，无法充电的情况。

第三节　充换电设施的日常巡视与检查

一、充换电设施的巡视管理

1．充换电站点开展巡视工作的管理流程

（1）地市公司：充换电设施管理员制订巡视计划及巡视项目。

（2）充换电设施管理单位：管理员制订周期巡视计划、巡视内容，并指定巡视计划完成日期。

（3）车联网平台：根据已设定的周期性巡视计划自动派发巡视任务，并通过巡检App下达至地市公司巡视人员。

（4）巡视人员：开展巡视工作，到达现场并通过巡检App进行扫码签到，填报巡视情况，完成巡视任务。

（5）充换电设施故障的处理：巡视人员发现充换电设施故障，需通过巡检App触发抢修流程。

2．充换电设施巡视检查制度

（1）巡视检查主要内容要求包括充换电设备是否工作正常，并按要求记录相应运行数据；及时发现并报送设备缺陷故障；充换电站卫生及安全状况检查；防火、防小动物措施检查等。

（2）根据巡视工作要求编制充换电设施巡视标准化作业指导书、巡视卡，并严格执行。

（3）根据平台巡视计划结合运维管理专责的要求，完成各个站点的现场巡检任务。

（4）运维人员应按规定认真巡视和检查设备，发现异常和缺陷应上报车联网运营平台和单位主管。

（5）充换电设施的设备巡视检查，一般分为正常巡视（含交接班巡视）和特殊巡视。

（6）计划巡视是指对各地区已投运充换电站点按照日、周、月三种不同周期进行巡视工作。根据车联网平台要求，充换电站点每周至少巡视一次。

（7）特殊巡视是对充换电站点特殊情况按照日、周、月三种时限进行非周期性巡视。遇有以下情况，应进行特殊巡视：

1）设备变动后的巡视。

2）设备新投入运行后的巡视。

3）设备经过检修、改造或长期停运后重新投入系统运行后的巡视。

4）设备运行异常，主要包括设备过温、设备缺陷有发展时等异常现象，必要时应派

专人监视。

5）遇有恶劣天气时。

（8）巡视人员进行设备操作应严格执行《国家电网公司电力安全工作规程》及公司相关规定，严格执行"两穿一戴"，履行工作派工单制度。

（9）巡检负责人应至少每周参加一次巡视，监督、考核巡视检查质量。

（10）每次巡视工作巡视人员应不少于两人，严格禁止单人外出巡视，确保人身安全。同时应配置电动汽车，方便进行充电测试。

3. 充换电设施运维工作流程

（1）设施检修（巡视）员接到监控值班员的通知电话后，应立即查看巡检App中的"工单—临时检修"收到的派发工单，然后根据工单中提供的客户联系方式与客户取得电话联系。

（2）在与客户的电话联系中，设施检修（巡视）员应仔细询问客户报修内容，如无须到现场处理的，应在电话中指导客户进行操作，确认客户正常充上电后再回复工单；如需赶到现场处理的，应立即乘坐抢修车辆赶到现场。

（3）赶到现场后，如设施一切正常，仅因为客户原因无法充电，设施检修（巡视）员应指导客户正常充上电后，通过巡检App选择"正常"选项回复工单。

（4）如果确因充换电设施原因造成客户无法充电，设施检修（巡视）员在对充换电设施进行重启等操作，设施恢复正常，客户正常充上电后，通过巡检App选择"修复"选项回复工单。

（5）如采取必要的操作，充换电设施仍无法恢复正常状态，无法为客户提供充电服务，设施检修（巡视）员应引导客户通过其他途径充电，并通过巡检App选择"挂起"选项回复工单。

（6）对于不能修复的充换电设施，在回复工单后，应同时电话通过地市公司系统监控值班员，地市公司系统监控值班员应立即报省公司向平台管理人员办理停运手续。同时，地市公司设施管理员应通知厂家到现场对设备进行修复，已修复的设备应报省公司向平台管理人员办理复投手续。

（7）如果检修（巡视）员使用巡检App无法正常完成工单回复，可在外网登录，使用检修（巡视）员登录，在"我的任务—我的待办"中处理"报修派发"工单，完成工单回复。

（8）工作时限要求，如需到现场处理的，设施检修（巡视）员应在接到工单后45min内抵达现场，并在2h内完成处理（以回复工单的时间来考核）。充换电设施停运到复投，时间不超过5天。

4. 充换电设施日常巡视工作的主要要求

（1）充换电设施巡视的工作依据：巡视工作中应按照作业指导书开展工作，逐项完成充换电设施巡视项目，详细准确地做好巡视记录。

（2）充换电设施运行情况：检查充换电站点内充换电设施是否正常运行，充换电设施是否正常在线，并按要求记录相应运行数据。

（3）充换电设施故障的发现：发现充换电设备故障及损坏应及时上报，并拍照留档，如实记录故障损坏信息。

（4）充换电站点环境的检查：检查充换电站点环境，保证现场无杂物，用户可正常充电。

（5）充换电设施故障的处理：对充换电设施简单故障进行处理时，务必了解现场情况，安全工器具配备齐全，无安全隐患后方可进行操作。

二、充换电设施巡视业务

1. 充换电设施巡视工作操作流程

（1）巡视人员工作中应严格按照作业指导书开展工作，逐项完成巡检App内的巡视项目，认真做好巡视记录，并备有事故应急处理预案。

（2）巡视人员到达现场后，应首先使用巡检App完成"打点"，扫描充电设施资产码。

（3）巡视口如发现故障，应按故障等级分别进行处理，不影响设备使用的一般故障可在计划检修时统一处理，严重故障应发起抢修工单进行处理。

2. 巡视人员的基本技能要求

（1）熟悉充换电站点现场作业标准流程，能够正确使用车联网巡检App。

（2）在充换电站点现场能正确分析充换电设施运行情况、故障原因，能处理充换电设施简单故障。

（3）了解充换电设施有关技术标准，做到相关知识及时更新。

（4）掌握低压电操作理论知识和操作技能。

（5）能够正确使用巡视工作所需工具。

（6）掌握常见事故的基本急救技能。

3. 巡视人员需配备的工器具

（1）充换电设施柜门钥匙。

（2）绝缘手套、绝缘鞋、安全帽等安全工器具。

（3）毛刷及吹风机等工具。用于清理充换电设施内部、外部灰尘，避免发生内部短路，保持充换电设施散热正常。

（4）验电笔。用于各项操作前检查充换电设施是否带电，确保巡视人员人身安全。

（5）万用表。用于测量充换电设施运行各项数据有无异常，确保充换电设施正常运行。

4．充换电设施巡视内容

（1）充换电设施是否能够正常使用。

（2）充换电设施使用说明及电价公示是否完整准确。

（3）"e充电"App是否能准确导航至充换电站点。

（4）充换电站点现场信息与"e充电"App内信息是否一致。

（5）充换电站点附属设施，如雨棚、围栏、照明灯、监控及引导牌是否完好。

（6）安全和消防器材是否按规定摆放、取用方便，消防通道是否畅通。

三、充换电设施的巡视与检查

1．主变压器的日常巡视与检查

（1）主变压器的日常巡视与检查项目如下：

1）主变压器的温度应正常。

2）主变压器的套管外部无破损裂纹，无放电痕迹及其他异常。

3）主变压器的声响应正常。

4）主变压器的风扇运转正常。

5）主变压器引线接头应无过热变色现象。

（2）有下列情况之一时，应增加对主变压器的日常巡视与检查的次数：

1）新变压器或经过检修、改造的变压器在投运的72h内。

2）变压器有严重缺陷时。

3）高温季节、高峰负荷时。

4）变压器超负荷运行时。

5）变压器近区短路故障后。

2．10kV断路器的日常巡视与检查

（1）断路器的分合闸位置指示正确，与当时实际运行方式相符。

（2）开关柜无异味及放电声，柜体无明显发热迹象。

（3）断路器的机构弹簧应显示已储能。

（4）断路器的引线连接部位无过热、变色现象。

（5）储能电机的电源空气断路器在合闸位置。

（6）温湿度控制器、带电显示器、工作位置指示灯正常。

（7）"就地/远方"KK把手置"远方"位置，"保护跳闸"连接片加用，"投检修状态"连接片停用。

3．10kV电流互感器的日常巡视与检查

（1）电流互感器引线接头接触良好，无过热、变色现象。

（2）电流互感器运行正常，无异常音响。

（3）电流互感器瓷件外部无破损裂纹，无放电痕迹及其他异常。

（4）二次接线正确，无开路、松动。

（5）二次侧接地可靠。

4. 10kV电压互感器的日常巡视与检查

（1）电压互感器引线接头接触良好，无过热、变色现象。

（2）电压互感器运行正常，无异常音响。

（3）电压互感器瓷件外部无破损裂纹，无放电痕迹及其他异常。

（4）二次接线正确，无短路、松动。

（5）二次侧接地可靠。

5. 电力电缆的日常巡视与检查

（1）电力电缆不得超负荷运行。

（2）电力电缆接头接触良好，无过热、变色现象。

（3）电力电缆引下线无断股等现象。

（4）电缆端头相色清晰正确，端头牢固，无脱胶、放电现象。

（5）电缆端头处无断股，端头屏蔽层接地良好。

（6）端头相色带无散股，固定良好。

（7）电缆沟内不应积水，支架牢固、无锈蚀现象。

6. GCS型400V低压开关柜的日常巡视与检查

（1）低压断路器的操作把手位置与当时实际运行方式相符。

（2）低压断路器的分合闸位置指示灯与当时实际运行方式相符。

（3）屏柜的交流电压表指示数值与后台监控机的电压显示相符。

（4）低压开关柜无异味及放电声，柜体无明显发热迹象。

7. 继电保护的日常巡视与检查

（1）保护装置连接片的投切位置应与运行要求的位置一致。

（2）保护装置的插件密封良好，固定可靠。

（3）保护装置运行正常，无异声、异味。装置的标签完整正确。

（4）端子排及设备接线牢固，无松动、脱落。退出的二次线头应包扎完好，屏底封堵严实。

8. 充电整流柜的日常巡视与检查

（1）充电整流柜无异味及放电声，柜体无明显发热迹象。

（2）充电整流柜运行指示灯指示正确，与当时实际运行方式相符。

（3）充电整流柜与智能充电控制系统连接正常。

（4）充电整流柜充电电流、电压自动控制正常。

（5）整流充电模块主、从机工作正常。

（6）充电整流柜运行时，屏上彩色液晶控制器显示正常，充电电流、电压和直流充电桩显示一致。

（7）充电整流柜整流模块外观清洁无破损，无短路、接地现象。

（8）端子排及设备接线牢固，无松动、脱落。屏底封堵严实。

9. 直流充电桩的日常巡视与检查

（1）直流充电桩的表面及箱内应清洁干燥。

（2）直流充电桩应平稳、牢固、整齐。

（3）直流充电桩的充电插头应完好，插芯无变形。

（4）直流充电桩的充电插头与电动汽车车辆插孔连接正常，通过充电连接器能与电动汽车建立电路和通信的联系。

（5）直流充电桩的液晶显示器完好、无裂纹、显示正常。

10. 交流充电桩的日常巡视与检查

（1）交流充电桩的表面及箱内应清洁干燥。

（2）交流充电桩应平稳、牢固、整齐。

（3）交流充电桩的充电插头应完好，插芯无变形。

（4）交流充电桩的充电插头与电动汽车车辆插孔连接正常，通过充电连接器能与电动汽车建立电路和通信的联系。

（5）交流充电桩的液晶显示器完好，无裂纹、显示正常。

11. 安防系统的日常巡视与检查

（1）各摄像头无损伤，运行良好，视频画面清晰。

（2）门禁系统工作正常。

（3）后台机操作灵敏、可靠，各报警信号能及时发出。

（4）安防柜内所装电器元件应齐全完好，固定牢固。

12. 计量计费系统的日常巡视与检查

（1）计量计费柜内所装电器元件应齐全完好，固定牢固。

（2）电能计量表计工作正常，计量准确。

（3）计量计费系统与监控后台机通信正常。

（4）二次接线牢固，无松动，电流回路无开路，电压回路无短路。

第四节　充换电设施常见故障原因及处理方法

一、充换电站配电设备的异常运行及处理方法

（1）充换电站主变压器的异常运行及事故处理。

1）发现变压器运行中有异常现象（温度异常、声响异常等）时，应立即汇报主管部门，设法尽快消除故障。

2）当变压器出现下列情况之一时，应立即将变压器退出运行：

（a）变压器冒烟着火。

（b）变压器套管有严重的破损和放电现象。

（c）变压器的运行声响明显增大，声响时大时小，并伴有爆裂声。

（d）临近变压器的设备着火、爆炸或发生其他异常情况，对变压器构成严重威胁。

（e）供电系统发生危及变压器安全的故障，而变压器保护装置拒绝动作。

3）变压器运行温度异常升高并超过允许值时，应查明变压器运行温度异常升高的原因，并采取措施降低变压器运行温度，其检查步骤为：

（a）检查变压器的负荷和环境温度，并与该变压器在同一负荷和环境温度下的温度记录进行比对，以分析温度异常升高的原因。

（b）检查变压器冷却风机的运转是否正常。

（2）10kV断路器的异常运行及事故处理。

1）10kV断路器（以弹簧机构为例）的常见故障及处理方法如表12-38所示。

表12-38　　　　　　　　10kV断路器的常见故障及处理方法

故障现象	故障原因	处理方法
断路器不能合闸	（1）断路器弹簧未储能。 （2）断路器已处于合闸状态。 （3）手车式断路器未完全进入工作位置或试验位置。 （4）选用了合闸闭锁装置，而辅助电源未接通或低于技术条件要求。 （5）二次线路不准确	（1）检查断路器机构，若是弹簧未储能，则电动或手动操作使机构弹簧储能。 （2）先检查断路器位置状态，再进行运行操作。 （3）将断路器操作到工作位置，再进行合闸操作。 （4）检查合闸闭锁装置，按运行规范进行操作。 （5）检查二次回路，排除二次回路故障
断路器不能推进拉出	（1）断路器处于合闸状态。 （2）推进手柄未完全插入推进孔。 （3）推进机构未完全到试验位置，致使舌板不能与柜体解锁。 （4）柜体接地联锁未解开	（1）检查断路器位置状态，再进行操作。 （2）将推进手柄完全插入推进孔，再进行操作。 （3）将推进机构完全操作到试验位置，再进行操作。 （4）操作前先检查柜体接地联锁是否解开

2）当10kV断路器出现下列情况之一时，应立即申请停电，将断路器退出运行：

（a）断路器支持绝缘子或瓷套管严重破损，有放电现象。

（b）断路器弹簧操作机构不能储能。

（c）真空断路器出现异常声响。

（3）当10kV电流互感器出现下列情况之一时，应立即申请停电，对电流互感器的故障进行处理：

1）电流互感器严重发热或运行音响不正常及冒烟等。

2）套管有严重的破损和放电现象。

3）电流互感器的引线接头发热、变色。

4）电流互感器的二次回路开路。

（4）当10kV电压互感器出现下列情况之一时，应立即向有关部门汇报，申请将电压互感器停电处理：

1）电压互感器高压熔断器连续熔断2～3次。

2）电压互感器严重发热或运行音响不正常及冒烟等。

3）瓷件放电、闪络或破损。

（5）充换电站主供电源停电的处理。当充换电站的主供电源停电，值班人员首先检查监控后台的10kV电压、电流有无显示，然后再检查10kV断路器进线侧带电显示器的带电指示灯是否已经熄灭。若判明是线路停电，应立即向有关部门汇报。系统恢复供电后，应检查充换电站的直流系统运行是否正常。

（6）GCS型400V低压开关柜低压断路器跳闸后的处理。当充换电站的低压断路器跳闸后，应对其供电线路及电气设备进行检查，通过声、光、味进行综合判断，在故障原因没有查明前，不得强行送电。故障线路可采用先断开下级负荷，逐级送电的方法排查故障。故障查明后应对故障线路或故障设备进行隔离，并恢复其他回路的供电。对有明显故障的线路或设备应待故障排除后再恢复供电运行。

二、充换电站充电设备的异常运行及处理方法

（1）交、直流充电桩通信及操作故障。

1）充电桩TCU（计费控制单元）与充电控制器通信故障，充电操作失败。

故障现象：充电桩TCU与充电控制器通信故障，液晶屏显示相应故障代码。

（a）故障原因：TCU与充电桩控制器之间的控制器局域网络（简称CAN）总线接线松动。

处理方法：检查TCU上CAN总线接线是否压接牢固，若出现松动，需压接牢固。

（b）故障原因：CAN总线抗干扰能力不佳或总线匹配电阻有问题。

处理方法：检查总线匹配电阻是否连接可靠，若出现松动需压接牢固。

（c）故障原因：TCU与充电桩控制器双向报文发送异常，TCU发送数据异常或充电桩控制器数据发送异常。

处理方法：检查充电桩控制器通信线屏蔽层是否有效接地。

2）充电桩读卡器通信故障，充电桩液晶屏不能读卡。

故障现象：充电桩液晶屏不能读卡，液晶屏显示相应故障代码。

（a）故障原因：TCU与读卡器接线松动。

处理方法：检查读卡器接线，确认读卡器接线牢固；检查读卡器通信线、屏蔽线接地是否到位。

（b）故障原因：读卡器损坏。

处理方法：更换读卡器。

（c）故障原因：TCU程序运行出错。

处理方法：重启TCU，检查充电桩运行是否恢复正常。

3）充电桩电能表不能显示或显示错误数量值。

故障现象：充电桩电能表不能显示或显示错误数值，液晶屏会显示相应故障代码。

（a）故障原因：TCU与电能表接线松动或TCU与电能表接线存在反接现象。

处理方法：检测TCU与电能表的接线情况，若出现松动或反接现象，由检修人员对接线进行更改，及时解决问题。

（b）故障原因：电能表通信波特率设置不正确。

处理方法：设置并确认通信比特率为2400bit/s，联系设备厂家进行处理。

（c）故障原因：电能表故障。

处理方法：联系设备厂家更换电能表。

4）充电桩交易记录存储过载故障。

故障现象：液晶屏显示充电桩交易记录存储过载故障代码。

（a）故障原因：设备长期处于离线状态。

处理方法：重启TCU，若恢复正常，则可判定为设备长期处于离线状态；若仍无法恢复，则是设备无线信号不正常或其他原因。

（b）故障原因：本地存储的数据过多，超出闪存存储能力。

处理方法：无线信号恢复正常后，设备上线后将自动上传数据并删除已上传的数据。

此现象很少发生，设备本身的闪存存储空间很大，另外设备也不会处于长期离线状态。

5）充电桩交易记录存储失败。

故障现象：液晶屏显示充电桩交易记录存储失败故障代码。

（a）故障原因：设备闪存数据已存满。

处理方法：检查设备无线信号是否正常，是否处于在线状态。若无线信号正常且设备处于在线状态，则排除设备闪存数据已存满的原因，需进一步查找其他原因。此故障很少发生，设备不会处于长期离线状态。

（b）故障原因：设备闪存损坏。

处理方法：检测设备闪存是否损坏，若设备闪存损坏，需及时联系设备厂家进行更换处理，如若更换时间过长，需先申请充电桩停运，并及时告知用户。

6）充电桩平台注册校验不成功。

故障现象：液晶屏显示充电桩平台注册校验不成功故障代码。

（a）故障原因：网络信号存在异常。

处理方法：检查网络信号是否正常，及时恢复网络信号。

（b）故障原因：车联网后台存在异常。

处理方法：及时与车联网后台取得联系，确认车联网后台运行正常后，重新对充电桩平台进行注册校验。

7）充电桩程序文件校验失败。

故障现象：液晶屏显示充电桩程序文件校验失败故障代码。

故障原因：TCU程序被破坏或被篡改，造成TCU程序的校验码与配置文件不符或者文件版本不对。

处理方法：检查TCU硬件防护是否遭到破坏，若遭破坏请及时处理，并将TCU程序恢复到正常状态。

（2）直流充电桩故障。

1）直流充电桩充电中车辆控制导引告警。

故障现象：液晶屏显示直流充电桩充电中车辆控制导引告警故障代码。

故障原因：充电过程中出现控制导引断开故障时，如果充电控制器做出处理，则上报故障代码；如果充电控制器异常，未处理该故障，则TCU会补充判断，上报本故障。

处理方法：重启设备，并通报设备厂家。

2）直流充电桩BMS通信异常。

故障现象：液晶屏显示直流充电桩BMS通信异常故障代码。

（a）故障原因：充电枪连接线未连接到位。

处理方法：检查确认车辆充电插口是否插好充电枪。

（b）故障原因：车辆未成功获取充电桩提供的辅助电源。

处理方法：检查辅助电源是否正常，若正常则需查找其他原因。

（c）故障原因：充电枪连接线内部线路出现故障。

处理方法：检查线缆是否损坏，检修人员使用万用表确认充电枪头CC1与PE之间电压是否为6V。

（d）故障原因：电动汽车BMS系统自身故障。

处理方法：建议车主联系车辆厂家检查处理。

（e）故障原因：充电桩和电动汽车的通信协议不匹配。

处理方法：检查充电桩与车辆的通信协议是否兼容，建议车主联系车辆厂家检查处理。

3）直流充电桩直流母线输出过电压告警。

故障现象：液晶屏显示直流充电桩直流母线输出过电压告警故障代码。

故障原因：输出侧输出电压比需求电压大，超出控制器的设定阈值；或充电模块故障，输出失控。

处理方法：检查充电模块运行状态，若模块损坏，检修人员需上报运行管理人员，及时联系设备厂家进行模块更换处理，如若更换时间过长，需先申请充电桩停运，并及时告知用户。

4）直流充电桩直流母线输出欠电压告警。

故障现象：液晶屏显示直流充电桩直流母线输出欠电压告警故障代码。

（a）故障原因：负载过大，导致瞬间电压输出欠电压告警。

处理方法：负载过大，瞬间电压输出欠电压告警后恢复正常的情况，无须处理。

（b）故障原因：充电模块损坏。

处理方法：检查充电模块运行状态，若模块损坏，检修人员上报运行管理人员，及时联系设备厂家进行模块更换处理，如若更换时间过长，需先申请充电桩停运，并及时告知用户。

5）直流充电桩电池充电过电流告警。

故障现象：直流充电桩液晶屏显示电池充电过电流告警故障代码。

故障原因：充电时电池的电流需求值大于充电桩的设定阈值，引发充电桩控制系统过电流保护。

处理方法：检查充电模块是否运行正常，若模块损坏，检修人员需上报运行管理人员，及时联系设备厂家进行模块更换处理，如若更换时间过长，需先申请充电桩停运，并及时告知用户。检查电池运行状态是否正常，建议车主联系车辆厂家进行检查处理。

6）直流充电桩电池模块采样点过温告警。

故障现象：直流充电桩液晶屏显示电池模块采样点过温告警故障代码。

故障原因：充电过程中电池温度过高。

处理方法：立即停止充电，结算后拔下充电枪放回原处，等待电池冷却后，再尝试进行二次充电，若频繁出现该故障时，请车主联系车辆生产厂家进行检查处理。

7）直流充电桩急停按钮动作故障。

故障现象：直流充电桩液晶屏显示急停按钮动作故障告警故障代码。

故障原因：充电桩在正常或紧急情况下被人为按下急停按钮，且按钮一直处于动作状态，未能及时恢复。

处理方法：复归急停按钮至正常状态。

8）直流充电桩绝缘监测故障。

故障现象：直流充电桩液晶屏显示绝缘监测故障告警故障代码。

（a）故障原因：绝缘监测模块误报。

处理方法：检修人员重启TCU，由检修人员直接解决。

（b）故障原因：绝缘监测模块损坏。

处理方法：检修人员去现场检查绝缘监测模块是否正常，若正常则需查找其他原因。由检修人员上报运行管理人员，及时联系设备厂家进行处理。

（c）故障原因：充电输出回路对地绝缘损坏。

处理方法：检修人员检查充电机柜和充电桩中直流输出回路的绝缘情况，及时处理明显接地点；对因装置故障造成对地绝缘损坏的故障，应上报运行管理人员，及时联系设备厂家进行处理，如若故障消缺时间过长，需先申请充电桩停运，并及时告知用户。

9）直流充电桩电池反接故障。

故障现象：直流充电桩液晶屏显示直流充电桩存在电池反接故障告警故障代码。

（a）故障原因：模块直流输出线反接。

处理方法：检查模块直流输出线是否存在反接，若反接了，则重新接线；若未反接，则是其他故障原因。

（b）故障原因：检测电池反接装置的检测线反接。

处理方法：检测电池反接装置的检测线是否反接，若反接了，则重新接线；若未反接，则是其他故障原因。

（c）故障原因：检测电池反接装置损坏或未开启。

处理方法：检测电池反接装置是否损坏或未开启。

10）充电桩避雷器发生故障。

故障现象：直流充电桩液晶屏显示充电桩避雷器故障告警故障代码。

（a）故障原因：接触器前端避雷器出现告警。

处理方法：检查避雷器安装接触触点，若接触触点松动，则紧固接触触点；若接触触点未松动，则是其他故障原因。

（b）故障原因：检测避雷器装置损坏。

处理方法：如避雷器损坏，则需更换避雷器。

11）充电桩充电枪未归位故障。

故障现象：直流充电桩液晶屏显示充电枪未归位告警故障代码。

（a）故障原因：充电枪未放回充电枪插座。

处理方法：把充电枪放回充电插座。

（b）故障原因：客户的不规范操作，在放回后充电枪头与插座处于半连接或未完全连接状态。

处理方法：巡视人员在巡视过程中，将充电枪头与插座处于完全连接状态；客户在二次充电操作，将充电枪放回充电插座后，故障也会解决。

12）充电桩过温故障。

故障现象：直流充电桩液晶屏显示充电桩过温告警故障代码。

（a）故障原因：充电桩过温保护值设置过低。

处理方法：检修人员检查充电桩过温保护设置情况，并调整至合理值。

（b）故障原因：温度传感器处于故障状态。

处理方法：检修人员检查温度传感器是否处于正常运行状态，若不正常则为温度传感器故障；若正常则需进一步查找其他原因。

（c）故障原因：散热风扇处于未启动状态。

处理方法：检修人员检查散热风扇是否处于正常运转状态。

13）直流充电桩烟雾报警告警。

故障现象：直流充电桩液晶屏显示烟雾报警告警故障代码。

（a）故障原因：充电模块烧损，常伴有烟雾。

处理方法：检测充电模块的运行状态，确认烧损模块，并进行更换。

（b）故障原因：充电桩内部电气触头烧损产生烟雾。

处理方法：检测充电桩内部电气的运行状态，确认损坏的器件，并进行更换。

（c）故障原因：因装置故障造成烟雾报警故障。

处理方法：检修人员应上报运行管理人员，及时联系设备厂家进行处理，如若故障消缺时间过长，需先申请充电桩停运，并及时告知用户。

14）直流充电桩输入电压过电压。

故障现象：直流充电桩液晶屏显示直流充电桩输入电压过电压告警故障代码。

故障原因：充电设备交流输入电压过高。

处理方法：由检修人员进行检查，检查配电系统输入是否处于正常状态。

15）直流充电桩输入电压欠电压。

故障现象：直流充电桩液晶屏显示直流充电桩输入电压欠电压告警故障代码。

故障原因：电压检测装置接线松动。

处理方法：由检修人员进行检查，确认电压检测装置接线是否松动，并将电压检测装置接线固定牢靠。

16）直流充电桩充电模块故障。

故障现象：直流充电桩液晶屏显示直流充电桩充电模块故障代码。

（a）故障原因：急停按钮恢复后，交流塑壳断路器电磁脱扣仍处于脱开状态，未进行手动恢复。

处理方法：检查交流塑壳断路器是否处于闭合状态，如果处于断开状态，需首先断开断路器，检修人员对故障进行现场消缺。

（b）故障原因：充电模块通信线接触不良。

处理方法：检查模块通信线的接线情况，检查接线是否松动，接触是否良好，检修人员对故障进行现场消缺。

（c）故障原因：充电模块自身处于故障状态。

处理方法：检查模块的运行状态，检修人员现场确认模块自身故障后，上报运行管理人员，及时联系设备厂家进行处理，如若故障消缺时间过长，需先申请充电桩停运，并及时告知用户。

17）直流充电桩充电模块风扇故障。

故障现象：直流充电桩液晶屏显示直流充电桩充电模块风扇故障代码。

故障原因：充电模块单模块硬件故障。

处理方法：检修人员去现场确认，再上报运行管理人员，及时联系设备厂家进行更换风扇处理，如若故障消缺时间过长，需先申请充电桩停运，并及时告知用户。

18）直流充电桩充电模块过温告警。

故障现象：直流充电桩液晶屏显示充电模块过温告警故障代码。

（a）故障原因：设备长期运行，导致模块内部积污物过多。

处理方法：检查充电模块内部、风道内部及滤网是否有污物积累，并对模块、风道、滤网进行清洗。

（b）故障原因：设备的长时间大功率运行，导致充电模块温度升高。

处理方法：检查模块的运行状态，检修人员现场确认模块自身故障，需更换模块，上报运行管理人员，及时联系设备厂家进行处理，如若故障消缺时间过长，需先申请充电桩停运，并及时告知用户。

19）直流充电桩充电模块交流输入告警。

故障现象：直流充电桩液晶屏显示充电模块交流输入告警故障代码。

（a）故障原因：交流输入电源处于断电状态。

处理方法：检修人员现场检查电源接线，使交流电源处于正常供电状态。

（b）故障原因：交流输入电压缺相或过电压。

处理方法：检查充电模块的运行是否不缺相、不过电压，处于正常状态。

（c）故障原因：检修人员现场确认模块自身故障。

处理方法：检修人员需上报运行管理人员，及时联系设备厂家进行处理，如若故障消缺时间过长，需先申请充电桩停运，并及时告知用户。

20）直流充电桩充电模块输出短路故障。

故障现象：直流充电桩液晶屏显示充电模块输出短路告警故障代码。

（a）故障原因：充电模块内部器件损坏；充电桩内部电容器被击穿；充电模块输出侧母线短路。

处理方法：检查确认充电模块的运行状态，并更换模块。

（b）故障原因：检修人员现场确认模块自身故障。

处理方法：检修人员需上报运行管理人员，及时联系设备厂家进行处理，如若故障消缺时间过长，需先申请充电桩停运，并及时告知用户。

21）直流充电桩充电模块输出过电流告警。

故障现象：直流充电桩液晶屏显示充电模块输出过电流告警故障代码。

（a）故障原因：充电输出电流大于充电桩控制系统设定的阈值，引发输出过电流保护。

处理方法：检查充电模块的运行状态，若模块损坏，则需更换模块。

（b）故障原因：检修人员现场确认模块自身故障。

处理方法：检修人员需上报运行管理人员，及时联系设备厂家进行处理，如若故障消缺时间过长，需先申请充电桩停运，并及时告知用户。

22）直流充电桩充电模块输出过电压告警。

故障现象：直流充电桩液晶屏显示充电模块输出过电压告警故障代码。

（a）故障原因：充电模块单模块输出电压过大，引起系统的过电压保护动作。

处理方法：检查充电模块的运行状态，若模块损坏，则需更换模块。

（b）故障原因：检修人员现场确认模块自身故障。

处理方法：检修人员需上报运行管理人员，及时联系设备厂家进行处理，如若故障消缺时间过长，需先申请充电桩停运，并及时告知用户。

23）直流充电桩充电模块输出欠电压告警。

故障现象：直流充电桩液晶屏显示充电模块输出欠电压告警故障代码。

故障原因：充电模块的控制精度不够或内部器件损坏。

处理方法：检查充电模块的运行状态，若模块损坏，则需更换模块。

目前此故障由检修人员去现场确认，再上报运行管理人员，及时联系设备厂家进行处理，如若故障消缺时间过长，需先申请充电桩停运，并及时告知用户。

24）直流充电桩充电模块输入过电压告警。

故障现象：直流充电桩液晶屏显示充电模块输入过电压告警故障代码。

故障原因：交流输入电压过高。

处理方法：检查电源接线，确认交流电源是否处于正常供电状态。检查充电模块的运行状态，若模块损坏，则需更换模块。若检修人员现场确认模块自身故障后，则需上报运行管理人员，及时联系设备厂家进行处理，如若故障消缺时间过长，需先申请充电桩停运，并及时告知用户。

25）直流充电桩充电模块输入欠电压告警。

故障现象：直流充电桩液晶屏显示充电模块输入欠电压告警故障代码。

（a）故障原因：交流输入电源处于断电状态。

处理方法：检修人员检查电源接线，确认交流电源是否处于正常供电状态。

（b）故障原因：交流输入电压缺相或欠电压。

处理方法：检查配电模块处于正常运行的状态，是否有模块损坏故障，若需更换模块，则应上报运行管理人员，及时联系设备厂家进行处理，如若故障消缺时间过长，需先申请充电桩停运，并及时告知用户。

26）直流充电桩充电模块输入缺相告警。

故障现象：直流充电桩液晶屏显示充电模块输入缺相告警故障代码。

（a）故障原因：交流输入电源处于断电状态。

处理方法：检查电源接线，确认交流电源是否处于正常供电状态。

（b）故障原因：交流输入处于缺相状态。

处理方法：检查配电模块处于正常运行的状态，是否有模块损坏故障，若需更换模块，则应上报运行管理人员，及时联系设备厂家进行处理，如若故障消缺时间过长，需先申请充电桩停运，并及时告知用户。

27）直流充电桩充电模块通信告警。

故障现象：直流充电桩液晶屏显示充电模块通信告警故障代码。

（a）故障原因：充电模块通信线路接线松动。

处理方法：检查通信线路的接线情况，若接线松动，由检修人员连接牢固。

（b）故障原因：通信协议不一致。

处理方法：检查通信协议的一致性。若通信协议故障，则需上报运行管理人员，及时联系设备厂家进行更换模块处理。

（c）故障原因：充电模块硬件损坏。

处理方法：检修人员检查充电模块是否处于正常运行的状态，若确认模块损坏，则需上报运行管理人员，及时联系设备厂家进行更换模块处理，如若故障消缺时间过长，需先申请充电桩停运，并及时告知用户。

28）直流充电桩充电中控制导引告警。

故障现象：直流充电桩液晶屏显示充电中控制导引告警故障代码。

（a）故障原因：充电过程中直接拔出充电枪。

处理方法：检修人员重启TCU，消除故障。

（b）故障原因：充电过程中辅助供电系统出现异常。

处理方法：检查辅助供电系统能否正常供电。

（c）故障原因：充电过程中BMS发送数据出现异常；充电桩控制器数据发送出现异常。

处理方法：检查通信协议。

29）直流充电桩交流断路器发生故障。

故障现象：直流充电桩液晶屏显示交流断路器故障告警故障代码。

（a）故障原因：交流断路器处于跳闸状态。

处理方法：检查断路器状态，若属于断路器跳闸，在确认下级设备状态正常后合上交流断路器。

（b）故障原因：交流断路器处于损坏状态。

处理方法：若交流断路器损坏，则需更换交流断路器。

（c）故障原因：交流断路器过电流或交流断路器短路。

处理方法：联系设备厂家解决。

30）直流充电桩直流母线输出过电流告警。

故障现象：直流充电桩液晶屏显示直流母线输出过电流告警故障代码。

故障原因：充电桩输出电流大于系统设定的阈值引发充电桩系统保护动作。

处理方法：检查电池状态是否正常，建议车主联系车辆厂家进行检查。检查充电模块运行状态是否正常。

31）直流充电桩直流母线输出熔断器故障。

故障现象：直流充电桩液晶屏显示直流母线输出熔断器故障告警代码。

故障原因：下级电路短路导致熔断器保护动作。

处理方法：检查下级电路系统是否处于正常状态。检查熔断器是否正常，若熔断器损坏，则需要更换。

32）直流充电桩直流母线输出接触器故障。

故障现象：直流充电桩液晶屏显示直流母线输出接触器故障告警代码。

（a）故障原因：直流母线输出接触器触点黏连。

处理方法：检查接触器触点状态是否正常。

（b）故障原因：直流母线输出接触器自身故障。

处理方法：检查接触器是否正常，若接触器损坏，可由检修人员进行更换；检修班组若不具备更换条件（如缺少备品备件），需及时联系厂家进行处理，如若更换时间过长，需先申请充电桩停运。

33）直流充电桩充电接口电子锁故障。

故障现象：直流充电桩液晶屏显示充电接口电子锁故障告警代码。

（a）故障原因：充电枪电子锁损坏。

处理方法：检修人员检查确认电子锁是否损坏，若电子锁损坏，则需更换电子锁。

（b）故障原因：充电枪电子锁驱动信号及回采信号缺失或不正常。

处理方法：检查电子锁驱动信号及回采信号是否正常。

34）直流充电桩充电机风扇故障。

故障现象：直流充电桩液晶屏显示充电机风扇故障告警代码。

（a）故障原因：风扇开关处于损坏或接触不良状态。

处理方法：检修人员检查确认风扇开关状态，若开关损坏，则需更换开关。

（b）故障原因：风扇自身存在故障。

处理方法：若风扇损坏，则需要更换。

35）直流充电桩充电枪过温故障。

故障现象：直流充电桩液晶屏显示充电枪过温故障告警代码。

故障原因：人为原因导致充电枪线破损；充电枪长时间处于大电流充电状态，导致温度过高；充电接口长时间使用，导致积垢较多，接触电阻变大。

处理方法：此故障需更换枪线，充电枪线可由检修人员进行现场更换；检修班组若不具备更换条件（如缺少备品备件），需及时联系厂家进行处理，如若更换时间过长，需先申请充电桩停运。

36）直流充电桩电能表数据校验异常。

故障现象：直流充电桩液晶屏显示电能表数据校验异常故障告警代码。

故障原因：电能表电能数据与充电控制器数据校验异常。

处理方法：检查TCU与电能表之间通信连接是否可靠；检查电能表与分流器之间连接是否可靠。

37）直流充电桩充电机其他故障。

故障现象：直流充电桩在发生其他故障时，液晶屏会显示相应故障代码。

（a）故障原因：一般情况下，打开充电桩柜门或触动微动开关会出现此故障代码。

处理方法：由巡视人员或检修人员检查充电桩柜门是否正常锁闭，并检查微动开关是否正常。

（b）故障原因：充电机控制器故障判断异常。

处理方法：检修人员应检查充电机状态是否正常；检查充电控制器状态是否正常。

（c）故障原因：检修人员现场确认是装置故障。

处理方法：检修人员需上报运行管理人员，及时联系设备厂家进行处理，如若故障消缺时间过长，需先申请充电桩停运，并及时告知用户。

（3）交流充电桩故障。

1）交流充电桩输入电压欠电压。

故障现象：交流充电桩液晶屏显示输入电压欠电压故障告警代码。

故障原因：电源接线松动或电压检测装置接线松动。

处理方法：由检修人员进行检查，确认电源接线、电压检测装置接线是否松动，并将电压检测装置接线固定牢靠。

2）交流充电桩交流接触器故障。

故障现象：交流充电桩液晶屏显示交流接触器故障告警代码。

（a）故障原因：交流接触器控制或状态反馈接线松动。

处理方法：检修人员检查交流接触器控制、状态反馈接线是否松动，若处于松动状态，由检修人员连接牢固。

（b）故障原因：交流接触器处于损坏状态。

处理方法：检修人员确认接触器是否损坏，若损坏应上报运行管理人员，联系设备厂家进行处理，如若故障消缺时间过长，需先申请充电桩停运，并及时告知用户。

3）交流充电桩输入电压过电压。

故障现象：交流充电桩液晶屏显示输入电压过电压故障告警代码。

故障原因：充电设备的交流输入电压过高。

处理方法：由检修人员进行检查，确认配电系统是否正常。

4）交流充电桩急停按钮动作故障。

故障现象：交流充电桩液晶屏显示急停按钮动作故障告警代码。

故障原因：充电桩正常情况下被人为按下急停按钮，且按钮按下后一直没有恢复。

处理方法：恢复急停按钮，向右旋转急停按钮然后松开即可。

5）交流充电桩输出过电流告警。

故障现象：交流充电桩液晶屏显示输出过电流告警故障代码。

故障原因：充电桩输出电流大于系统设定的阈值引发充电桩告警。

处理方法：由检修人员检查车辆充电需求是否大于充电桩设定的过电流告警阈值，再上报运行管理人员，联系设备厂家进行处理，如若故障消缺时间过长，需先申请充电桩停运，并及时告知用户。

6）交流充电桩充电过程中控制导引告警。

故障现象：交流充电桩液晶屏显示充电过程中控制导引告警故障代码。

故障原因：车主在充电过程中直接拔出充电枪；充电过程中车辆BMS主动断开充电连接。

处理方法：一般可直接由车主重新插拔充电枪，并启动充电即可解决；此故障也可由巡视人员协助解决。

7）交流充电桩交流断路器发生故障。

故障现象：交流充电桩液晶屏显示交流断路器故障告警代码。

（a）故障原因：交流接触器控制或状态反馈接线松动。

处理方法：检修人员检查交流接触器控制、状态反馈接线是否松动，若处于松动状态，由检修人员连接牢固。

（b）故障原因：交流接触器处于损坏状态。

处理方法：检修人员确认接触器是否损坏，若损坏，联系设备厂家解决，如若故障消缺时间过长，需先申请充电桩停运，并及时告知用户。

8）交流充电桩输出过电流保护动作。

故障现象：交流充电桩液晶屏显示输出过电流保护动作故障代码。

故障原因：充电桩输出电流大于系统设定的阈值引发充电桩保护动作。

处理方法：由检修人员检查车辆充电需求是否大于充电桩设定的过电流保护动作阈值，再上报运行管理人员，联系设备厂家进行处理，如若故障消缺时间过长，需先申请充电桩停运，并及时告知用户。

9）交流充电桩充电接口发生过温故障。

故障现象：交流充电桩液晶屏显示充电接口发生过温故障告警代码。

故障原因：人为原因导致充电枪线破损；充电枪长时间处于大电流充电状态，导致温度过高；充电接口长时间使用，导致积垢较多，接触电阻变大。

处理方法：更换充电枪线。

充电枪线可由检修人员进行现场更换，检修班组若不具备更换条件（如缺少备品备件），需及时联系厂家进行处理，如若更换时间过长，需先申请充电桩停运，并及时告知用户。

10）交流充电桩充电连接状态CP（控制导引功能）异常。

故障现象：交流充电桩液晶屏显示充电连接状态CP异常故障代码。

故障原因：车主在充电过程中直接拔出充电枪或充电过程中车辆BMS主动断开充电连接。

处理方法：一般可直接由车主重新插拔充电枪，并启动充电即可解决，也可由巡视人员协助解决。

11）交流充电桩PE（保护接地）断线故障。

故障现象：交流充电桩液晶屏显示PE断线故障代码。

故障原因：人为破坏原因导致充电枪接口连接线缆或充电线缆损坏。

处理方法：此故障需更换充电枪线，充电枪线可由检修人员进行现场更换，检修班组若不具备更换条件（如缺少备品备件），需及时联系厂家进行处理，如若更换时间过长，需先申请充电桩停运，并及时告知用户。

12）交流充电桩充电接口电子锁发生故障。

故障现象：交流充电桩液晶屏显示充电接口电子锁发生故障告警代码。

（a）故障原因：充电枪电子锁损坏。

处理方法：检修人员检查确认电子锁是否损坏，若电子锁损坏，联系设备厂家更换电子锁。

（b）故障原因：充电枪电子锁驱动信号及回采信号缺失或不正常。

处理方法：检修人员检查电子锁驱动信号及回采信号是否正常。由运行管理人员及时联系设备厂家进行处理，如若故障消缺时间过长，需先申请充电桩停运，并及时告知用户。

13）交流充电桩充电连接状态CC（连接确认功能）异常。

故障现象：交流充电桩液晶屏显示充电连接状态CC异常故障代码。

故障原因：车主在充电过程中直接拔出充电枪。

处理方法：一般可直接由车主重新插拔充电枪，并启动充电即可解决，也可由巡视人员协助解决。

14）交流充电桩TCU其他故障。

故障现象：交流充电桩存在TCU其他故障现象，液晶屏会显示相应故障代码。

故障原因：除通信故障、ESAM故障、交易记录满等原因外其他原因引起的故障。

处理方法：确认设备状态正常后，更换TCU。

目前此故障由检修人员去现场确认并更换TCU，如若故障消缺时间过长，需先申请充电桩停运，并及时告知用户。

15）交流充电桩充电中拔枪故障（TCU判断）。

故障现象：交流充电桩液晶屏显示充电中拔枪故障（TCU判断）故障代码。

故障原因：充电过程中出现控制导引断开故障。

处理方法：可由巡视人员或检修人员重启设备，如若设备重启后，交流充电桩液晶屏显示故障代码不消失，则应上报运行管理人员，及时联系设备厂家进行处理，如若故障消缺时间过长，需先申请充电桩停运，并及时告知用户。

16）交流充电桩其他故障。

故障现象：交流充电桩存在其他故障现象，液晶屏会显示相应故障代码。

（a）故障原因：一般情况下，开门或微动开关会出现此故障代码。

处理方法：由巡视人员或检修人员检查充电桩柜门是否正常锁闭。

（b）故障原因：充电桩控制器故障判断异常。

处理方法：检修人员去现场检查充电桩状态是否正常；检查充电桩控制器状态是否正常。若是充电桩控制器故障，由运行管理人员及时联系设备厂进行处理，如若故障消缺时间过长，需先申请充电桩停运，并及时告知用户。

第十三章

电动汽车充换电站的安全管理及安全防护

第一节　充换电站的安全管理与安全防护的技术要求

一、充换电站安全管理目标和应执行的法律、法规

（1）充换电站安全管理目标。充换电站安全管理应始终贯彻"安全第一，预防为主，综合治理"的方针，坚持"谁主管谁负责"和"管业务必须管安全"的各级岗位责任制。充换电站应将不发生人身伤亡事故，不发生一般设备损坏事故，不发生重大火灾事故，不发生本单位负有主要责任的重大交通事故和不发生对公司和社会造成重大影响的事故作为其安全管理的目标。

（2）充换电站安全管理应执行的法律、法规如表13-1所示。

表13-1　　　　　充换电站安全管理应执行的法律、法规

序号	内容
1	《中华人民共和国安全生产法》
2	《国家电网公司电力安全工作规程》（以下简称《安规》）
3	DL/T 5027《电力设备典型消防规程》
4	GB 50140《建筑灭火器配置设计规范》

注　《安规》是电力生产现场安全管理的最重要规程，是保证人身安全、电网安全和设备安全的最基本要求。消防器材的配备、使用、维护，消防通道的配置等应遵守DL/T 5027和GB 50140的规定。

二、充换电站运维单位的安全管理

（1）充换电站运维单位的安全管理措施如表13-2所示。

表13-2　　　　　　　　充换电站运维单位的安全管理措施

序号	内容
1	定期结合本单位充换电设施、人员和工作实际，提出安全管理的目标，并按月、季、年度开展安全目标完成情况监督与考核工作
2	从设施安全角度，运维单位应确保充换电设备、配电设备、线缆及保护装置、充电监控系统及运行管理平台的工作状态正常和可靠运行
3	应通过充换电设备、配电设备及监控系统的故障检测，建立充电过程告警监测、过充保护、故障处理等防控措施及应急联动机制
4	依照相关标准对有关消防设施进行检查，保证其处于可用状态。加强设施安全管理和运行维护，满足充换电设施运行要求

（2）充换电站设施运维人员的教育和培训管理的要求如表13-3所示。

表13-3　　　　　　充换电站设施运维人员的教育和培训管理要求

序号	内容
1	接受相应的安全生产教育和岗位技能培训，经考试合格上岗
2	每年应参加一次《安规》考试，且考试成绩合格。因故间断电气工作连续3个月以上者，应重新学习《安规》，并经考试合格后，方能恢复工作
3	新参加电气工作的人员、实习人员和临时参加劳动的人员（管理人员、非全日制用工等），应经过安全知识教育后，方可下现场参加指定的工作，并且不得单独工作
4	外单位承担或外来参与公司系统电气工作的工作人员应熟悉《安规》，并经考试合格，经设备运行管理单位认可方可参加工作。工作前设备运行管理单位应告知现场电气设备接线情况、危险点和安全注意事项

（3）充换电站设施运维单位的安全活动要求如表13-4所示。

表13-4　　　　　　充换电站设施运维单位的安全活动要求

序号	内容
1	充换电站设施运维单位应每周开展一次安全活动，在学习传达上级安全通报、文件时应结合实际，举一反三，吸取教训，同时总结一周的安全生产情况，对照《安规》查找习惯性违章和不安全因素，并制订有效防范措施
2	每次安全活动应认真填写记录，记录活动日期、主持人、参加人和活动内容。对学习内容、讨论情况、事故教训及建议等做详细记录，不得记录与安全生产无关的内容，不得事后补记
3	充换电站设施运维单位应定期检查"安全活动记录"的填写情况，对运维人员提出的建议和措施做出反馈，审查后签名

（4）充换电站设施运维人员参与运行、巡视、检修等现场作业的基本条件如表13-5所示。

表13–5　　　　　充换电站设施运维人员参与运行、巡视、
检修等现场作业的基本条件

序号	内容
1	经医师鉴定无妨碍工作的病症（每两年至少体检一次）
2	具备必要的电气知识和业务技能，且按工作性质，熟悉《安规》的相关部分，并经考试合格
3	具备必要的安全生产知识，学会紧急救护法，特别要学会触电急救。任何人在运维过程中发现有违反《安规》的情况应立即制止，经纠正后才能恢复作业。各类作业人员有权拒绝违章指挥和强令冒险作业。在发现危及人身、电网和设备安全的紧急情况时，各类作业人员有权停止作业或者在采取可能的紧急措施后撤离作业场所，并立即报告
4	充换电设施现场作业人员上岗应穿全棉长袖、长裤工作服，按要求穿防护鞋、戴手套、戴防护眼镜、戴防毒面具，禁止穿拖鞋、高跟鞋，禁止留长发。操作、修试、安装工作中应将衣服（含袖口）扣好，禁止将袖口、裤腿卷起。工作服不应有可能被转动机械绞住的部分

（5）充换电站设施运维人员应配置的安全工器具。充换电站设施运维人员应配备足够数量的有效安全工器具，并配有适量的合格备品。应配置的安全工器具包括但不限于：中帮大头鞋、低帮大头鞋、低压绝缘鞋、安全防护手套、防护眼镜、低压验电笔、绝缘梯、绝缘凳等，充换电站设施运维人员安全用具配备表如表13-6所示。

表13–6　　　　　充换电站设施运维人员安全用具配备表

序号	用具名称（单位）	配备规格	配备周期		备注
			换电设施操作检修人员	充电系统运维人员	
1	中帮大头鞋（双）	每人一双	12个月		
2	低帮大头鞋（双）	每人一双	12个月		
3	低压绝缘鞋（双）	每人一双		12个月	
4	安全防护手套（副）	每人一副	1个月	1个月	薄、厚各1副
5	防护眼镜（副）	按运维人数的20%配备	损坏后即换		
6	低压验电笔（支）	按运维人数的30%配备	损坏后即换		
7	绝缘梯、凳（副）	有人值守站点每站配备绝缘人字梯、矮凳各1副；无人值守站点不少于10个站1副	损坏后即换		
8	安全帽（顶）	每人1顶	使用期限：从制造之日起，塑料帽小于等于2.5年，玻璃钢帽小于等于3.5年，或损坏后即换		

注　安全帽在使用期满，抽验合格后该批次方可继续使用，以后每年抽验一次。

（6）充换电站设施运维工作现场应具备的基本安全条件。如表13-7所示。

表13-7　　　　　充换电站设施运维工作现场应具备的基本安全条件

序号	内容
1	现场的作业条件和安全设施等应符合有关标准、规范的要求，工作人员的劳动防护用品应合格、齐备
2	现场应配备急救箱，存放急救用品，并应指定专人定期进行检查、补充或更换
3	现场使用的安全工器具应合格并符合有关要求
4	各类作业人员应被告知其作业现场和工作岗位存在的危险因素、防范措施及事故紧急处理措施

（7）充换电站设施运维单位的安全自查。充换电站设施运维管理单位一般应从安全生产责任制体系的建立、运行管理与运维保障、充换电设施与系统安全运行、充换电设施管理信息平台的建设与运行等方面开展安全自查工作。电动汽车充换电站设施安全自查表如表13-8所示。

表13-8　　　　　　　电动汽车充换电站设施安全自查表

类别	检查项目	检查要点	检查内容及标准
建立安全生产责任体系	安全生产责任制落实情况	安全生产体系组织机构建设	建立安全生产组织机构，有安全生产管理委员会或办公室机构、有专职人员或安全生产专员
		安全生产制度建立情况	制度文件健全，职责分工明确，安全生产责任制逐级得到落实；安全生产系统工作目标清晰；有危险源识别及安全事故分级、安全事件处置措施
		分解落实到人	各环节有明确的责任主体与责任人，安全生产目标逐级分解落实到人
		重要事项报告制度	建立安全事件报告制度，途径畅通，责任明确，记录可查并具备可追溯性
		安全检查工作制度	定期组织全面、系统地安全检查，开展隐患分析排查，并按期改正
安全运营管理	运行管理与运维保障	运行操作管理规范化	编制岗位安全操作规范及培训教材，定期开展充换电设备及监控系统操作、维护培训，做到所有人员培训上岗
			充换电岗位现场作业人员严格遵守操作规程，杜绝人为因素导致安全事件发生，作业考评有记录
		日常安全运行管理及人员经费落实	建立运行维护现场管理制度，做到规章制度上墙，任务责任到人，岗位操作有规范、现场作业指导书操作步骤清晰
			安全器材配发到位且检查维护有记录，确保器材在有效期内使用，现场设置的安全标识清晰正确
			设备操作与维修手册、安装接线图等竣工资料完整归档，查找方便
			定期开展安全工作检查，覆盖运营管理各个环节，有巡查记录、存在问题及时整改
			安全生产经费落实到位

续表

类别	检查项目	检查要点	检查内容及标准
安全运营管理	运行管理与运维保障	建立预防为主的应急处置措施，做好安全风险防范	结合运营实际，开展安全生产故障风险源识别，健全应急处置方案，包括处理流程、维保措施及应急联动机制，做到一旦发生事故能正确快速处理，最大程度避免人身伤害，将损失降到最小
			对已经发生的充换电站设施故障和安全事件处理及时，处理结果和记录清晰。安全事件预防应急处置方案有演练和评估
		电气设备隐患排查及故障维修管理工作落到实处	各类电气设备有定期检查制度，充换电设备、变配电柜设备、照明线路、桩机或线缆、检测设备仪表等保持功能正常，能提供设备、器材配置清单和例行检修记录
			对发现的安全隐患有排查记录和问题清单，并有处理措施。做到故障维修不拖延，缺陷整改落到实处
		建立充换电站设施运行监控系统及故障处理机制	充换电站设施运行状态接入车联网平台，实现故障监测，实施数据有储存记录、有工单管理、有运维人员的维护通知发送，建立与相关车辆运行单位能实现信息互联的安全保障快速联动机制
设备、设施与系统安全运行	充换电设备与系统安全运行	保障各类设备安全及保护功能处于良好状态	充换电设备、配电设备产品符合行业标准要求，电气设备通过产品检测
			产品安装调试成功；总布置、接线图、设备配置等基础资料齐全；竣工验收合格，产品具有合格证
			定期对充换电设备的系统控制及保护功能、线缆接口等进行检查测试，排除隐患，确保设备性能处于安全工作状态，并做好记录
		消防及防雷规范符合相关要求	消防管理工作依据相关标准开展，设备及防护器材齐备
			设备防雷保护装置符合本地区防雷规范要求，应定期检查，保证装置状态正常
		充换电设施故障监测告警保护功能有效，并开展数据分析和建议	直流充电桩具有故障监测告警（声、光、电告警信息）功能、过电流保护装置等电气安全保护装置功能正常
			充换电设备具有电池极值设定自动保护功能；充换电设备具有输出电压最高值过电压保护控制功能；有明确报警阈值；建立有效的告警监测系统过充保护和告警处理机制；监测告警事件有维护处置记录
			定期开展数据分析，结合实际提出有关运行保障合理化建议或系统升级方案

三、充换电站的安全要求

1. 充换电站的防火安全要求

（1）充换电站内应配置的消防器具。根据消防重点部位可能产生燃烧介质的不同和火灾扑救保护物的特性，充换电站除在建设时配置的自动灭火系统、消防沙坑外，一般应配置以下消防器具：

1）用于扑灭有机溶剂等易燃液体、可燃气体和电气设备初起火灾的干粉灭火器。

2）用于扑救电气设备、仪器表及油类等初起火灾的水基型灭火器。

3）工作人员使用的个人装备，包括防毒面具、消防毯、耐火手套等。

（2）充换电设施消防器具的设置应符合消防部门的规定，并放置在便于取用的位置。定期检查消防器具的放置、完好情况并清点数量，做相关记录。

（3）充换电站消防设施建议配置标准。充换电站消防设施建议配备表如表13-9所示。

表13-9　　　　　　　　　充换电站消防设施建议配备表

序号	消防设施名称（单位）	充换电站	有人值守集中式充换电站	无人值守充换电站
1	灭火毯（块）	不少于5块	不少于5块	不少于1块
2	事故电池紧急掩埋坑或电池专用消防箱（个）	不少于1个	不少于1个	不少于1个
3	手提式干粉灭火器（个）	依据GB 50140要求计算，一个计算单元内的灭火器数量不应少于2个，每个设置点的灭火器数量不宜多于5个。按建筑面积每100㎡配1个5kg手提式干粉灭火器		
4	手提式水基型灭火器（个）	每累计100kW充换电设备宜设置不少于1个9L手提式水基型灭火器或2个6L手提式水基型灭火器；充换电设备功率或电池储量不足时，按上述要求向上取整计算		
5	推车式水基型灭火器（个）	充换电站面积达到500㎡以上，宜设置60L推车式水基型灭火器1个。以此类推，每增加500㎡，增加推车式水基型灭火器1个，超出面积向上取整进行计算		
6	防火手套（副）	按全站总人数的1/3配备（耐高温1000℃）		不少于1副
7	防毒面具（副）	按全站总人数的1/3配备		不少于1副

（4）充换电站设施及附属场所的重点防火部位。充换电站设施的充、换、储、放电场所，以及监控室、通信机房、消防机房、配电室、电池维护场所属于重点防火部位，应建立岗位防火责任制、消防管理制度和消防措施，并制定灭火方案，做到定点、定人、定任务。防火重点部位或场所应有明显标志，并在指定的地方悬挂特定的牌子，其主要内容是防火重点部位或场所的名称及防火责任人姓名。

（5）充换电站建（构）筑物及电力设备防火安全要求如表13-10所示。

表13-10　　　　　充换电站建（构）筑物及电力设备防火安全要求

序号	内容
1	电动汽车充换电站内的消防安全和消防设施的配置应符合现行国家标准和行业标准的规定
2	充换电站设施内的主要设备和储存物为非爆燃物品，应符合GB 50016中规定的非丁类厂房要求

续表

序号	内容
3	由于燃烧是非有氧燃烧，在电池充换电站应配备专用的灭火装置。如果电池箱发生短路、燃烧等事故，应首先切断电源，然后将事故电池箱快速转移到指定位置进行隔离。在电池充换电站中应设置事故电池箱紧急转移通道，并采用干沙覆盖等隔离措施
4	充换电站设施的建设和运行中应采取有效措施最大限度地保证人员安全

（6）充换电站电力设备的防火安全要求如表13-11所示。

表13-11　　　　　　　　　充换电站电力设备的防火安全要求

序号	内容
1	变压器室、配电室、户外电力设备的耐火等级、与其他建（构）筑物和设备之间的防火间距应符合GB 50229的规定
2	电力设备的消防安全要求应符合DL/T 5027的有关规定
3	电力电缆不应和热力管道、输送易燃、易爆及可燃气体管道或液体管道敷设在同一管沟内
4	对于带电设备，应配置干粉灭火器、卤代烷灭火器或二氧化碳灭火器，但不得配置装有金属喇叭喷筒的二氧化碳灭火器
5	根据不同的储能装置，应配置专用灭火器；如果没有专用灭火器，应根据起火物质特性配备用于隔离的措施（如干沙覆盖）

（7）充换电站消防设施及报警装置安全要求如表13-12所示。

表13-12　　　　　　　　充换电站消防设施及报警装置安全要求

序号	内容
1	充换电站应设置必要的消防设施，并不得移作他用
2	当消防设施放置或装设地点的环境不符合其生产厂家的规定和要求时，应采取相应的防冻、防潮或防高温措施
3	消防用沙应保持充足和干燥。消防沙箱、消防桶和消防铲、斧把上应涂红色标示
4	灭火剂的选用应符合GB 50140的要求，应检查其灭火的有效性，以降低对设备和人体的影响为原则
5	室外换电区灭火器的配置应符合下列要求：当不考虑插电式混合动力汽车进入时，充换电站应按轻危险级配置灭火器；当考虑插电式混合动力汽车进入时，充换电站应按严重危险级配置灭火器
6	充换电站应设置火灾自动报警系统，当发生火灾或受到火灾威胁时，应立即切断电源
7	当充换电站室内可能出现可燃气体或有毒气体时，应设置相应的检测报警器

（8）充换电站的消防沙箱及消防给水要求如表13-13所示。

表13-13　　　　　　　　充换电站的消防沙箱及消防给水安全要求

序号	内容
1	充换电站消防管道、消防栓的设计应符合现行国家标准规定
2	水喷雾灭火系统应符合设计规范及现行国家标准规定
3	充换电站消防水源应充足、可靠

（9）充换电站的消防供电及照明安全要求如表13-14所示。

表13-14 充换电站的消防供电及照明安全要求

序号	内容
1	消防水泵、火灾探测报警与灭火系统、火灾应急照明应按Ⅱ级负荷供电
2	消防用电设备应采用单独回路供电。当火灾切断生产、生活用电时，应保证消防设备的供电。其供电设备应有明显的标示
3	设备室、配电室及安全通道应设置火灾应急照明
4	人员疏散用的安全通道的事故照明照度值不应低于0.5lx；设备室、配电室的照明照度值不应低于正常照度值的10%
5	消防用电设备的配电线路应满足火灾时连续供电的需要
6	火灾应急照明可采用蓄电池组供电，其供电时间不应少于30min

2. 充换电站防汛的安全要求

充换电站防汛的安全要求如表13-15所示。

表13-15 充换电站防汛的安全要求

序号	内容
1	充换电站设施运维单位应根据本地区的气候特点和设备实际，制定相应的设备防汛、防雨预案，配备适量的防汛设备和防汛物资
2	防汛设备在每年汛前进行全面检查，确保设备处于完好状态。雨季来临前，运维人员应对道路及场区的排水设施进行全面检查和疏通，做好防积水和排水措施，定期对房屋渗漏、下水管排水情况进行检查
3	雨后及时检查积水情况，并及时排水，设备室湿度过大时做好干燥通风

3. 电动汽车充换电站的安全防护技术要求

（1）充换电站防雷接地的技术要求如表13-16所示。

表13-16 充换电站防雷接地的技术要求

序号	内容
1	充换电站的防雷要求应符合GB 50057、DL/T 620的有关规定
2	充换电站配置专用电力变压器时，电力线宜采用具有金属护套或绝缘护套电缆穿钢管埋地引入充换电站，电力电缆金属护套或钢管两端应就近可靠接地
3	信号电缆应由地下进出充换电站，电缆内芯线在进站处应加装相应的信号避雷器，站区内不应布放架空缆线
4	充换电站供电设备的正常不带电金属部分、避雷器的接地端均应做保护接地，不应做接零保护
5	为防止雷电或操作过压沿电源引入线对低压配电系统产生不良影响，在主开关的电源进线侧与地端子之间装设B级防雷器，在配电母线与地端子之间装设C级防雷器
6	电气设备内部防雷地线应和机壳就近连接

（2）充换电站防止电磁干扰对计算机等弱电设备的影响措施：为防止电磁干扰对计算机等弱电设备的影响，监控电源引入线可选择装设EMI滤波器。

第二节　充电机的安全管理

一、充电机的安全防护危险点

充电机的安全防护危险点分析如表13-17所示。

表13-17　　　　　　　　　　充电机的安全防护危险点分析

序号	内容
1	充电机超负荷运行，充电机的温升过高，金属部分超过50℃，非金属部分超过60℃
2	充电机联锁措施不可靠，充电操作时，插销带负荷从插座或连接器中拔出，造成直流短路或设备损坏
3	充电机保护功能不完善，在故障运行时，充电机保护装置不能可靠动作；充电机不能主动向监控系统发送故障信息，造成设备损坏
4	充电操作的安全措施不完善，造成充电操作失败或设备损坏

二、充电机的安全防护措施

充电机的安全防护措施如表13-18所示。

表13-18　　　　　　　　　　充电机的安全防护措施

序号	内容
1	防温升措施：金属部分为50℃，非金属部分为60℃。可用手接触但不必紧握部分，允许最高温度：金属部分为60℃，非金属部分为85℃。充电机的温度不能超过允许值，在充电机的温升过高时，可采取人工减小充电电流或充电机自动切除充电回路的防护措施，以降低温升
2	联锁措施：充电操作时应检查充电机插头联锁装置或保护装置的操作连接，保证插销处于带电状态时不会从插座或连接器中拔出，或开关装置处于"ON"位置时不会被插入插座或连接器
3	保护措施： （1）具有输入欠电压、输入过电压、输出短路、电池反接、输出过电压、超温、电池故障等保护功能。 （2）具有故障报警功能，能主动向监控系统发送故障信息
4	控制安全措施： （1）充电机启动前检查：充电连接器连接可靠，充电监控系统工作正常，并发出允许充电信号。 （2）充电过程中，充电监控系统工作正常，信号显示正常。 （3）发生充电监控系统异常、充电设备及电路故障、温升异常停机等故障，应立即手动或自动关闭充电机，断开充电机输入、输出电源，防止电击、起火或爆炸

三、充电设施和整流柜检修操作的安全注意事项

充电设施和整流柜检修操作的安全注意事项如表13-19所示。

表13-19　　　　　　　　充电设施和整流柜检修操作的安全注意事项

序号	内容
1	进行拆、装、维修时，应断开对应整流柜和充电设施交流进线侧开关及所有控制开关
2	开关断开后做好验电工作，并采取防止误送电的安全措施，保护人身安全
3	检修操作人员必须穿低压绝缘鞋，戴低压绝缘手套
4	所使用的工具不必要裸露的金属部分应做好绝缘包扎处理，以防裸露的金属部分触碰金属机架，造成短路
5	对充电设施内部电路板等器件进行清扫时，不得使用任何清洁剂和潮湿抹布
6	在任何情况下，禁止自行改装、加装和变更任何部件
7	设备检修完毕通电前，应检查充电装置内部有无任何遗留物品，确认输入电压、频率、装置的断路器或熔断器及其他条件都已符合规程和规格要求

第三节　动力电池的安全管理

一、动力电池的安全风险

（1）动力电池的安全风险危险点分析如表13-20所示。

表13-20　　　　　　　　动力电池的安全风险危险点分析

序号	内容
1	动力电池内部部件的特性未达到规范要求，在充放电过程中发生热失控，导致可能产生的电解液泄漏、起火和燃烧等现象
2	高压带电部件漏电造成电源短路、人身电击伤害或车辆故障
3	动力电池在振动、碰撞、挤压、跌落、冲击、穿刺等环境下，出现短路、漏液、起火等现象
4	动力电池在充电或使用过程中，出现过充电或过放电现象，造成动力电池的损坏

（2）控制动力电池的安全风险的措施如表13-21所示。

表13-21　　　　　　　　控制动力电池的安全风险措施

序号	内容
1	动力电池出厂按规范要求检测，电池充、放电应符合规范要求，及时发现和排除故障电池，将故障消除在萌芽状态
2	对动力电池系统内部的电子电气系统，应考虑绝缘配合、等电位（接地）等。电气安全不仅要考虑被动防护，也要考虑故障的自诊断和主动防护，如绝缘状态监控、接触阻抗检测、高压互锁检测，确保故障发生的初期防护主动介入，将安全风险降到最低

序号	内容
3	对动力电池的机械安全及外部使用条件进行管理，确保在各种机械载荷和外部因素作用下，动力电池的特性不发生大的变化，消除振动、碰撞、挤压、跌落、冲击、穿刺等可能潜在的风险
4	检测BMS的可靠性，确保BMS在任何一个随机故障、系统故障或共因失效下，都不会导致安全问题

二、动力电池的安全环境

（1）动力电池的安全环境危险点分析如表13-22所示。

表13-22　　　　　　　　动力电池的安全环境危险点分析

序号	内容
1	动力电池对地及极间的绝缘性降低，造成短路或自放电电流加大，使电池容量降低、寿命缩短
2	在动力电池与车辆的导电体连接在一起时，充电系统未提供车体与电源之间的电隔离，造成短路故障及动力电池的充电故障
3	动力电池两个极性端子及带电部件与电底盘之间的爬电距离达不到规范要求，使电池容量降低、寿命缩短
4	动力电池连接的电路发生短路，无过电流断开装置或过电流断开装置动作不可靠，使故障范围扩大
5	动力电池无保护功能，在电池异常情况下，出现着火、爆炸，造成设备及人身事故
6	动力电池的储存环境达不到规范要求，使电池提前损坏
7	工作人员不按操作规范执行，在搬运电池时造成损坏

（2）动力电池安全环境的安全措施如表13-23所示。

表13-23　　　　　　　　动力电池安全环境的安全措施

序号	内容
1	动力电池的整个寿命期间，电池的绝缘电阻除以标称电压所得值应不大于$100\Omega/V$，应定期清除极间的杂质，提高极间的绝缘强度
2	在动力电池与车辆的导电体连接在一起时，充电系统应提供车体与电源之间的电隔离，确保动力电池的电路及充电的可靠性
3	在正常工作状态下，为了防止电解液泄漏，造成两个极性端子与任何带电部件之间出现附加的泄漏电流，应检查电池的爬电距离是否达到规范要求
4	动力电池必须装设过电流断开装置，过电流断开装置要经过校验，动作应可靠
5	动力电池应有温度异常保护，应有防火、防爆保护
6	动力电池的储存温度为5~40℃，电池应储存在干燥、清洁及通风良好的仓库内，应不受阳光直射，距离热源不得少于2m，不倒放及卧放，不得受机械冲击或重压
7	电池搬运过程中不得受剧烈机械冲撞、暴晒、雨淋，不得倒置；装卸时应轻搬轻放，严禁摔掷、翻滚或重压

三、动力电池充电的安全管理

（1）动力电池充电的危险点分析如表13-24所示。

表13-24　　　　　　　　　动力电池充电的危险点分析

序号	内容
1	在进行电池充电时未按程序操作而使电池短路，造成设备损坏、人身伤害
2	充电操作误碰带电设备或在拔插充电插头时手部及插头处潮湿漏电，造成电击事故
3	充电前未对充电桩插头连接情况进行检查，造成充电操作失败
4	BMS故障造成电池的欠充电或过充电损坏
5	未确认电动汽车上的插头定义与充电桩插座插孔的定义是否一致，造成电池充电操作失败

（2）动力电池充电的安全措施如表13-25所示。

表13-25　　　　　　　　　动力电池充电的安全措施

序号	内容
1	执行充电操作应严格按照充电桩上的设备操作说明进行，操作前检查充电设备和周围环境是否有异常，如发现设备故障异常时，应停止充电操作
2	充电操作前对充电桩插头及充电线缆进行检查，在拔插充电插头前须确保手部及插头处干燥，以免发生漏电，造成人身伤害
3	充电前应对充电桩插头连接情况进行检查，确认充电插头与车辆、充电桩连接牢固后，再启动充电
4	检测BMS的可靠性，确保BMS在任何一个随机故障、系统故障或共因失效下，都不会导致安全问题
5	确认该型号充电机与车辆相匹配，了解各型号电池的性能和充电参数，对电池的充电参数正确设置，全程监控充电

四、电动汽车用钴酸锂电池充电的安全管理

（1）钴酸锂电池充电的危险点分析如表13-26所示。

表13-26　　　　　　　　　钴酸锂电池充电的危险点分析

序号	内容
1	钴酸锂电池充电的单体电池电压超过4.3V，造成电池过充电损坏或引起电池的爆炸
2	钴酸锂电池充电的温度超过50℃，导致电池的过热损坏
3	钴酸锂电池组充电时，电池与电池之间的电压、温度均衡性差，使电池过充电或欠充电，造成电池的充电达不到容量的额定值
4	充电机和BMS通信中断超过限制时间，钴酸锂电池组充电控制发生异常

（2）钴酸锂电池充电的安全措施如表13-27所示。

表13-27　　　　　　　　钴酸锂电池充电的安全措施

序号	内容
1	钴酸锂电池充电的单体电池电压超过4.3V应立即停机，显示相应代码，锁定输出，然后重新启动充电机
2	钴酸锂电池充电的温度超过50℃立即停机，显示相应代码，锁定输出，重新启动充电机
3	钴酸锂电池组充电时的电压、温度均衡性差，是因电池组中有故障电池而造成的。处理方法：停止充电，根据故障代码，排除故障电池，再进行充电
4	充电机和BMS通信中断超过限制时间，应立即停机，根据故障代码，排除故障

第四节　充换电站工作区的安全管理

一、配电设备的安全管理

1. 充换电站主变压器的安全管理

（1）充换电站主变压器运行的故障现象如表13-28所示。

表13-28　　　　　　　　充换电站主变压器运行的故障现象

序号	内容
1	变压器运行声响明显增大，很不均匀，有爆裂声
2	变压器有严重破损和放电现象
3	变压器冒烟着火
4	当发生危及变压器安全的故障，而变压器保护拒动
5	当变压器附近的设备着火、爆炸或发生其他异常情况，对变压器构成严重威胁
6	变压器温度升高超过允许限度

（2）充换电站主变压器异常运行及事故处理措施如表13-29所示。

表13-29　　　　　　　　充换电站主变压器异常运行及事故处理措施

序号	内容
1	当变压器运行声响明显增大，很不均匀，有爆裂声时，应汇报上级和有关部门，立即将变压器停运
2	变压器有严重破损和放电现象，应汇报上级和有关部门，停运变压器
3	变压器冒烟着火，立即将变压器停运
4	当发生危及变压器安全的故障，而变压器保护拒动时，将变压器停运，尽快消除故障

续表

序号	内容
5	当变压器附近的设备着火、爆炸或发生其他异常情况，对变压器构成严重威胁时，将变压器停运，尽快消除故障
6	变压器温度升高超过允许限度时，应判明原因采取措施使其降低，其步骤如下： （1）检查变压器的负载和环境温度，并与同一负载和环境温度下的温度核对。 （2）检查变压器冷却风机的运转是否正常

2. 充换电站10kV开关柜的安全管理

（1）充换电站10kV开关柜的故障现象如表13-30所示。

表13-30　　　　　　充换电站10kV开关柜运行的故障现象

序号	内容
1	断路器的机构"弹簧未储能"信号长时间发出，同时无其他异常信号
2	断路器的引线连接部位有过热变色现象
3	断路器的支持绝缘子或瓷套管破损，有放电现象
4	真空断路器有明显声音

（2）充换电站10kV开关柜安全运行的安全措施如表13-31所示。

表13-31　　　　　　充换电站10kV开关柜安全运行的安全措施

序号	内容
1	断路器的机构"弹簧未储能"信号长时间发出，同时无其他异常信号，可能是储能电机电源空气断路器跳闸，应仔细检查二次回路。在检查回路正常后，应将电源空气断路器强送一次，合上电机电源空气断路器，若仍然不能恢复，应及时向上级部门汇报，通知专业人员进行处理
2	当发现断路器的引线连接部位有过热变色现象时，应加强运行监视，情况严重时，应申请停电处理
3	断路器的支持绝缘子或瓷套管破损，有放电现象，应及时向上级部门汇报，申请停电处理
4	真空断路器有明显声音，应及时向上级部门汇报，申请停电处理

3. 充换电站10kV电流互感器的安全管理

（1）充换电站10kV电流互感器运行的故障现象如表13-32所示。

表13-32　　　　　　充换电站10kV电流互感器运行的故障现象

序号	内容
1	将运行中的二次回路开路，造成了人身及设备事故
2	工作中误将电流互感器二次侧永久接地点断开
3	电流互感器瓷件外部破损有裂纹，有放电痕迹及其他异常
4	电流互感器支持绝缘子或瓷套管破损，有放电现象
5	电流互感器的引线连接部位有过热变色现象
6	在电流互感器与短路端子导线上工作，造成设备异常运行

（2）充换电站10kV电流互感器安全运行的安全措施如表13-33所示。

表13-33　　　充换电站10kV电流互感器安全运行的安全措施

序号	内容
1	严禁将运行中的二次回路开路。短路电流互感器二次绕组应使用短路片或短路线，严禁用导线缠绕
2	工作中严禁将电流互感器二次侧永久接地点断开。工作时应有专人监护，使用绝缘工具，并站在绝缘垫上
3	电流互感器瓷件外部破损有裂纹，有放电痕迹及其他异常。应加强运行监视，情况严重时应申请停电处理
4	电流互感器支持绝缘子或瓷套管破损，有放电现象。加强运行监视，情况严重时应申请停电处理
5	电流互感器的引线连接部位有过热变色现象。应加强运行监视，情况严重时应申请停电处理
6	在电流互感器与短路端子导线上工作，应有严格的安全措施，必要时申请停用有关保护装置、安全自动装置、计量装置或自动化监控系统

4. 充换电站10kV电压互感器的安全管理

（1）充换电站10kV电压互感器运行的故障现象如表13-34所示。

表13-34　　　充换电站10kV电压互感器运行的故障现象

序号	内容
1	在运行中的电压互感器二次回路上工作，将二次回路短路，造成了人身及设备事故
2	接临时负载未采取隔离保护措施或工作时误将二次侧安全接地点断开
3	电压互感器的引线连接部位有过热变色现象
4	电压互感器支持绝缘子或瓷套管破损，有放电现象
5	电压互感器瓷件外部破损有裂纹，有放电痕迹及其他异常
6	电压互感器的二次回路通电试验时，安全措施不牢，造成了人身及设备事故

（2）充换电站10kV电压互感器安全运行的安全措施如表13-35所示。

表13-35　　　充换电站10kV电压互感器安全运行的安全措施

序号	内容
1	在运行中的电压互感器二次回路上工作，应使用绝缘工具，戴绝缘手套，必要时申请停用有关保护装置、安全自动装置、计量装置或自动化监控系统
2	接临时负载应装有专用的隔离开关和熔断器，工作中应有专人监护，严禁将永久接地点断开
3	电压互感器的引线连接部位有过热变色现象。应加强运行监视，情况严重时应申请停电处理
4	电压互感器支持绝缘子或瓷套管破损，有放电现象。应加强运行监视，情况严重时应申请停电处理
5	电压互感器瓷件外部破损有裂纹，有放电痕迹及其他异常。应加强运行监视，情况严重时应申请停电处理
6	电压互感器的二次回路通电试验时，为防止由二次回路向一次回路反送电，除应将二次回路断开外，还应取下电压互感器的高压熔断器或断开电压互感器的一次隔离开关

5. 充换电站电力电缆的安全管理

（1）充换电站电力电缆运行的故障现象如表13-36所示。

表13-36　　　　　　　　充换电站电力电缆运行的故障现象

序号	内容
1	电力电缆超负荷运行，造成了设备故障
2	电力电缆接头接触不良，有过热变色现象
3	电力电缆端头有相色脱落、端头脱胶及放电现象
4	电力电缆停电运行超过了规定期，在送电时没做相关试验造成了设备事故

（2）充换电站电力电缆运行的安全措施如表13-37所示。

表13-37　　　　　　　　充换电站电力电缆运行的安全措施

序号	内容
1	电力电缆在正常情况下，一般不允许过负荷运行，在紧急事故时允许超负荷运行
2	电力电缆接头接触不良，有过热变色现象。应加强运行监视，情况严重时应申请停电处理
3	电力电缆端头有相色脱落、端头脱胶及放电现象。应加强运行监视，情况严重时应申请停电处理
4	电力电缆停电超过一星期，但不满一个月，在重新投入运行前，应用绝缘电阻表测量绝缘电阻。停电超过一个月，必须做耐压试验

6. 充换电站继电保护装置的安全管理

（1）充换电站继电保护装置运行的故障现象如表13-38所示。

表13-38　　　　　　　　充换电站继电保护装置运行的故障现象

序号	内容
1	保护装置的工作方式与设备的工作状态不对应，投入的保护装置对设备不能起到保护作用
2	保护装置的停、加用没经专业人操作，有漏投、误投现象，降低了保护装置的可靠性
3	保护装置的停、加用操作方式不正确，有可能造成保护误动的可能
4	保护装置的停、加用没核对装置的位置及编号，有误操作现象
5	停、加用保护装置电源没按规范操作，造成保护装置的误动
6	电气设备无保护投入了运行，系统故障造成了设备事故
7	保护装置在10kV开关柜正常运行与检修状态时的加入方式不正确，造成保护装置的拒动、误动
8	充换电站配电系统的保护装置与所在供电网的保护系统没产生梯级配合，充换电站配电系统的故障有造成上级断路器越级跳闸的现象
9	充换电站的保护装置及配电系统的停、送电没经电网调度允许，独立操作，造成电网故障或事故

（2）充换电站继电保护装置安全运行的安全措施如表13-39所示。

表13-39　　　　　　　　充换电站继电保护装置安全运行的安全措施

序号	内容
1	保护装置在投入运行前，应认真检查设备状态
2	保护装置的停、加用操作均由值班人员进行
3	保护装置的停用应先停用出口连接片，再停用装置电源；加用时先加装置电源，检查装置工作正常后再加出口连接片
4	操作前应核对装置的位置及编号正确，操作完毕后应复核
5	停、加用保护装置电源时应迅速果断
6	无保护的电气设备严禁投入运行
7	10kV开关柜正常运行时应加用"保护跳闸连接片"，检修状态时应投"检修状态连接片"
8	配电系统的保护装置与所在供电网协调一致
9	充换电站的保护装置及配电系统的停、送电操作服从电网调度

二、监控室的安全要求及安全措施

监控室的安全要求及安全措施如表13-40所示。

表13-40　　　　　　　　　监控室的安全要求及安全措施

序号	内容
1	在充换电站的主要设备区、收费厅及人员进出口安装摄像头。监控室的安全监控系统能对充换电站的环境、设备安全、防火、防盗进行视频监控
2	通过智能监控网络对充电机工作状态进行跟踪检测，对历史工作进行记录。在危及安全时发出声光告警，并保证发生事件后至少1h内取得详细事故信息
3	充电监控系统的局域网与其他信息系统相连时，必须采用可靠的安全防护措施，保证系统网络安全
4	监控主站的供电电源必须安全可靠，必要时应加装UPS交流不间断电源
5	充电监控系统的局域网与其他信息系统相连时，必须采用可靠的安全防护措施，保证系统网络安全
6	充电监控系统与BMS的通信必须正常，防止电池充电出现危险工况。在电池充电出现异常时，自动停止充电，并自动断开充电机的交流电源
7	监控室应具有火灾探测装置
8	监控室应具有常规消防设施及应急情况下的处理预案

三、充电区的安全要求及安全措施

充电区的安全要求及安全措施如表13-41所示。

表13-41　　　　　　　　充电区的安全要求及安全措施

序号	内容
1	充电电源应具有为电动汽车动力电池系统安全自动地充满电的能力，充电电源依据BMS提供的数据，动态调整充电参数、执行相应动作，完成充电过程
2	充电机应具有过电压保护、欠电压保护、直流输出侧过电流保护、输出短路、电池反接、过温及电池故障等保护功能
3	充电电源应具有故障报警功能，能主动向监控系统发出故障报警信息
4	为了实现充电的操作安全，电动汽车与充电机的连接器应有联锁装置，插头插拔过程实现充电机主回路处于断路状态，保证非带电操作
5	对于整车充电方式，必须有联锁措施。应首先连接接地线，最后连接控制导引电路。在断开过程中，应首先断开控制导引电路，最后断开接地线
6	车辆连接器应有锁紧装置，用以防止车辆连接器与电动汽车连接时意外断开
7	充电过程中，若发现异常应立即终止充电，防止因个别电池充电电压超过了安全电压范围，发生燃烧、爆裂等问题
8	充电操作应由两人进行，即一人操作，一人监护
9	充电操作人员必须穿工作服、绝缘鞋及戴绝缘手套

四、电池更换区、电池存换库

电池更换区安全要求及安全措施、电池存换库安全要求及安全措施分别如表13-42、表13-43所示。

表13-42　　　　　　　电池更换区安全要求及安全措施

序号	内容
1	对已充电待装载的电池，应再次检查其电压是否正常、连接是否完好，是否有影响车辆运行的危险因素存在
2	已更换电池的电动汽车，在驶离电池更换区前，应检查BMS显示的各项数据是否正常，若有异常应及时检查处理
3	在电池更换区对卸载的电池进行故障诊断时，除了以BMS的记录为依据来分析判断故障外，还要认真核查，以确定故障的准确性
4	更换电池组的机械操作人员应经专业培训，经考试合格，并取得了上岗操作证
5	更换电池组的装与卸操作应两人进行，即一人指挥，一人操作

表13-43　　　　　　　电池存换库安全要求及安全措施

序号	内容
1	电池应储存在温度为5~40℃、干燥、清洁及通风良好的仓库内
2	电池不得倒置及卧放，避免机械冲击或重压
3	电池应不受阳光直射，距离热源不得少于2m
4	电池运输荷电状态应低于40%，在运输中不得受剧烈机械冲撞、暴晒、雨淋，不得倒置

序号	内容
5	存换库内电池燃烧、爆裂着火时，应使用四氯化碳或干燥沙子灭火。不能使用二氧化碳灭火器灭火

五、电池维护工作间

电池维护工作间的电池安全要求及安全措施如表13-44所示。

表13-44　　　　　　　　电池维护工作间的电池安全要求及安全措施

序号	内容
1	对从电动汽车上卸载的电池进行故障排查和故障电池分离工作时，应使用绝缘工具并戴绝缘手套，防止电池短路造成设备损坏、人身伤害
2	在对有故障的电池进行检测、筛选、维护时，除了参照BMS记录的各项数据外，还要进行人工综合检查，分析故障的原因，从根本上排除故障
3	在电池分离组装完成后，应有专人对电池的连接紧固情况及极性连接的正确性进行一次认真核对，以保证组装电池的连接正确及充电正常
4	对废弃电池的处理，应遵循环境保护的相关规定执行
5	电池维护工作间的消防等级，应按化学危险品进行处理

六、换电设施工作的安全管理

（1）换电设施检修操作的安全注意事项如表13-45所示。

表13-45　　　　　　　　换电设施检修操作的安全注意事项

序号	内容
1	换电设备检修人员必须穿防护大头鞋、必要时戴绝缘手套
2	检修所使用的工器具应符合规程要求
3	检修时应做好周围防护措施，除检修人员及监护人员外，不得有其他无关人员靠近设备检修区域
4	检修时不得一人单独现场检修，必须配有工作监护人
5	对换电设备进行拆、装检修时应停电进行，并采取防止误送电的安全措施
6	检修结束后需全面检查工器具是否有遗落在设备上，以及设备周边是否有其他物品，待排查完成后方可上电
7	上电后须对换电设备进行测试，监护人应继续做好现场监护
8	测试通过后，待检修人员确认检修完成后通知检修监护人，设备投入运行

（2）更换动力电池的安全措施如表13-46所示。

表13-46　　　　　　　　　　更换动力电池的安全措施

序号	内容
1	在电池组装完成后，应有专人对电池的连接紧固情况及极性连接的正确性进行一次认真核对，以保证组装电池的连接正确及充电正常
2	从电动汽车上卸载的电池虽已放过电，但仍存有高电压，在进行电池组装过程中须特别小心，谨防短路。由于整组电池电压较高，在安装和使用过程中应使用绝缘工具并戴绝缘手套，以防电击和电池短路
3	电池上禁止放钳子、扳手等金属工具。否则有产生短路，造成烧伤、电池破损的危险
4	认真执行现场工作规范，在电池组装完成后，检查绝缘盖及其他附件安装是否正确，保证安装质量
5	废弃电池交给当地县级以上人民政府环境保护行政主管部门指定的单位处理。电池室着火时，应使用四氯化碳或干燥沙子灭火。不能使用二氧化碳灭火器灭火
6	电池外壳的清洁应用肥皂水进行，不能用含有软质氯乙烯等可逆性的薄膜、挥发油或香蕉水、汽油等有机溶剂、洗涤剂接触电池外壳及盖子，否则会引起电池外壳开裂、裂纹，导致漏液。清洁用布应柔软干净，避免使用易产生静电的布类（如化纤类织物）擦拭电池
7	不得拆卸和组装单体电池，若因机械损伤电池致使电液接触到皮肤或衣服上，应立即用水清洗。若溅入眼中，应用大量清水冲洗并去医院治疗
8	必须使用合格电动工具，执行"一机一闸一保护"的规定，严禁戴手套使用电动工具
9	运输、吊装电池设备必须由专业人员进行，搬运时必须有保险绳保护，有专人监护统一指挥

（3）电池（箱）检修的安全注意事项如表13-47所示。

表13-47　　　　　　　　　电池（箱）检修的安全注意事项

序号	内容
1	检修电池、电池箱前必须切断电源，确保处于断电状态
2	检修实行双人工作制，不得一人单独现场检修，必须配有工作监护人
3	不得在露天、潮湿、阴雨天环境中检修电池箱
4	检修现场应宽敞、明亮、通风良好，不得摆放有盛装液体的桶状容器等易影响电池性能的物品
5	检修人员必须严格按照《安规》要求，穿低压绝缘鞋、戴低压绝缘手套，必要时需戴防护眼镜，做好安全保障工作
6	检修人员检修过程中不得戴手表、项链、手镯、戒指等金属物、饰品
7	检修所使用的工器具应符合规程要求，与检修无关的裸露金属部分应做好绝缘包扎处理，避免意外伤害。检修工具不得随意放置在电池附近，防止造成短路

（4）充换电站电池在电池架上发生冒烟等异常的处理措施如表13-48所示。

表13-48 充换电站电池在电池架上发生冒烟等异常的处理措施

序号	内容
1	电池在充电或充电架上放置过程中，如果个别电池箱出现高温、冒烟等紧急情况时，电池充电系统运行值班人员应及时切断电路，疏散人员
2	在条件允许的情况下尽快断开每个箱体之间的连接，将出现问题的箱体隔离，放于空旷的地方，待确定安全稳定后再检查、修复。如果出现冒烟、着火等严重情况，运行值班人员应戴好防毒面具，及时进行消防灭火处理
3	如果是充电架下面两层电池事故，在切断充电机电源的情况下迅速将电池从充电架上取出，放在小推车上，并立即用防火毯将电池箱罩住，推到消防沙坑旁
4	如果已发生起火现象，应立即将电池投入沙坑，并用沙子填埋
5	如果未发生起火现象，由运行值班长判断处理，并在沙坑旁隔离，由专人看管
6	对于无法处理的异常情况，应第一时间向上级汇报

（5）充换电设施内的危险品及废弃电池的处置。

1）充换电设施内的危险品的管理。充换电设施内可能危害人身安全及健康的用品统称为危险用品，包括各类可燃气体、油类、有毒物和酸类物品等。设施内各类危险用品应由专人负责，妥善保管。其中，各类可燃气体、油类应按产品存放规定统一保管，定期检查，不得散存；对废弃的有毒物要按国家环保部门有关规定保管处理；对使用的酸类物品应有专用库房，配置室内必须有自来水，以防人身伤害事故发生。

2）更换后废弃电池的处置。

（a）废弃电池处置的注意事项。

a）用过的电池如随意丢弃会污染环境，应将废弃的电池回收利用，返还时请用黏性胶带将端子进行绝缘处理。因为用过的电池还残留着电能，所以如不对端子进行绝缘处理，有可能发生短路产生火花，严重的会导致电池爆炸而造成设备损坏或人身伤害。

b）禁止分解、改造及破坏电池，否则会导致电池漏液、发热、爆炸。

c）禁止将电池投入火中或加热。

（b）废弃电池的正常处置事项。

a）交给当地县级以上人民政府环境保护行政主管部门指定的单位处理。

b）通过向当地县级以上人民政府环境保护行政主管部门咨询，联络具备处理资格的厂商处置。

c）直接交给持有危险废物"经营许可证"的厂商处理。

d）与经销商联系。

第五节　充换电站的安防监控系统

一、充换电站安防监控系统的组成

充换电站安防监控系统由视频工作站、嵌入式硬盘录像机、红外对射报警器、消防报警主机、温湿度传感器、摄像头、门禁装置、高压脉冲电子围栏等组成。

充换电站安防监控系统设备的室外安装布置图如图13-1所示。

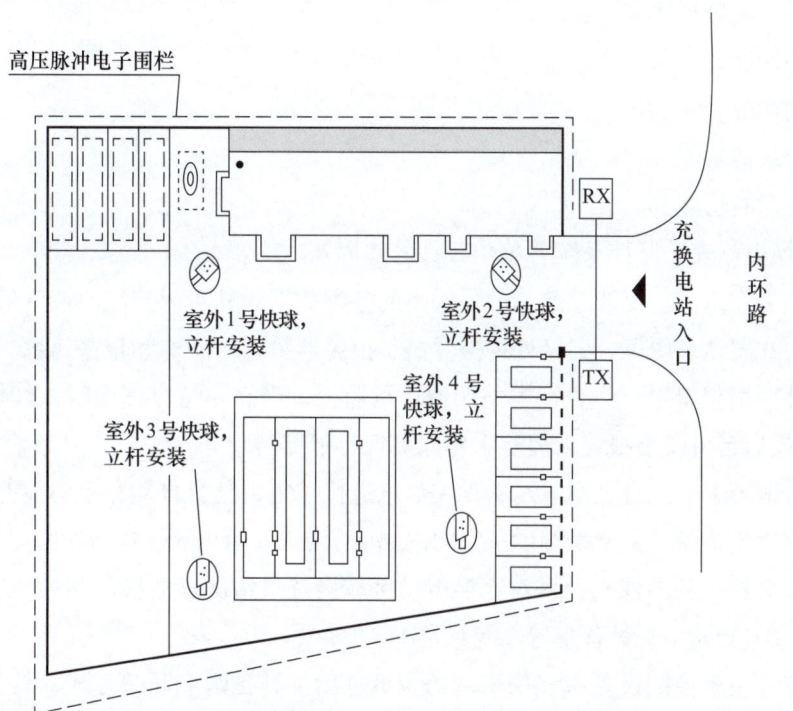

图13-1　充换电站安防监控系统设备的室外安装布置图

二、充换电站安防监控系统的主要性能指标要求

（1）系统可用率：大于99%。

（2）同屏同时可监视的充换电站个数：大于等于4个。

（3）监控中心的监控终端（工作站）图像切换响应时间：小于1s。

（4）图像传输帧速率：12～25帧/s可调。

（5）系统时钟精度：小于1s。

（6）计算机CPU负荷率平均：小于30%。

（7）监控画面显示与实际事件发生时间差：小于0.5s。

（8）事件报警到系统自动记录相应画面时间差：小于1s。

（9）各报警探头报警到后台显示时间差：小于1s。

（10）各报警探头报警到监控中心显示时间差：小于3s。

三、充换电站安防监控系统的作用及功能

（1）充换电站安防监控系统应具备的功能。

1）实时视频监控功能。

2）报警功能。

3）控制功能。

4）图像录像功能。

5）系统对时功能。

（2）充换电站安防监控系统各单位元件的作用及功能。

1）视频工作站：主要处理前端设备采集的各种数据，并管理控制前端设备。

2）嵌入式硬盘录像机：主要处理摄像机、报警器采集的图像和报警信息。

3）红外对射报警器：对充换电站四周进行监控，当有人越过围墙时，红外对射报警器启动，监控后台机发出报警，提醒工作人员查看情况。

4）消防报警主机：对充换电站的火灾信息进行采集，具有自动和手动报警功能。

5）温湿度传感器：主要采集设备室内的温度、湿度；配电室内的温度、湿度。

6）站端监控设备摄像头：采集充换电站区域内场景情况、充换电站内（主控室、值班室、休息室、营业室、设备室等）场景情况。

7）门禁：主要控制设备室、值班室的人员进出。具备刷卡开门方式、具备信息记录功能（能记录门禁开启时间及开启人的卡号、姓名、单位等信息），所有的信息能远程读取，能按时间、地点进行多种组合的权限设置，具备非法闯入报警、非法卡刷卡报警等多种报警功能。

8）客户端监控软件：具有灵活的镜头控制、动态拍照、报警联动处理、录像检索与回放、录像导出与备份功能。

9）高压脉冲电子围栏：充换电站有形围墙阻挡性较弱，入侵者较容易攀爬窜入。为了防止充换电站设备、物资被盗及保证工作人员安全，电子围栏周界防范系统融合外围边界围墙或内部建（构）筑物外墙贴边的区域，第一时间警示事发现场情况，在起到威吓入侵者的同时，及时告知安保人员赶往事发地点进行处理。并可和其他安防系统联网，提高周界现场威慑的等级和警戒监控的水平。

四、充换电站安防监控系统的异常运行情况

充换电站安防监控系统的异常现象及原因如表13-49所示。

表13-49　　　　充换电站安防监控系统的异常现象及原因

异常现象	可能原因
打开220V电源开关，面板"POWER"灯不亮，机箱风扇不转	（1）电源线坏。 （2）开关电源坏
打开220V电源开关，面板"POWER"灯亮且为绿色，机箱风扇不转	（1）面板电缆线坏。 （2）风扇坏
打开220V电源开关，面板"POWER"灯亮且为绿色，面板其余指示灯立刻全部亮起，但机箱风扇不转	主板上ATX插头松动，未插到底
硬盘录像机开机后，不断地重启，且每隔10s左右发出一次"嘀"的声响	（1）升级了错误程序或软件被破坏。 （2）压缩板坏。 （3）主板坏
硬盘录像机开机后，VOUT上连接的监视器无图像	（1）监视器所连接的视频线坏。 （2）硬盘录像机的接口板坏。 （3）硬盘录像机的主板坏
在启动开机时，硬盘找不到	（1）硬盘电缆线坏。 （2）硬盘电源线没插。 （3）硬盘坏
开机后RS-232串口在字符终端界面上无输出，或者RS-232串口输出正常，但是在敲键盘时，终端界面上无响应	（1）配置的波特率不匹配。 （2）RS-232串口电缆坏。 （3）PC机的串口坏。 （4）主板的RS-232串口坏
硬盘录像机的RS-485接口上连接的云台不受控制	（1）RS-485接口电缆线正确。 （2）云台解码器类型不对。 （3）主板的RS-485接口坏
在客户终端无法进行视、音频网络传输	（1）在客户端界面上的"本地配置"中输入的硬盘录像机IP地址、端口号、用户名、密码中的一项或多项不对。 （2）网络线坏。 （3）主板的网络接口坏

五、红外对射报警装置报警后的处理

红外对射报警装置报警时，主控电脑弹出报警窗口，显示"电动汽车充换电站××处红外线对射装置报警"，此时应立即将户外摄像头调至报警位置，仔细查看现场情景，发现有可疑情况应立即通知保安前往现场，在确认进入充换电站人员是非法进入后，劝其离开充换电站。当劝离无效时应拨打110，交公安机关处理。

第六节　充换电站的火灾报警系统

一、充换电站火灾报警系统的组成

充换电站火灾报警系统的组成由火灾报警控制器、感烟探测器、手动报警按钮、声光警报器、输出模块及电源等部分组成。充换电站火灾报警系统的组成及工作原理示意图如图13-2所示。

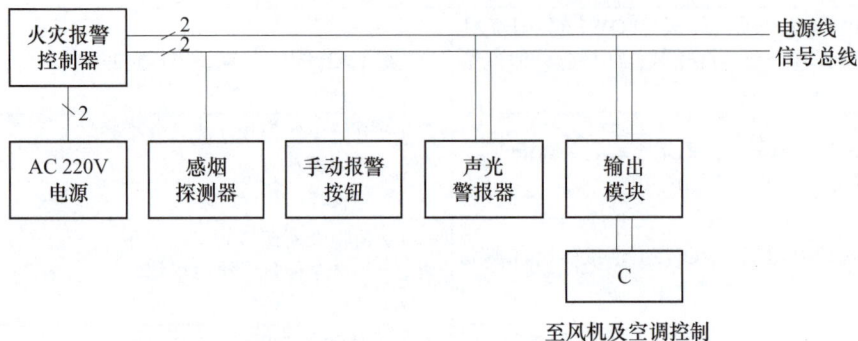

图13-2　充换电站火灾报警系统的组成及工作原理示意图

（1）火灾报警控制器。火灾报警控制器是火灾探测器供电、接收、显示和传递火灾报警信号，并能对自动消防设备发出控制信号的报警装置。新型火灾报警控制器采用模块化结构、网络仿真及社会智能消防网络等技术，使火灾报警控制器趋于更智能化。通过火灾报警控制器可查询每个火灾探测器的地址及模拟输出量，其响应阈值可自动浮动，分级报警，逐一监视，大大提高了系统的可靠性，降低了误报率。火灾报警控制器具有火灾报警自检功能、消音功能、复位功能、故障报警功能、火警优先功能、报警记忆功能、电源自动转换和备用电源的自动充电功能、备用电源的欠电压和过电压报警功能。

（2）感烟探测器。感烟探测器是火灾报警系统的重要组件，是消防报警系统的"感觉器官"。它的作用是监视环境中有没有火灾发生。一旦发生火情，便将火灾的特征物理量，如烟雾浓度、温度、气体和辐射光强等特征转换成电信号，并向火灾报警控制器发送及报警。

根据监测的火灾特性不同，火灾探测器可分为感烟、感温、感光、复合和可燃气体等类型。火灾探测器的选择要根据探测区域内可能发生的初期火灾形成和发展特点、房间高度、环境条件以及可能引起误报的原因等因素综合确定。

（3）手动报警按钮。手动报警按钮是在工作场所现场发生火警，由人工手动按动报警按钮向火灾报警控制器发送报警信号。

（4）火灾报警装置。火灾报警装置由火灾报警控制器实行控制，在有火灾信号时，相应区域或楼层发出灯光、音响报警，对人员起到警示作用，以便快速进行火灾处理。

（5）输出模块。工作场所现场发生火警，火灾报警控制器发出控制信号，由输出模块切断相关场所风机及空调的控制电源。

（6）电源。火灾报警装置是充换电站重要的消防设施，通过火灾报警装置对充换电站内需要监测的部位进行不间断的监视，因而为其提供可靠的供电电源使系统能够正常运行。

二、充换电站火灾报警系统的作用

火灾报警控制器安装于充换电站的监控室内，在电动汽车充换电站办公楼安装有火灾探测器、手动报警按钮、消防警铃等设备，当办公楼发生火灾时，火灾探测器发出报警信号至监控室火灾报警控制器，火灾报警控制器显示相应位置的火灾信息，并启动相应位置的报警，通过RS-485将信息送至充换电站的监控系统。

充换电站设置火灾报警系统的根本目的是能早期发现和通报火灾，及时采取有效措施控制和扑灭火灾，减少或避免火灾损失，保护人身和财产安全。

三、充换电站火警的处理

本节以JB-QG/QT-GST200火灾报警控制器进行讲述，当充换电站发生火警时，控制器所连接的警报器发出报警声提示人员有火警存在，如果值班人员发现不是真实火警时，可以按"声光警报消音/启动"键，来禁止警报器和音响器发出声音报警，警报器消音的同时控制器的"声光警报消音"指示灯亮。

若值班人员检查确认有火灾发生，应根据火情采取如下措施：

（1）启动报警现场的声光警报器发出火警声光提示，通知现场人员撤离。

（2）拨打消防报警电话报警。

（3）启动消防灭火设备等。

若为误报警，应采取如下措施：

（1）检查误报火警部位是否灰尘过大、温度过高，确认是否由于人为或其他因素造成误报警。

（2）按"复位"键使控制器恢复正常状态，观察是否还会误报；如果仍然发生误报可将其屏蔽，并尽快通知安装单位或厂家进行维护。

火灾报警控制器在第一次报警复归后，若再有新的火警发生时，警报器将会再次发生声音报警，同时控制器的"声光警报消音"指示灯熄灭。

火灾报警控制器也可以通过按下"警报器消音/启动"键来手动启动控制器所连接的

警报器，控制器将提示"按确认键启动所有警报输出"，在按"确认"键后，警报器和音响器将启动。"警报器消音/启动"键需要使用用户密码（或更高级密码）解锁后才能进行操作。

四、充换电站火灾报警器的故障与异常处理

火灾报警器发生故障时，首先应按"消音"键中止警报声，然后根据控制器的故障信息检查发生故障的部位，确认是否有故障发生；若确认火灾报警器有故障发生，应根据情况采取如下措施：

（1）当报主电故障时，应确认是否发生市电停电，再检查主电源的接线、熔断器是否发生断路。在主电断电情况下，备电可以连续供电8h。

（2）当报备电故障时，应检查备用电池的连接器及接线；当备用电池连续工作时间超过8h后，也可能因电压过低而报备电故障。

（3）若为现场设备故障，应及时维修；若因特殊原因不能及时排除的故障，应将其屏蔽，待故障排除后再利用设备取消屏蔽功能将设备恢复。

（4）当故障发生原因不明或无法恢复时，应尽快通知安装单位或厂家进行维护。

（5）若系统发生异常的声音、光指示及气味等情况时，应立即关闭电源，并尽快通知安装单位或厂家进行维护。

参考文献

[1] 彭端. 应用电子技术[M]. 北京：机械工业出版社，2004.

[2] 陈清泉，孙逢春，祝嘉光. 现代电动汽车技术[M]. 北京：北京理工大学出版社，2004.

[3] 滕乐天，姜久春，何维国. 电动汽车充电机（站）设计[M]. 北京：中国电力出版社，2009.

[4] 国家电网有限公司营销部. 电动汽车充换电关键技术[M]. 北京：中国电力出版社，2018.

[5] 国家电网有限公司营销部. 电动汽车充换电设施运维管理[M]. 北京：中国电力出版社，2018.

[6] 天津职业技术师范大学职业教育研究所组编，孔超主编. 纯电动汽车电池及管理系统拆装与检测
[M]. 北京：机械工业出版社，2018.

[7] 王震坡，张雷，刘鹏，等. 电动汽车充电技术及基础设施建设[M]. 北京：机械工业出版社，2018.

[8] 李伟，刘强，王军，等. 新款电动汽车构造原理与故障检修[M]. 北京：化学工业出版社，2018.

[9] 刘春晖，贺红岩，柳学军. 图解电动汽车结构原理[M]. 北京：化学工业出版社，2018.

[10] 李伟. 新能源汽车构造原理与故障检修[M]. 北京：化学工业出版社，2015.